U0337165

国家科学技术学术著作出版基金资助出版

大气气溶胶偏振遥感

Atmospheric Aerosol Polarized Remote Sensing

DAQI QIRONGJIAO PIANZHEN YAOGAN

顾行发 程天海 李正强 乔延利 著

高等教育出版社·北京

内容简介

本书旨在对气溶胶偏振遥感的最新研究进展和作者及其团队在该领域的最新研究成果进行系统介绍。首先介绍了气溶胶偏振遥感理论基础和球形、非球形气溶胶散射特性模拟，并基于地表偏振反射机理和植被、土壤等典型目标偏振模型，改进了 PARASOL 载荷的气溶胶光学特性反演算法。同时，在地基仪器进行偏振定标的基础上，建立了气溶胶光学和物理参数的地基反演模型算法。此外，基于国产多角度偏振探测仪的航空实验，介绍了航空偏振气溶胶反演算法。

本书可供高等院校遥感专业师生及从事气溶胶偏振遥感的科研人员参考。同时，我们希望从事其他定量遥感领域研究的专业人员能够从此书中受益。

图书在版编目（CIP）数据

大气气溶胶偏振遥感 / 顾行发等著. --北京：高等教育出版社，2015.8

ISBN 978-7-04-043133-9

Ⅰ. ①大… Ⅱ. ①顾… Ⅲ. ①大气污染物-气溶胶-偏振-遥感技术-大气探测-研究 Ⅳ. ①X513

中国版本图书馆 CIP 数据核字（2015）第 134417 号

策划编辑	关 焱	责任编辑	关 焱	封面设计	张 楠	版式设计	王艳红
插图绘制	郝 林	责任校对	李大鹏	责任印制	毛斯璐		

出版发行	高等教育出版社	咨询电话	400-810-0598
社　　址	北京市西城区德外大街 4 号	网　　址	http://www.hep.edu.cn
邮政编码	100120		http://www.hep.com.cn
印　　刷	北京中科印刷有限公司	网上订购	http://www.landraco.com
开　　本	787mm×1092mm 1/16		http://www.landraco.com.cn
印　　张	12.25	版　　次	2015 年 8 月第 1 版
字　　数	230 千字	印　　次	2015 年 8 月第 1 次印刷
购书热线	010-58581118	定　　价	79.00 元

物 料 号　43133-00

序

在当今社会，大气质量已成为影响人们生活质量的重要因素。随着环境问题日益严峻，各种污染物质往往以固态和液态微粒的形式悬浮于大气中，形成可对人体造成极大危害的气溶胶。对气溶胶的监测一直是环境和大气等科学领域的一个重要研究内容，也是全球气候变化的热点问题。传统的监测方法主要是基于直接采样或定点观测分析。随着人们对全球气候变化关注的升温，气溶胶的研究已不仅是局地和区域的问题，而是洲际和全球尺度的问题，这就要求在研究技术和方法上有所创新。

科学技术，特别是空间遥感技术的发展为大气气溶胶的监测和研究开拓了新的途径。卫星遥感可以连续、大面积地获取大气气溶胶的动态数据，为全时空尺度的气溶胶监测提供了新的技术手段。20 世纪末期，以美国 MODIS 高光谱、多波段为代表的卫星光学遥感技术已开始了对大气气溶胶的大尺度探测实践，研制并提供了气溶胶全球分布产品，但该产品的精度在很大程度上受制于地表信号的干扰。法国科学家针对大气–地表信号难于分离的难题，首先将偏振探测技术引入卫星遥感的探测中，专门研制了以探测气溶胶和云特性为目标的卫星偏振探测载荷 POLDER/PARASOL，目前已可提供全球气溶胶细粒子分布。

气溶胶遥感探测在我国更具重要性和紧迫性，然而我国在自主卫星偏振载荷探测大气气溶胶领域仍属空白。值得欣慰的是，这一问题在我国已引起了广泛的重视。由顾行发研究员带领的研究团队在充分分析和应用国外卫星数据研究大气气溶胶的基础上，在 2005 年就提出了研制自主卫星多角度偏振遥感载荷，开展大气气溶胶多角度偏振探测的建议，并进行了深入的技术和需求论证。他们同时与中国科学院安徽光学精密机械研究所乔延利团队合作设计和研制了多角度偏振探测仪（directional polarimetric camera，DPC），并基于该仪器开展了系统的大气气溶胶偏振遥感研究。

《大气气溶胶偏振遥感》一书是顾行发等一批学者在对大气气溶胶开展长期、大量研究和实践基础上完成的大气气溶胶偏振遥感的论著，是作者及其团队在这一领域多年研究成果的结晶。该书从大气气溶胶偏振遥感研究出发，系统介绍了国内外在理论、技术和方法上的最新研究成果，分析和阐述了大气气溶胶参数偏振遥感反演的关键问题，研究发展了航天、航空和地基大气气溶胶参数偏振遥感反演算法，并基于大量实例研究了大气气溶胶的时空特性，为大气气溶胶监测提供了新方法和新途径，展现了大气气溶胶偏振遥感研究的广阔发展和应用前景。

《大气气溶胶偏振遥感》一书是国内第一部系统论述大气气溶胶偏振遥感的论著，具有较高的学术水平和应用实践的参考价值。我深信，该书的面世将对我国大气气溶胶偏振遥感的进一步发展和突破，进而为我国和全球性的气溶胶监测发挥重要的引领作用，也将为我国研制发射搭载多角度偏振遥感载荷的卫星及其应用提供重要支撑。我祝贺作者研究团队所取得的成果和本书的出版！

2014 年 8 月 20 日

前　　言

大气气溶胶由于对区域和全球气候、空气环境质量有着重要的影响，已经成为大气科学领域研究的热点问题。卫星遥感能够连续、大面积地获取动态数据，已经成为监测气溶胶的有效手段。目前，国际上已经有多颗卫星载荷(MODIS 和 MISR 等)具有大气气溶胶监测能力，并提供了大气气溶胶产品。然而这些传统卫星载荷在探测气溶胶特性过程中，无论是在数量上还是在精度上仍然无法满足气候效应和环境效益的需求。

大气气溶胶的强偏振特性以及地表的弱偏振特性可以被用来有效地分离气溶胶信号和地表信号，为提高陆地上空气溶胶遥感监测精度提供了新的途径。同时，由于偏振信号对气溶胶微物理特性的敏感性，可以被有效应用于探测气溶胶的理化特性参数。基于多角度偏振技术的气溶胶遥感由于其观测手段的先进性，已经成为国际气溶胶遥感的研究热点。

法国国家空间研究中心研制的 POLDER(Polarization and Directionality of Earth's Reflectances)是第一个可以获取偏振光观测的星载对地探测器，此后美国国家航空航天局为提高全球气溶胶特性探测精度研发了气溶胶特性探测仪(aerosol polarimetry sensor，APS)。为了有效提高我国气溶胶卫星遥感监测的应用水平，我国也正在研发多角度偏振载荷。《国家中长期科学和技术发展规划纲要》(2006—2020 年)中的“高分辨率对地观测系统”正在全面建设，其中即将在 2016 年投入使用的 GF-5 卫星上搭载了多角度偏振载荷。很多业务和科研单位对于多角度偏振卫星数据的应用有着强烈的需求，因而多角度偏振载荷在大气气溶胶监测中有着广阔的应用前景。然而，大气气溶胶偏振遥感的原理是什么？观测数据中有哪些是有用的信息？如何精确地获取气溶胶参数？目前，国内尚缺乏一本系统阐述大气气溶胶偏振遥感的论著。

我们将大气气溶胶偏振遥感研究团队多年的研究成果系统总结并整理成本书，在大气气溶胶偏振遥感研究新思路、新方法方面具有一定的创新性。全书共分 7 章：第 1 章主要介绍了辐射传输理论基础以及大气气溶胶偏振遥感的发展现状；第 2 章介绍了球形气溶胶粒子和非球形气溶胶粒子的散射特性和偏振特性，并给出了气溶胶多角度偏振特性模拟结果；第 3 章对地表偏振反射率模型进行了详细的论述；第4~6章分别从地基遥感、天基遥感、空基遥感的角度介绍了大气气溶胶参数的偏振遥感反演算法及结果；考虑到云对气溶胶的影响，第7章介绍了水云和卷云的多角度偏振遥感研究。

本书由顾行发、程天海、李正强和乔延利总策划并组织撰写。各章主要参加人员如下：第1章，顾行发、程天海、王颖、郭红、魏香琴；第2章，程天海、陈好、吴俣、徐彬仁；第3章，谢东海、程天海、余涛、魏香琴；第4章，李正强、乔延利、李东辉、魏鹏；第5章，程天海、顾行发、谢东海、王颖；第6章，顾行发、乔延利、程天海、谢东海、郭红；第7章，程天海、王颖、陈好、魏曦。全书由程天海统稿和修改，顾行发定稿。田国良、余涛等对书稿框架和内容给予了指导，并提出了很多宝贵意见。

本书得到国家重点基础研究发展计划“多尺度气溶胶综合观测和时空分布规律研究”（编号：2010CB950800）、国防科学技术工业委员会民用航天技术预先研究项目“多角度多光谱偏振遥感应用关键技术研究”（编号：O6K00100KJ）、中国科学院战略性先导科技专项“基于历史卫星数据提取气溶胶信息”（编号：XDA05100201）的资助，特此致谢。衷心感谢中国科学院院士童庆禧先生为本书作序，感谢他对大气气溶胶偏振遥感团队的关心和指导。

限于作者水平，书中疏漏之处在所难免，敬请读者批评指正。

作者

2014年8月

目　　录

第 1 章　大气气溶胶偏振遥感综述 ………… 1

1.1　气溶胶偏振遥感理论基础 ………… 1

1.1.1　光的偏振特性 ………… 2

1.1.2　辐射在大气-地表耦合介质中的传输过程 ………… 7

1.2　气溶胶偏振遥感研究进展概述 ………… 18

1.2.1　偏振遥感器发展概述 ………… 18

1.2.2　气溶胶偏振遥感研究进展 ………… 22

第 2 章　气溶胶多角度偏振特性 ………… 26

2.1　气溶胶散射特性理论 ………… 26

2.2　球形气溶胶粒子的散射特性模拟：Mie 理论 ………… 29

2.2.1　电磁波方程及其解 ………… 29

2.2.2　形式散射解 ………… 33

2.2.3　远场解和消光参数 ………… 36

2.2.4　球形粒子的散射相矩阵 ………… 39

2.3　非球形气溶胶散射特性模拟 ………… 42

2.3.1　T-Matrix 方法的原理 ………… 44

2.3.2　非球形气溶胶粒子单次散射特性 ………… 46

2.4　气溶胶多角度偏振特性 ………… 47

第 3 章　地表偏振模型 ………… 53

3.1　地表偏振模型的研究现状 ………… 53

3.2　地表偏振反射机理 ………… 54

3.3　典型地表偏振模型 ………… 58

3.3.1　Rondeaux 和 Herman 模型 ………… 58

3.3.2　韩志刚模型 ………… 61

3.3.3　多波段偏振反射率模型 ………… 66

3.3.4　土壤模型 ………… 67

3.4　地表的偏振贡献对气溶胶遥感反演影响 ………… 68

第 4 章 地基多角度偏振观测大气气溶胶 …… 77
4.1 地基多角度偏振遥感观测 …… 77
4.1.1 观测技术和设备 …… 79
4.1.2 观测仪器偏振定标 …… 83
4.1.3 观测结果及分析 …… 88
4.2 地基多角度偏振遥感反演气溶胶光学参数 …… 88
4.2.1 建立光学特性反演模型 …… 88
4.2.2 ω_0 计算方法 …… 94
4.2.3 反演结果 …… 95
4.3 地基多角度偏振遥感反演气溶胶物理参数 …… 96
4.3.1 基本原理 …… 96
4.3.2 反演方案 …… 98
4.3.3 反演结果及验证 …… 99
4.4 处理系统 …… 99
第 5 章 天基多角度偏振观测大气气溶胶特性 …… 103
5.1 反演原理 …… 103
5.2 地表反射处理算法 …… 105
5.3 传统气溶胶多角度偏振遥感反演算法 …… 106
5.4 反射率和偏振反射率的联合处理算法 …… 107
5.4.1 东亚区域气溶胶反演算法 …… 108
5.4.2 敏感性分析 …… 110
5.4.3 东亚气溶胶模式分析 …… 111
5.4.4 查找表建立 …… 113
5.4.5 地表反射率处理 …… 113
5.4.6 反演结果 …… 115
5.4.7 分析和验证 …… 117
5.4.8 应用 …… 121
第 6 章 机载多角度偏振探测仪 …… 125
6.1 多角度偏振探测仪简介 …… 125
6.2 多角度偏振数据预处理 …… 127
6.2.1 图像配准和采样变换 …… 127
6.2.2 辐射定标 …… 136
6.2.3 几何信息计算 …… 141
6.3 航空偏振气溶胶反演算法 …… 143
6.3.1 反演原理和流程 …… 143

6.3.2 反演案例 …… 145
第7章 云特性偏振遥感 …… 146
7.1 水云多角度辐射特性研究 …… 146
7.1.1 水云多角度偏振辐射特性 …… 146
7.1.2 辐射矢量敏感性分析 …… 147
7.2 卷云多角度偏振特性研究 …… 149
7.2.1 卷云散射特性 …… 149
7.2.2 卷云多角度偏振特性 …… 153
7.3 基于偏振遥感探测云参数 …… 159
7.3.1 概述 …… 159
7.3.2 反演方案 …… 159
7.3.3 基于 POLDER 观测资料的反演个例 …… 160
7.3.4 反演结果精度分析 …… 166
7.3.5 小结 …… 167
参考文献 …… 168
索引 …… 180

第1章

大气气溶胶偏振遥感综述

大气气溶胶是悬浮在大气中的固体和液体微粒与气体载体共同组成的多相体系。大气中悬浮着的各种固体和液体粒子，例如，尘埃、烟粒、微生物、植物孢子和花粉，以及由水和冰组成的云雾滴、冰晶和雨雪等粒子，都是气溶胶(章澄昌和周文贤，1995)。由于在大气层中分布广泛、生命周期短、空间变化巨大、化学组成复杂，以及对区域和全球气候、大气环境质量的重要影响(Boucher and Andeson，1995；Erickson et al.，1995；Sokolik and Toon，1996；Mitchell and Johns，1997；付培健等，1998；Toon，2000)，气溶胶已经成为大气科学领域研究的热点。

目前，大气气溶胶探测主要分为地基探测和卫星遥感探测。其中地基探测能够获得气溶胶详细的光学和理化参数，可为气溶胶的气候效应和环境效应评估提供详细的观测数据。但由于网点分散，地基观测技术仍不能全面、连续动态地反映气溶胶的光学和理化参数以及空间分布特性。目前，基于卫星数据的气溶胶遥感是实现这一目标的有效方式，而基于多角度偏振卫星数据的气溶胶遥感因其观测手段的先进性，已经成为国际气溶胶遥感的研究热点。

1.1 气溶胶偏振遥感理论基础

在自然界中，到处布满了各种各样的天然反射起偏器，例如，光滑的植物叶片、湖泊、海洋、冰、雪、云、雾等，太阳光经过它们反射后均能产生偏振。偏振遥感正是利用这一特征为遥感目标提供新的、潜在的信息。与其他传统光学遥感方法相比，偏振探测技术有三方面的独特优点：① 偏振探测可以解决如云和气溶胶的粒径分布等传统光学遥感无法解决的一些问题。② 偏振探测无需准确的辐射量就可以达到相对较高的精度。③ 在取得偏振测量结果的同时，还能得到辐射量的测量数据。总之，偏振遥感的独特之处在于可以解决传统光学遥感无法解决的一些问题，目前已成为世界各国竞相研究的热点。

1.1.1 光的偏振特性

一般情况下，光线由于散射都会被极化，因此我们在精确处理散射问题时，必须描述辐射场的偏振状态。根据瑞利散射理论，初始的非极化光线，被散射到与入射角成 θ 角的方向上后，即变成偏振光，而且光强在平行和垂直于散射平面方向上，变为 $\cos^2\theta$ 倍。

为了描述一般的辐射场，应该定义 4 个参数：分别表示在每一点及任何方向上的光强、偏振率、偏振面位置和辐射的扁率。一般在气体介质中构造辐射传输方程和表达偏振光的最方便的方法就是利用 4 元素的 Stokes 向量（Chandrasekhar，1950）。

(1) 椭圆偏振光

椭圆偏振光是指在光的传播方向上，任意一个场点电场矢量，既改变它的大小又以角速度 ω（即光波的圆频率）均匀转动它的方向，或者说电场矢量的端点在波面内描绘出一个椭圆。对椭圆偏振光来说，在与波传播方向垂直的平面内，电场矢量的振荡过程中，两个垂直方向上的分量的振幅比和相位差是常量，不随时间变化。标准的椭圆极化的振荡可以表示为

$$\begin{cases}\xi_l=\xi_l^{(0)}\sin(\omega t-\varepsilon_l)\\ \xi_r=\xi_r^{(0)}\sin(\omega t-\varepsilon_r)\end{cases} \tag{1-1}$$

其中，ξ_l、ξ_r 为振荡在两个互相垂直方向 l、r 的分量；ω 为振荡的角频率；t 为振荡的时间；ε_l、ε_r 为两个相互垂直方向分量的相位；$\xi_l^{(0)}$、$\xi_r^{(0)}$ 为两个相互垂直方向分量的振幅。

如果椭圆的主轴(ξ_l，ξ_r)与 l 方向分别成 χ 和 $\chi+\frac{\pi}{2}$ 角度，此时振荡可以表示为

$$\begin{cases}\xi_\chi=\xi^{(0)}\cos\beta\sin\omega t\\ \xi_{\chi+\frac{\pi}{2}}=\xi^{(0)}\sin\beta\cos\omega t\end{cases} \tag{1-2}$$

其中，β 的值在 0 到 $\frac{\pi}{2}$ 之间，如果它为正，代表右手极化；反之，则代表左手极化。$\xi^{(0)}$ 与电磁矢量的振幅成比例，它的平方等于光强：

$$I=[\xi^{(0)}]^2=[\xi_l^{(0)}]^2+[\xi_r^{(0)}]^2=I_l+I_r \tag{1-3}$$

变换到 l 和 r 方向上，则振荡为

$$\begin{cases}\xi_l=\xi^{(0)}(\cos\beta\cos\chi\sin\omega t-\sin\beta\sin\chi\cos\omega t)\\ \xi_r=\xi^{(0)}(\cos\beta\sin\chi\sin\omega t-\sin\beta\cos\chi\cos\omega t)\end{cases}\tag{1-4}$$

如果化为标准振荡形式，则

$$\begin{cases}\xi_l^{(0)}=\xi^{(0)}(\cos^2\beta\cos^2\chi+\sin^2\beta\sin^2\chi)^{\frac{1}{2}}\\ \xi_r^{(0)}=\xi^{(0)}(\cos^2\beta\sin^2\chi+\sin^2\beta\cos^2\chi)^{\frac{1}{2}}\\ \tan\varepsilon_l=\tan\beta\tan\chi\\ \tan\varepsilon_r=-\tan\beta\cot\chi\end{cases}\tag{1-5}$$

l 和 r 方向的强度 I_l 和 I_r 为

$$\begin{cases}I_l=[\xi_l^{(0)}]^2=I(\cos^2\beta\cos^2\chi+\sin^2\beta\sin^2\chi)^2\\ I_r=[\xi_r^{(0)}]^2=I(\cos^2\beta\sin^2\chi+\sin^2\beta\cos^2\chi)^2\end{cases}\tag{1-6}$$

椭圆极化光的振荡可以表示为

$$\begin{cases}I=\overline{[\xi_l^{(0)}]^2}+\overline{[\xi_r^{(0)}]^2}=I_l+I_r\\ Q=\overline{[\xi_l^{(0)}]^2}-\overline{[\xi_r^{(0)}]^2}=I\cos 2\beta\cos 2\chi=I_l-I_r\\ U=2\xi_l^{(0)}\xi_r^{(0)}\cos(\varepsilon_l-\varepsilon_r)=I\cos 2\beta\sin 2\chi=(I_l-I_r)\tan 2\chi\\ V=2\xi_l^{(0)}\xi_r^{(0)}\sin(\varepsilon_l-\varepsilon_r)=I\sin 2\beta=(I_l-I_r)\tan 2\beta\sec 2\chi\end{cases}\tag{1-7}$$

其中，I 表示总辐射强度，Q 表示平行或垂直于参考平面的线偏振的强度，U 表示与参考平面成 45°角的线偏振的强度，V 表示圆偏振强度。此时，

$$\begin{cases}I^2=Q^2+U^2+V^2\\ \tan 2\chi=\dfrac{U}{Q}\\ \sin 2\beta=\dfrac{V}{\sqrt{Q^2+U^2+V^2}}\end{cases}\tag{1-8}$$

上面考虑的情况中振幅和相位均为常数，但在实际中是不可能的。我们可以假设相位和幅度在几百万次振荡中恒定，同时也在每秒中无规律地变化上百万次。但是，在椭圆偏振光中，必须满足振幅比 $\xi_l^{(0)}/\xi_r^{(0)}$ 和相位差 $\delta=\varepsilon_l-\varepsilon_r$ 为常数。

此时，我们可以得到任意方向的平均强度，此时 Stokes 向量表达为

$$\begin{cases} I_r = \overline{[\xi_r^{(0)}]^2}, \ I_l = \overline{[\xi_l^{(0)}]^2} \\ Q = \overline{[\xi_l^{(0)}]^2} - \overline{[\xi_r^{(0)}]^2} = \overline{[\xi^{(0)}]^2}\cos 2\beta\cos 2\chi = I_l - I_r \\ U = 2\overline{[\xi_l^{(0)}\xi_r^{(0)}]}\cos\delta = \overline{[\xi^{(0)}]^2}\cos 2\beta\sin 2\chi \\ V = 2\overline{[\xi_l^{(0)}\xi_r^{(0)}]}\sin\delta = \overline{[\xi^{(0)}]^2}\sin 2\beta \end{cases} \tag{1-9}$$

(2) 任意偏振光的 Stokes 向量

对于一般的偏振光，我们的分析方法是：首先在一个方向的相位中引入一个延迟，然后测量横截面各个方向的光强。区分椭圆偏振光与一般偏振光的方法是：看两个垂直分量的振幅比和相位差是否为常量。

因为目前只考虑相位差，所以瞬时振荡可以表示为

$$\begin{cases} \xi_l = \xi_l^{(0)}\sin\omega t \\ \xi_r = \xi_r^{(0)}\sin(\omega t - \delta) \end{cases} \tag{1-10}$$

在第二个分量当中引入延迟 ε，则

$$\begin{cases} \xi_l = \xi_l^{(0)}\sin\omega t \\ \xi_r = \xi_r^{(0)}\sin(\omega t - \delta - \varepsilon) \end{cases} \tag{1-11}$$

将两个分量叠加，在与 l 方向成 ϕ 的方向上，得到

$$\xi_l^{(0)}\sin\omega t\cos\phi + \xi_r^{(0)}\sin(\omega t - \delta - \varepsilon)\sin\phi = [\xi_l^{(0)}\cos\phi + \xi_r^{(0)}\cos(\delta+\varepsilon)\sin\phi]\sin\omega t - \xi_r^{(0)}\sin(\delta+\varepsilon)\sin\phi\cos\omega t \tag{1-12}$$

则瞬时强度可以表示为

$$\begin{aligned} I(\phi, \varepsilon) &= \xi^2(\phi, \varepsilon) \\ &= [\xi_l^{(0)}\cos\phi + \xi_r^{(0)}\cos(\delta+\varepsilon)\sin\phi]^2 + [\xi_r^{(0)}\sin(\delta+\varepsilon)\sin\phi]^2 \\ &= [\xi_l^{(0)}]^2\cos^2\phi + [\xi_r^{(0)}]^2\sin^2\phi + 2\xi_l^{(0)}\xi_r^{(0)}(\cos\delta\cos\varepsilon - \sin\delta\sin\varepsilon)\sin\phi\cos\phi \end{aligned} \tag{1-13}$$

为得到 ϕ 方向上的光线强度，我们要考虑到上式的平均值，此处令 ε 和 ϕ 为常数，则

$$\begin{aligned} I(\phi, \varepsilon) = {} & \overline{[\xi_l^{(0)}]^2}\cos^2\phi + \overline{[\xi_r^{(0)}]^2}\sin^2\phi + \\ & \{2\overline{[\xi_l^{(0)}\xi_r^{(0)}\cos\delta]}\cos\varepsilon - 2\overline{[\xi_l^{(0)}\xi_r^{(0)}\sin\delta]}\sin\varepsilon\}\cos\phi\sin\phi \end{aligned} \tag{1-14}$$

可以看出，l 和 r 方向的光强与 ε 无关，即

$$I_l=\overline{[\xi_l^{(0)}]^2},\ I_r=\overline{[\xi_r^{(0)}]^2} \tag{1-15}$$

并令

$$U=2\overline{[\xi_l^{(0)}\xi_r^{(0)}\cos\delta]},\ V=2\overline{[\xi_l^{(0)}\xi_r^{(0)}\sin\delta]} \tag{1-16}$$

令

$$\begin{cases} I=I_l+I_r \\ Q=I_l-I_r \end{cases} \tag{1-17}$$

则

$$I(\phi,\ \varepsilon)=\frac{1}{2}[I+Q\cos 2\phi+(U\cos\varepsilon-Q\sin\varepsilon)\sin 2\phi] \tag{1-18}$$

当几束独立的偏振光混合时，混合光的 Stokes 向量为各个偏振光的 Stokes 分量相加的和，此时必须注意这些组分偏振光一定不能有恒定的相位关系，即一定要满足独立性。

(3) 自然光

自然光的定义为：在横截面中，各个方向的光强都相同，而且光强不会被两个垂直分量中任一个分量的相位延迟所影响。因此，对于自然光，可以得到

$$\begin{cases} I(\phi,\ \varepsilon)=\dfrac{1}{2}I，与\ \phi,\ \varepsilon\ 无关 \\ Q=U=V=0 \end{cases} \tag{1-19}$$

其中，$Q=U=V=0$ 是自然光的充分必要条件。

令$(x_1,\ \beta_1)$和$(x_2,\ \beta_2)$分别代表第一条光线和第二条光线，由 $Q=U=V=0$ 可得，$-\beta_2=\pm\frac{\pi}{2}-\beta_1$ 或$-\beta_2=\beta_1$，所以$(x_1,\ \beta_1)$和$\left(\frac{\pi}{2}+\chi_1,\ \frac{\pi}{2}-\beta_1\right)$代表右手极化，$(x_1,\ \beta_1)$和$\left(\frac{\pi}{2}+\chi_1,\ -\frac{\pi}{2}-\beta_1\right)$代表左手极化，两者代表了相同的物理情况。

两束强度相同的独立椭圆偏振光要想混合后等于自然光，需要当且仅当两椭圆的主轴互相垂直$\left(\chi_2=\frac{\pi}{2}+\chi_1\right)$，而且旋转的方向相反。如果两束光分别为$(x_1,\ \beta_1)$和$\left(\chi_1+\frac{\pi}{2},\ -\beta_1\right)$，就可以说这两束光极化特性相反。自然光等价于任意两束独立的极化特性相反且强度相等的偏振光的混合。除非两束独立的偏振光为相反极化，且强度相等，否则不可能混合得到自然光。极化特性相反的两束偏振光混合，其强度与任何相位延迟无关，所以两束偏振特性相反的光不能相干。

(4) 任意偏振光的表示方式

任意偏振光指所有光线都可以表示为椭圆偏振光和独立的自然光的混合。因为 $I^2 \geqslant Q^2+U^2+V^2$，其中只有当光线为椭圆偏振光(即相移恒定，分量的振幅比恒定)时等号才成立。

一般情况下，$I^2 \geqslant Q^2+U^2+V^2$，此时光线可以分解为两束独立光：

$$\begin{cases}[I-(Q^2+U^2+V^2)^{\frac{1}{2}},\ 0,\ 0,\ 0]\\ [(Q^2+U^2+V^2)^{\frac{1}{2}},\ Q,\ U,\ V]\end{cases} \tag{1-20}$$

前一个表示自然光，后一个表示椭圆偏振光，其特征可以由公式(1-21)得到。

$$\begin{cases}\tan 2\chi=\dfrac{U}{Q}\\ \sin 2\beta=\dfrac{V}{(Q^2+U^2+V^2)^{\frac{1}{2}}}\end{cases} \tag{1-21}$$

注意，如果 β 的值较小，那么 χ 的值要使 $\cos 2\chi$ 与 Q 同号。

表示部分偏振光的另外一种方法是利用极化特性相反的两束椭圆偏振光 (x_1, β_1) 和 $\left(\dfrac{\pi}{2}+\chi_1, -\beta_1\right)$。而光强可以很容易写出(注意，自然光应两束光强相等；如果不等，则为部分偏振光)，因为其中的自然光部分等价于如下特征的椭圆偏振光，即偏振状态为 (x_1, β_1)，光强为 $\dfrac{1}{2}[I-(Q^2+U^2+V^2)^{\frac{1}{2}}]$。因此一束光 (I, Q, U, V) 等价于两束独立的椭圆偏振光，光强分别为

$$\begin{cases}I^{(+)}=\dfrac{1}{2}[I+(Q^2+U^2+V^2)^{\frac{1}{2}}]\\ I^{(-)}=\dfrac{1}{2}[I-(Q^2+U^2+V^2)^{\frac{1}{2}}]\end{cases} \tag{1-22}$$

偏振特性相反，分别为 (χ_1, β_1) 和 $\left(\dfrac{\pi}{2}+\chi_1, -\beta_1\right)$，可由公式(1-23)得到。

$$\begin{cases}\tan 2\chi=\dfrac{U}{Q}\\ \sin 2\beta=\dfrac{V}{(Q^2+U^2+V^2)^{\frac{1}{2}}}\end{cases} \tag{1-23}$$

在研究大气气溶胶时，通常考虑线偏振光。偏振辐亮度 L_p 可以表示为

$$L_p=\sqrt{Q^2+U^2+V^2} \tag{1-24}$$

为了描述地-气系统对直射太阳光的反射特性，定义表观反射率为 R，表观偏振反射率为 R_p，将 R 与 R_p 的比定义为偏振度 p：

$$\begin{aligned} R&=\frac{\pi I_r}{\mu_0 F_s}\\ R_p&=\frac{\pi I_{rp}}{\mu_0 F_s}\\ p&=\frac{R_p}{R} \end{aligned} \tag{1-25}$$

其中，I_r 为反射辐射(radiance)；I_{rp} 为反射辐射的偏振分量(也称“偏振辐射”；polarized radiance)；F_s 为入射到表面的太阳平行光的辐照度；μ_0 为太阳天顶角的余弦。

1.1.2 辐射在大气-地表耦合介质中的传输过程

(1) 矢量辐射传输方程的一般形式

法国科学家 Bouguer 早在 1729 年就对光在传输中受到介质的影响发生衰减的现象进行了研究，在假定单次散射的情况下，得出了 Beer-Bouguer-Lambert 定律：

$$I(\lambda)=I_0(\lambda)\exp\left[-\int_0^l \beta_\varepsilon(\lambda)\,\mathrm{d}l\right] \tag{1-26}$$

辐射强度可以由于物质在相同波长上的发射以及多次散射而增强，定义源函数 $J(\lambda)$ 表示由于发射以及多次散射造成的强度增大，可以得到不指定坐标系的辐射传输方程：

$$-\frac{\mathrm{d}I_\lambda}{\mathrm{d}\tau_\lambda}=-I_\lambda+J_\lambda \tag{1-27}$$

用 Stokes 参数所构成的矢量代替辐射，用单次散射相矩阵代替单次散射相函数并忽略热发射后，标量辐射传输方程就过渡到矢量辐射传输方程：

$$\mu\frac{\mathrm{d}\boldsymbol{I}(\tau,\mu,\phi)}{\mathrm{d}\tau}=-\boldsymbol{I}(\tau,\mu,\phi)+\frac{\omega}{4\pi}\int_0^{2\pi}\int_{-1}^{1}\boldsymbol{M}(\tau,\mu,\phi;\mu',\phi')\,\mathrm{d}\mu'\mathrm{d}\phi'+\frac{\omega}{4\pi}F_0\exp\left(-\frac{\tau}{\mu_0}\right)\boldsymbol{M}(\tau,\mu,\phi;\mu_0,\phi_0)[1,0,0,0]^{\mathrm{T}} \tag{1-28}$$

其中，τ 表示大气光学厚度，μ_0 为太阳天顶角的余弦，ϕ_0 为太阳方位角，μ 为观测天顶角的余弦，ϕ 为观测方位角，$\boldsymbol{I}$ 为 Stokes 参量矢量，$\boldsymbol{M}$ 为对单次散射相矩阵进行了参考平面转动变换后的散射矩阵，ω_0 是单次散射反照率，F_0 是太阳辐射通量密度，$[1, 0, 0, 0]^{\mathrm{T}}$ 表示太阳入射光为非偏振光。

$\boldsymbol{M}$ 又称为 Mueller 矩阵，一般表示如下：

$$\boldsymbol{M}(\Theta)=\begin{bmatrix} m_{11}(\Theta) & m_{12}(\Theta) & m_{13}(\Theta) & m_{14}(\Theta) \\ m_{21}(\Theta) & m_{22}(\Theta) & m_{23}(\Theta) & m_{24}(\Theta) \\ m_{31}(\Theta) & m_{32}(\Theta) & m_{33}(\Theta) & m_{34}(\Theta) \\ m_{41}(\Theta) & m_{42}(\Theta) & m_{43}(\Theta) & m_{44}(\Theta) \end{bmatrix}=[m_{ij}]_{4\times4} \tag{1-29}$$

为书写方便，以$[S_{ij}]_{n\times n}$表示 $n\times n$ 阶矩阵，S_{ij}表示矩阵元素。$\boldsymbol{M}$ 由单次散射相矩阵 $\boldsymbol{P}(\Theta)=[p_{ij}]_{4\times4}$经参考平面旋转变换后得到。对于球形和镜面对称的随机取向的散射粒子群而言，散射矩阵 $\boldsymbol{P}$ 表示为具有如下形式的对称矩阵：

$$\boldsymbol{P}=\begin{pmatrix} p_1 & p_2 & 0 & 0 \\ p_2 & p_5 & 0 & 0 \\ 0 & 0 & p_3 & p_4 \\ 0 & 0 & -p_4 & p_6 \end{pmatrix} \tag{1-30}$$

值得注意的是，如图 1-1 所示，式(1-28)中 $\boldsymbol{I}(\tau, \mu, \phi)$是以平面 OP_2Z 为参考平面，$\boldsymbol{I}'(\tau', \mu', \phi')$是以平面 OP_1Z 为参考平面，而单次散射相矩阵 $\boldsymbol{P}$ 是以散射平面 OP_1P_2 为参考平面的，因此，经过旋转变化可以得到 Mueller 矩阵：

$$\boldsymbol{M}(\Theta)=\boldsymbol{L}(\pi-i_2)\boldsymbol{P}(\Theta)\boldsymbol{L}(-i_1) \tag{1-31}$$

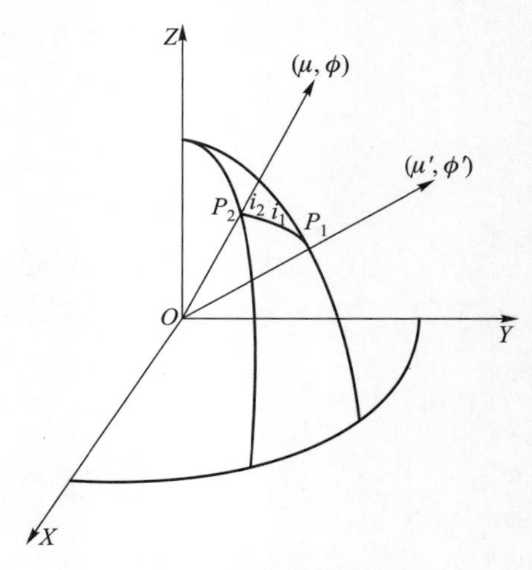

图 1-1　散射几何关系图

其中，i_1 为平面 OP_1Z 和 OP_1P_2 的夹角，i_2 为平面 OP_2Z 和 OP_1P_2 的夹角，可由球面几何关系求得

$$\cos i_1=\frac{-\mu+\mu'\cos\Theta}{\pm\sqrt{(1-\cos^2\Theta)(1-\mu'^2)}} \tag{1-32}$$

$$\cos i_2=\frac{-\mu'+\mu\cos\Theta}{\pm\sqrt{(1-\cos^2\Theta)(1-\mu^2)}} \tag{1-33}$$

当 $\pi<(\Phi-\Phi')<2\pi$ 时，取负号；当 $0<(\Phi-\Phi')<\pi$ 时，取正号。

$\boldsymbol{L}(\chi)$ 为变换矩阵，可由矢量旋转公式和 Stokes 矢量（I，Q，U，V）的定义得到

$$\boldsymbol{L}(\chi)=\begin{bmatrix}1&0&0&0\\0&\cos 2\chi&\sin 2\chi&0\\0&-\sin 2\chi&\cos 2\chi&0\\0&0&0&1\end{bmatrix} \tag{1-34}$$

由此可以得到散射相矩阵 $\boldsymbol{M}(\Theta)$：

$$\boldsymbol{M}(\Theta)=\begin{bmatrix}p_1&p_2\cos 2i_1&-p_2\cos 2i_1&0\\p_2\cos 2i_2&\begin{array}{c}p_5\cos 2i_1\cos 2i_2\\-p_3\sin 2i_1\sin 2i_2\end{array}&\begin{array}{c}-p_5\sin 2i_1\cos 2i_2\\+p_3\cos 2i_1\sin 2i_2\end{array}&-p_4\sin 2i_2\\p_2\sin 2i_2&\begin{array}{c}p_5\cos 2i_1\sin 2i_2\\+p_3\sin 2i_1\cos 2i_2\end{array}&\begin{array}{c}-p_5\sin 2i_1\sin 2i_2\\+p_3\cos 2i_1\cos 2i_2\end{array}&p_4\cos 2i_2\\0&-p_4\sin 2i_1&-p_4\cos 2i_1&p_6\end{bmatrix} \tag{1-35}$$

多年来，研究者提出了许多不同的解法，每种解法各有其优缺点，通常的方法包括倍加累加法（Plass et al.，1973）、离散纵标法（Stamnes et al.，1988）、球谐法（Karp et al.，1980）、不变性镶嵌（Bellman et al.，1960）、X 和 Y 函数法（Chandrasekhar，1950）、Monte-Carlo 模拟（Collins et al.，1972）和逐次散射近似 SOS（successive orders of scatering）法（Irvine，1975）等。

基于对矢量辐射传输方程的解法，已经有研究者写出对应的成熟的代码，形成了不同的矢量辐射传输模式，可以对地-气系统的矢量辐射传输过程进行正向模拟，SOS 和 RT3 为其中两种常用的矢量辐射传输模式。SOS 基于逐次散射近似法，RT3 基于倍加累加法。下面简要介绍这两种矢量辐射传输方程解法。

（2）倍加累加法

倍加累加法是将大气划分为不同的层，然后用反射矩阵、透射矩阵和源矢量来表示每个层的矢量辐射传输特性。

图1-2为具有向下辐射矢量$\boldsymbol{I}^{+}$和向上辐射矢量$\boldsymbol{I}^{-}$的大气，上面叠加一薄层具有光学厚度$\Delta\tau$、反射矩阵$=\sum[x \quad y]\begin{bmatrix} I_x^2 & I_xI_y \\ I_xI_y & I_y^2 \end{bmatrix}\begin{bmatrix} x \\ y \end{bmatrix}$、透射矩阵$\boldsymbol{t}$和源矢量$\boldsymbol{g}$的大气。图中下标t表示顶部，b表示底部，u表示向上的分量，d表示向下的分量。

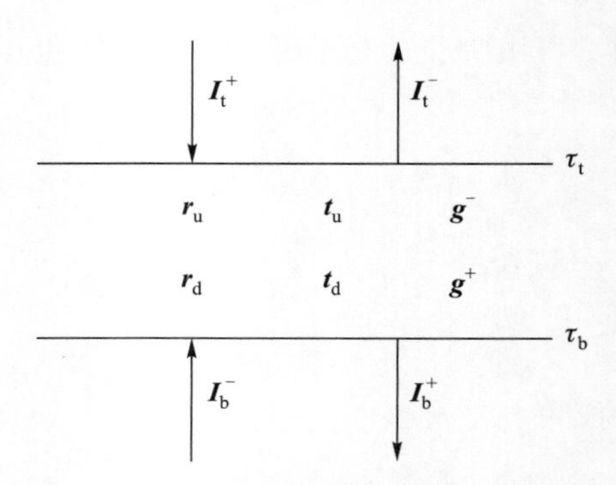

图1-2 倍加累加法相互作用原理图

假定叠加的大气薄层光学厚度非常小，只需考虑单次散射，则可得到

$$\begin{aligned} \boldsymbol{I}^{+}(\tau_b) &= \boldsymbol{t}_d\boldsymbol{I}^{+}(\tau_t)+\boldsymbol{r}_d\boldsymbol{I}^{-}(\tau_b)+\boldsymbol{g}^{+} \\ \boldsymbol{I}^{-}(\tau_t) &= \boldsymbol{t}_u\boldsymbol{I}^{-}(\tau_b)+\boldsymbol{r}_u\boldsymbol{I}^{+}(\tau_t)+\boldsymbol{g}^{-} \end{aligned} \tag{1-36}$$

将上式进行变换可得到

$$\begin{pmatrix} \boldsymbol{E} & -\boldsymbol{r}_d \\ 0 & -\boldsymbol{t}_u \end{pmatrix}\begin{pmatrix} \boldsymbol{I}^{+}(\tau_b) \\ \boldsymbol{I}^{-}(\tau_b) \end{pmatrix}=\begin{pmatrix} \boldsymbol{t}_d & 0 \\ \boldsymbol{r}_u & -\boldsymbol{E} \end{pmatrix}\begin{pmatrix} \boldsymbol{I}^{+}(\tau_t) \\ \boldsymbol{I}^{-}(\tau_t) \end{pmatrix}+\begin{pmatrix} \boldsymbol{g}^{+} \\ \boldsymbol{g}^{-} \end{pmatrix} \tag{1-37}$$

令

$$\boldsymbol{P}_{d_1}=\begin{pmatrix} \boldsymbol{E} & -\boldsymbol{r}_d \\ 0 & -\boldsymbol{t}_u \end{pmatrix}^{-1}=\begin{pmatrix} \boldsymbol{E}\boldsymbol{t}_d & -\boldsymbol{r}_d\boldsymbol{t}_u^{-1} \\ 0\boldsymbol{r}_u & -\boldsymbol{t}_u^{-1} \end{pmatrix} \tag{1-38}$$

$$\boldsymbol{P}_{d_2}=\begin{pmatrix} \boldsymbol{t}_d & 0 \\ \boldsymbol{r}_u & -\boldsymbol{E} \end{pmatrix} \tag{1-39}$$

可得

$$\boldsymbol{E}_x(z,\ t)=\boldsymbol{E}_{0x}\cos(kz-\omega t)\boldsymbol{x} \tag{1-40}$$

$$\boldsymbol{P}_{\mathrm{d}}(\tau_{\mathrm{b}},\ \tau_{\mathrm{t}})=\boldsymbol{P}_{\mathrm{d}_1}\boldsymbol{P}_{\mathrm{d}_2} \tag{1-41}$$

对于图 1-2 所示的条件，方程具有唯一解，且解可表示为

$$\boldsymbol{I}(\tau_{\mathrm{b}})=\boldsymbol{P}(\tau_{\mathrm{b}},\ \tau_{\mathrm{t}})\boldsymbol{I}(\tau_{\mathrm{t}}) \tag{1-42}$$

$\boldsymbol{P}(\tau_{\mathrm{b}},\ \tau_{\mathrm{t}})$称为传递矩阵，具有如下性质：

$$\boldsymbol{P}^{-1}(\tau_{\mathrm{b}},\ \tau_{\mathrm{t}})=\boldsymbol{P}(\tau_{\mathrm{t}},\ \tau_{\mathrm{b}}) \tag{1-43}$$

$$\boldsymbol{P}(\tau_{\mathrm{b}},\ \tau_{\mathrm{t}})=\boldsymbol{P}(\tau_{\mathrm{b}},\ \tau)\boldsymbol{P}(\tau,\ \tau_{\mathrm{t}}) \tag{1-44}$$

在获得单个薄层大气矢量辐射传输方程的解之后，下面需要得到两层到多层大气矢量辐射传输方程的解。主要的方法是累加法，即在各个均匀层的反射矩阵、透射矩阵和源矢量已知的条件下，构造整层大气的反射矩阵、透射矩阵和源矢量的算法。

考虑任意两个相邻的光学介质层$(\tau_{\mathrm{t}},\ \tau)$和$(\tau,\ \tau_{\mathrm{b}})$，根据上面所述的传递矩阵的性质，联合层$(\tau_{\mathrm{t}},\ \tau_{\mathrm{b}})$的特解和两个分层的特解之间满足如下关系：

$$\boldsymbol{F}(\tau_{\mathrm{b}},\ \tau_{\mathrm{t}})=\boldsymbol{P}(\tau_{\mathrm{b}},\ \tau)\boldsymbol{F}(\tau,\ \tau_{\mathrm{t}})+\boldsymbol{F}(\tau_{\mathrm{b}},\ \tau) \tag{1-45}$$

进行矩阵代数运算，得到联合层的反射、透射矩阵和源矢量(下标 1 表示上层，2 表示下层，无下标表示联合层)

$$\boldsymbol{r}_{\mathrm{d}}=\boldsymbol{r}_{\mathrm{d2}}+t_{\mathrm{d2}}(\boldsymbol{E}-\boldsymbol{r}_{\mathrm{d1}}\boldsymbol{r}_{\mathrm{u2}})^{-1}\boldsymbol{r}_{\mathrm{d1}}\boldsymbol{t}_{\mathrm{u2}} \tag{1-46}$$

$$\boldsymbol{r}_{\mathrm{u}}=\boldsymbol{r}_{\mathrm{u1}}+\boldsymbol{t}_{\mathrm{u1}}(\boldsymbol{E}-\boldsymbol{r}_{\mathrm{u2}}\boldsymbol{r}_{\mathrm{d1}})^{-1}\boldsymbol{r}_{\mathrm{u2}}\boldsymbol{t}_{\mathrm{d1}} \tag{1-47}$$

$$\boldsymbol{t}_{\mathrm{d}}=\boldsymbol{t}_{\mathrm{d2}}(\boldsymbol{E}-\boldsymbol{r}_{\mathrm{d1}}\boldsymbol{r}_{\mathrm{u2}})^{-1}\boldsymbol{t}_{\mathrm{d1}} \tag{1-48}$$

$$\boldsymbol{t}_{\mathrm{u}}=\boldsymbol{t}_{\mathrm{u1}}(\boldsymbol{E}-\boldsymbol{r}_{\mathrm{u2}}\boldsymbol{r}_{\mathrm{d1}})^{-1}\boldsymbol{t}_{\mathrm{u2}} \tag{1-49}$$

$$\boldsymbol{g}^{+}=\boldsymbol{g}_2^{+}+\boldsymbol{t}_{\mathrm{d2}}(\boldsymbol{E}-\boldsymbol{r}_{\mathrm{d1}}\boldsymbol{r}_{\mathrm{u2}})^{-1}(\boldsymbol{g}_1^{+}+\boldsymbol{r}_{\mathrm{d1}}\boldsymbol{g}_2^{-}) \tag{1-50}$$

$$\boldsymbol{g}^{-}=\boldsymbol{g}_1^{-}+\boldsymbol{t}_{\mathrm{u1}}(\boldsymbol{E}-\boldsymbol{r}_{\mathrm{u2}}\boldsymbol{r}_{\mathrm{d1}})^{-1}(\boldsymbol{g}_2^{-}+\boldsymbol{r}_{\mathrm{u2}}\boldsymbol{g}_1^{+}) \tag{1-51}$$

倍加法就是将均匀层介质对等等分为一系列薄层，计算薄层近似条件下的反射矩阵、透射矩阵和源矢量，通过对薄层的逐次倍加递推得到整个均匀层的反射矩阵、透射矩阵和源矢量的算法。

考虑 $\tau_{\mathrm{t}}\to\tau_{\mathrm{b}}$ 均匀层，光学厚度为 $\Delta\tau$，对其进行 $2m$ 等分，对于每个薄层进行小量近似就可以得到透射矩阵、反射矩阵和源矢量，这种薄层近似处理称为“初始化”。

利用一阶泰勒近似得到均匀薄层的传递矩阵：

$$\begin{aligned}
\boldsymbol{t}_{\mathrm{d}}^{0} &= \boldsymbol{E}+\boldsymbol{a}_{11}\Delta\tau_{0} \\
\boldsymbol{t}_{\mathrm{u}}^{0} &= \boldsymbol{E}-\boldsymbol{a}_{22}\Delta\tau_{0} \\
\boldsymbol{r}_{\mathrm{d}}^{0} &= \boldsymbol{a}_{12}\Delta\tau_{0} \\
\boldsymbol{r}_{\mathrm{u}}^{0} &= -\boldsymbol{a}_{21}\Delta\tau_{0}
\end{aligned} \tag{1-52}$$

其中，$\boldsymbol{a}$ 可以由散射粒子的 Mueller 矩阵计算而得。

源矢量为

$$\boldsymbol{G}^{0}=\begin{bmatrix} \boldsymbol{E} & -\boldsymbol{r}_{\mathrm{d}}^{0} \\ 0 & -\boldsymbol{t}_{\mathrm{u}}^{0} \end{bmatrix}\boldsymbol{F}^{0} \tag{1-53}$$

利用累加法公式，可得

$$\boldsymbol{r}_{\mathrm{d}}^{k+1}=\boldsymbol{r}_{\mathrm{d}}^{k}+\boldsymbol{t}_{\mathrm{d}}^{k}\left(\boldsymbol{E}-\boldsymbol{r}_{\mathrm{d}}^{k}\boldsymbol{r}_{\mathrm{u}}^{k}\right)^{-1}\boldsymbol{r}_{\mathrm{d}}^{k}\boldsymbol{t}_{\mathrm{u}}^{k} \tag{1-54}$$

$$\boldsymbol{r}_{\mathrm{u}}^{k+1}=\boldsymbol{r}_{\mathrm{u}}^{k}+\boldsymbol{t}_{\mathrm{u}}^{k}\left(\boldsymbol{E}-\boldsymbol{r}_{\mathrm{u}}^{k}\boldsymbol{r}_{\mathrm{d}}^{k}\right)^{-1}\boldsymbol{r}_{\mathrm{u}}^{k}\boldsymbol{t}_{\mathrm{d}}^{k} \tag{1-55}$$

$$\boldsymbol{t}_{\mathrm{d}}^{k+1}=\boldsymbol{t}_{\mathrm{d}}^{k}\left(\boldsymbol{E}-\boldsymbol{r}_{\mathrm{d}}^{k}\boldsymbol{r}_{\mathrm{u}}^{k}\right)^{-1}\boldsymbol{t}_{\mathrm{d}}^{k} \tag{1-56}$$

$$\boldsymbol{t}_{\mathrm{u}}^{k+1}=\boldsymbol{t}_{\mathrm{u}}^{k}\left(\boldsymbol{E}-\boldsymbol{r}_{\mathrm{u}}^{k}\boldsymbol{r}_{\mathrm{d}}^{k}\right)^{-1}\boldsymbol{t}_{\mathrm{u}}^{k} \tag{1-57}$$

其中，k 为第 k 层介质。

源矢量由图 1-3 所示，进行变化而得

$$\begin{aligned}
\boldsymbol{g}_{k+1}^{+} &= \exp(-2^{k}\Delta\tau_{0}/u_{0})\boldsymbol{g}_{k}^{+}+\boldsymbol{t}_{\mathrm{d}}^{k}(\boldsymbol{E}-\boldsymbol{r}_{\mathrm{d}}^{k}\boldsymbol{r}_{\mathrm{u}}^{k})^{-1}[\boldsymbol{g}_{k}^{+}+\boldsymbol{r}_{\mathrm{d}}^{k}\exp(-2^{k}\Delta\tau_{0}/u_{0})\boldsymbol{g}_{k}^{-}] \\
\boldsymbol{g}_{k+1}^{+} &= \boldsymbol{g}_{k}^{-}+\boldsymbol{t}_{\mathrm{u}}^{k}(\boldsymbol{E}-\boldsymbol{r}_{\mathrm{u}}^{k}\boldsymbol{r}_{\mathrm{d}}^{k})^{-1}[\exp(-2^{k}\Delta\tau_{0}/u_{0})\boldsymbol{g}_{k}^{-}+\boldsymbol{r}_{\mathrm{u}}^{k}\boldsymbol{g}_{k}^{+}]
\end{aligned} \tag{1-58}$$

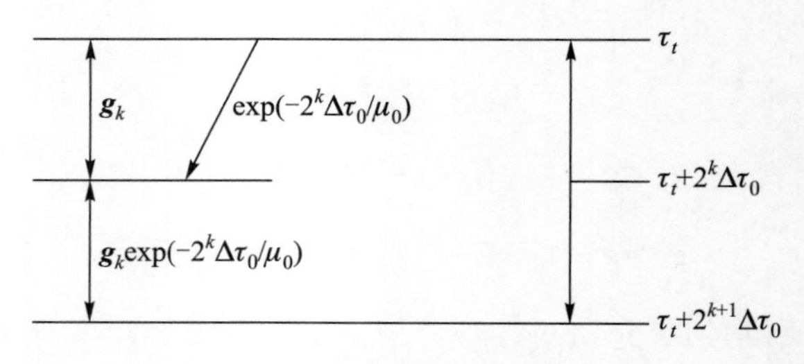

图 1-3 源矢量倍加法示意图

利用倍加累加法求出整层大气反射、透射矩阵和源矢量后，就可以得出大气-地表间向下和向上辐射场以及大气层顶反射辐射场

$$\boldsymbol{I}^{+}(\tau_{\mathrm{s}})=(\boldsymbol{E}-\boldsymbol{r}_{\mathrm{d}}\boldsymbol{r}_{\mathrm{s}})^{-1}(\boldsymbol{r}_{\mathrm{d}}\boldsymbol{g}_{\mathrm{s}}+\boldsymbol{g}^{+}) \tag{1-59}$$

$$\boldsymbol{I}^{-}(\tau_{s})=(\boldsymbol{E}-\boldsymbol{r}_{s}\boldsymbol{r}_{d})^{-1}(\boldsymbol{g}_{s}+\boldsymbol{r}_{s}\boldsymbol{g}^{+}) \tag{1-60}$$

$$\boldsymbol{I}^{-}(0)=\boldsymbol{t}_{u}(\boldsymbol{E}-\boldsymbol{r}_{s}\boldsymbol{r}_{d})^{-1}(\boldsymbol{g}_{s}+\boldsymbol{r}_{s}\boldsymbol{g}^{+})+\boldsymbol{g}^{-} \tag{1-61}$$

其中，$\boldsymbol{r}_s$ 为地表反射矩阵，$\boldsymbol{g}_s$ 为地表源矢量。

（3）逐次散射近似法

逐次散射近似法(SOS)（Hammad and Chapman，1939；Min and Duan，2004）是对一次、二次、三次散射等的光子分别计算其强度，总强度为所有各次散射强度之和，即

$$L(\tau,\mu,\varphi)=\sum_{n=1}^{N}L_n(\tau,\mu,\varphi) \tag{1-62}$$

其中，n 表示散射的次数。

在定量遥感地表和大气信息研究中，需要模拟地-气系统对直射太阳光的反射场。在这种情况下，对大气上界的边界条件而言，向下的漫入射场为0，仅需要考虑地表反射边界条件，它由两部分组成：一是对漫射光的反射，二是对直射光的反射，则

$$L_n(\tau,\mu<0,\varphi)=-\int_0^{\tau}e^{-(\tau'-\tau)/\mu}S_n(\tau',\mu,\varphi)\,d\tau'/\mu \tag{1-63}$$

$$L_n(\tau,\mu>0,\varphi)=L_n^{up}(\tau^*,\mu>0,\varphi)e^{-(\tau^*-\tau)/\mu}+\int_{\tau}^{\tau^*}e^{-(\tau'-\tau)/\mu}S_n(\tau',\mu,\varphi)\,d\tau'/\mu \tag{1-64}$$

其中，

$$S_1(\tau,\mu,\varphi)=\frac{\omega(\tau)}{4\pi}P(\tau,\mu,\varphi,\mu_0,\varphi_0)E_0\exp\left(\frac{\tau}{\mu_0}\right) \tag{1-65}$$

$$S_{n>1}(\tau,\mu,\varphi)=\frac{\omega(\tau)}{4\pi}\int_0^{2\pi}\int_{-1}^{+1}P(\tau,\mu,\varphi,\mu',\varphi')L_{n-1}(\tau,\mu',\varphi')\,d\mu'd\varphi' \tag{1-66}$$

$$L_1^{up}(\tau^*,\mu>0,\varphi)=(-\mu_0)R(\mu,\varphi,\mu_0,\varphi_0)E_0e^{\tau^*/\mu_0}/\pi \tag{1-67}$$

$$L_{n>1}^{up}(\tau^*,\mu>0,\varphi)=\int_0^{2\pi}\int_{-1}^{0}(-\mu')R(\mu,\varphi,\mu',\varphi')L_{n-1}(\tau^*,\mu',\varphi')\,d\mu'd\varphi'/\pi \tag{1-68}$$

其中，$R(\mu,\varphi,\mu_0,\varphi_0)$ 为下垫面反射率，可以根据地表类型反射模型获得；S_n 是在每一个 τ 处的源函数，S_1 是单次散射在每一个 τ 处的源函数，$S_{n>1}$ 是多次散射在每一个 τ 处的源函数。

在没有经过简化的情况下无法得到矢量辐射传输方程的解析解，需要借助

数值计算方法。求解矢量辐射传输方程需要求解关于光学厚度、方位角及观测天顶角的积分。这三个积分通常由下述方法处理：① 将矢量辐射传输方程按方位角进行傅里叶级数展开，从而简化辐射传输方程求解，将矢量辐射传输方程转换为与方位角对立的方程，对方位角的积分可用解析方法计算；② 对天顶角的积分用数值方法计算；③ 对于光学厚度，将大气划分为 K 层均匀层，每一层的光学厚度为 τ_K，即用数值方法计算对光学厚度的积分。

为简化辐射传输方程求解，进行变量 μ 和 φ 分离，将辐射传输方程按方位角进行傅里叶级数展开，用 δ_{0s} 函数来表示，当 $s=0$ 时，$\delta_{0s}=1$；$s\neq 0$ 时，$\delta_{0s}=0$。

$$I_n(\tau,\mu,\varphi)=\sum_{s=0}^{S}(2-\delta_{0s})\cos(s(\varphi-\varphi_0))I_n^s(\tau,\mu) \tag{1-69}$$

$$Q_n(\tau,\mu,\varphi)=\sum_{s=0}^{S}(2-\delta_{0s})\cos(s(\varphi-\varphi_0))Q_n^s(\tau,\mu) \tag{1-70}$$

$$U_n(\tau,\mu,\varphi)=\sum_{s=1}^{S}2\sin(s(\varphi-\varphi_0))U_n^s(\tau,\mu) \tag{1-71}$$

$$V_n(\tau,\mu,\varphi)=\sum_{s=1}^{S}2\sin(s(\varphi-\varphi_0))V_n^s(\tau,\mu) \tag{1-72}$$

即

$$\begin{aligned}L_n(\tau,\mu,\varphi)=\sum_{s=0}^{S}(2-\delta_{0s})[&\cos(s(\varphi-\varphi_0))L_{n,\cos}^s(\tau,\mu)+\\&\sin(s(\varphi-\varphi_0))L_{n,\sin}^s(\tau,\mu)]\end{aligned} \tag{1-73}$$

其中，I、Q 元素是方位角的偶函数，U、V 元素是方位角的奇函数，s 为傅里叶级数，S 为散射函数，则

$$L_{n,\cos}^s(\tau,\mu)=(I_n^s,Q_n^s,0,0)^{\mathrm{T}},\ L_{n,\sin}^s(\tau,\mu)=(0,0,U_n^s,V_n^s)^{\mathrm{T}} \tag{1-74}$$

源函数的傅里叶展开式如下：

$$S_1(\tau,\mu,\varphi)=\frac{\omega(\tau)}{4\pi}\sum_{s=0}^{S}(2-\delta_{0s})\cos(s(\varphi-\varphi_0))P_{\cos}^s(\mu,\mu_0)E_0\mathrm{e}^{\tau/\mu_0} \tag{1-75}$$

$$\begin{aligned}&S_{n>1}(\tau,\mu,\varphi)\\&=\frac{\omega(\tau)}{2}\sum_{s=0}^{S}(2-\delta_{0s})[\cos(s(\varphi-\varphi_0))\int_{-1}^{+1}(P_{\cos}^sL_{n-1,\cos}^s-P_{\sin}^sL_{n-1,\sin}^s)\mathrm{d}\mu'+\\&\sin(s(\varphi-\varphi_0))\int_{-1}^{+1}(P_{\sin}^sL_{n-1,\cos}^s+P_{\cos}^sL_{n-1,\sin}^s)\mathrm{d}\mu']\end{aligned} \tag{1-76}$$

散射相矩阵的傅里叶展开式如下：

$$P_n(\mu, \varphi, \mu', \varphi') = \sum_{s=0}^{L}(2-\delta_{0s})[\cos(s(\varphi-\varphi'))P^s_{n,\cos}(\mu, \mu') + \sin(s(\varphi-\varphi'))P^s_{n,\sin}(\mu, \mu')] \tag{1-77}$$

经傅里叶变换后，基于逐次散射近似法(Van der Mee and Hovenier, 1990)：

$$L^s_n(\tau, \mu < 0) = -\int_0^{\tau} e^{-(\tau'-\tau)/\mu} S^s_n(\tau', \mu)\mathrm{d}\tau'/\mu \tag{1-78}$$

$$L^s_n(\tau, \mu > 0) = L^{\mathrm{up},s}_n(\tau^*, \mu > 0)e^{-(\tau^*-\tau)/\mu} + \int_{\tau}^{\tau^*} e^{-(\tau'-\tau)/\mu} S^s_n(\tau', \mu)\mathrm{d}\tau'/\mu \tag{1-79}$$

其中，

$$S^s_1(\tau, \mu) = \frac{\omega(\tau)}{4\pi}P^s(\tau, \mu, \mu_0)E_0 e^{\tau/\mu_0} \tag{1-80}$$

$$S^s_{n>1}(\tau, \mu) = \frac{\omega(\tau)}{2}\int_{-1}^{+1} P^s(\tau, \mu, \mu')L^s_{n-1}(\tau, \mu')\mathrm{d}\mu' \tag{1-81}$$

$$L^{\mathrm{up},s}_1(\tau^*, \mu>0) = (-\mu_0)R^s(\mu, \mu_0)E_0 e^{\tau^*/\mu_0}/\pi \tag{1-82}$$

$$L^{\mathrm{up},s}_{n>1}(\tau^*, \mu > 0) = 2\int_{-1}^{0}(-\mu')R^s(\mu, \mu')L^s_{n-1}(\tau^*, \mu')\mathrm{d}\mu' \tag{1-83}$$

$$P^s(\mu, \mu') = \begin{pmatrix} \sum_{l=s}^{L}\beta_l P^l_s P'^l_s & \sum_{l=s}^{L}\gamma_l P^l_s R'^l_s & \sum_{l=s}^{L} -\gamma_l P^l_s T'^l_s & 0 \\ \sum_{l=s}^{L}\gamma_l R^l_s P'^l_s & \sum_{l=s}^{L}\alpha_l R^l_s R'^l_s + \zeta_l T^l_s T'^i_s & \sum_{l=s}^{L} -\alpha_l R^l_s T'^l_s - \zeta_l T^l_s R'^i_s & \sum_{l=s}^{L}\varepsilon_l T^l_s P'^l_s \\ \sum_{l=s}^{L} -\gamma_l T^l_s P'^l_s & \sum_{l=s}^{L} -\alpha_l T^l_s R'^l_s - \zeta_l R^l_s T'^i_s & \sum_{l=s}^{L}\alpha_l T^l_s T'^l_s + \zeta_l R^l_s R'^i_s & \sum_{l=s}^{L} -\varepsilon_l R^l_s P'^l_s \\ 0 & \sum_{l=s}^{L} -\varepsilon_l P^l_s T'^l_s & \sum_{l=s}^{L}\varepsilon_l P^l_s R'^l_s & \sum_{l=s}^{L}\delta_l P^l_s P'^l_s \end{pmatrix} \tag{1-84}$$

矢量辐射传输方程按方位角展开为傅里叶级数序列后，需离散化光学厚度和观测天顶角。对于观测天顶角，采用高斯数值积分进行离散化，其积分节点为 $\mu_p(\mu_p=-\mu_p)$，对应的积分权重为 $a_p(a_p=a_{-p})$，其中，p 表示离散化的第 p 个积分节点；对于光学厚度，大气划分为 K 层均匀层，每一层的光学厚度为 τ_K，$\tau_1=0$，$\tau_{K+1}=\tau^*$，第 k 层介质的光学厚度为 $\Delta\tau_k$。由于大气分层中的每一层均为大气分子散射和气溶胶散射的共同作用，为处理在大气廓线中不同的气溶胶类型，考虑 M 个不同大气粒子反射模型(包括气体分子)，则混合大气的散射相矩阵和单次散射反照率由式(1-85)计算。

$$[\overline{\omega}\,\overline{P}^s(\mu_p,\mu_0)]_k=\left[\sum_{m=1}^{M}\omega_m\Delta\tau_{m,k}P_m^s(\mu_p,\mu_0)\right]/\left[\sum_{m=1}^{M}\Delta\tau_{m,k}\right] \quad (1-85)$$

对光学厚度和观测天顶角离散后，第一次散射的辐射量可表示为

$$L_1^s(\tau_k,\mu_p>0)=L_1^s(\tau_{k+1},\mu_p>0)\mathrm{e}^{-\Delta\tau_k/\mu_p}+\frac{1}{4\pi}[\overline{\omega}\,\overline{P}^s(\mu_p,\mu_0)]_k E_0(\mathrm{e}^{\tau_{k+1}/\mu_0}+\mathrm{e}^{\tau_k/\mu_0})/2 \quad (1-86)$$

按照上述公式，对每一层进行逐步求解；按同样方法求解第二，第三，……，第 k 次散射的辐射量为

$$L_{n>1}^s(\tau_k,\mu_p>0)=L_{n>1}^s(\tau_{k+1},\mu_p>0)\mathrm{e}^{-\Delta\tau_k/\mu_p}+\frac{1}{2}\sum_{q=-P}^{+P}a_q[\overline{\omega}\,\overline{P}^s(\mu_p,\mu_q)]_k(L_{n-1}^s(\tau_{k+1},\mu_q)L_{n-1}^s(\tau_k,\mu_q))/2s \quad (1-87)$$

在基于逐次散射近似法求解矢量辐射传输的过程中，进行了5次系数展开，即 L：散射矩阵的Legendre展开系数；S：傅里叶展开系数；N：逐次散射近似考虑的散射的个数；P：高斯积分节点数；K：大气分层数。其中，L 的取值依赖于大气粒子的半径，或准确地说依赖于有效半径 $2\pi r/\lambda$，其中 λ 为入射波长。对于瑞利散射(大气分子)L 取值为2即可；对于大粒子，特别是大气中的气溶胶和云粒子，具有强的前向散射特性，其前向和后向散射之差可达几个数量级，要精确逼近原函数，L 的取值需要几十项乃至上百项，采用 δ-M 方法处理大气中大粒子散射相矩阵。P 的取值依赖于角度函数随角度的变化情况，对于大陆型气溶胶，$P=24$ 即可。N 的取值决定着所求辐射量的变化精度，一般遵循 $(\tau^*)^N\approx\Delta L$。当 N 取得一定大值时，L_{n+1}/L_n 将趋近为常值。K 的取值依赖于太阳天顶角和光学厚度，当 τ^* 为0.1~0.5时，K 的值介于20到30之间是合理的。高精度 $\Delta L\approx10^{-4}$ 情况时，$K\approx100$。

考虑地表反射边界条件(Coulson et al., 1965; Vanderbilt and Grant, 1985)，地表反射矩阵从本质上可归结为两个基本类型：一是由入射光经过具有一定光学粗糙度的处于合适视场条件的镜面反射导致的，是部分偏振；二是来自地表的多次散射部分，具有非偏振趋向。对于太阳光在大气中的矢量辐射传输问题，在地表边界反射处理上，将漫反射和镜面反射分开处理，则地表反射矩阵可表示为漫射光反射矩阵和直射光镜面反射矩阵之和：

$$\boldsymbol{R}(\mu, \varphi, \mu', \varphi') = \boldsymbol{R}_{\mathrm{dif}}(\mu, \varphi, \mu', \varphi') + \boldsymbol{R}_{\mathrm{sp}}(\mu, \varphi, \mu', \varphi') \tag{1-88}$$

非偏的漫反射矩阵只有第一个 Stokes 参量非零，如下所示：

$$\boldsymbol{R}_{\mathrm{dif}}(\mu, \varphi, \mu', \varphi') = \begin{pmatrix} \rho(\mu, \varphi, \mu', \varphi') & 0 & 0 & 0 \\ 0 & 0 & 0 & 0 \\ 0 & 0 & 0 & 0 \\ 0 & 0 & 0 & 0 \end{pmatrix} \tag{1-89}$$

对于地表类型为朗伯体的假设，$\rho(\mu, \varphi, \mu', \varphi')$ 为常数；地表类型为非朗伯体时，将地表模型按方位角进行傅里叶级数展开：

$$\rho(\mu, \varphi, \mu', \varphi') = \sum_{s=0}^{M} (2 - \delta_{0s}) \cos(s(\varphi - \varphi')) \rho^s(\mu, \mu') \tag{1-90}$$

则

$$\boldsymbol{R}_{\mathrm{dif}}^{s}(\mu, \mu') = \begin{pmatrix} \rho^s(\mu, \mu') & 0 & 0 & 0 \\ 0 & 0 & 0 & 0 \\ 0 & 0 & 0 & 0 \\ 0 & 0 & 0 & 0 \end{pmatrix} \tag{1-91}$$

在计算直射反射矩阵时，假设地表由随机取向的菲涅尔(Fresnel)反射体组成，根据斯涅尔(Snell)法则，直射反射矩阵表示为

$$(-\mu') \boldsymbol{R}_{\mathrm{sp}}(i) = \frac{\pi p(\mu_n, \varphi_n)}{4\mu\mu_n} \boldsymbol{r}(i) \tag{1-92}$$

其中，$\boldsymbol{r}(i)$ 为菲涅尔反射矩阵；$p(\mu_n, \varphi_n)$ 为随机取向的菲涅尔反射体的分布函数：

$$p(\mu_n, \varphi_n) \mathrm{d}\omega_n = \mathrm{d}S/S \tag{1-93}$$

其中，S 代表地表的水平面积；$\mathrm{d}S$ 表示在 $\mathrm{d}\omega_n$ 空间内方向为(μ_n, φ_n)的菲涅尔反射体所占的比例。$p(\mu_n, \varphi_n)$一般经过试验统计获得，如 Cox 和 Munk 在 1954 年经过试验统计得出了当风速为 w 时的粗糙海面 $p(\mu_n, \varphi_n)$：

$$p(\mu_n, \varphi_n) = \frac{1}{\pi\sigma^2\mu_n^3} \exp\left(-\frac{1-\mu_n^2}{\sigma^2\mu_n^2}\right) \tag{1-94}$$

其中，σ^2 大约为 $0.003+0.00512w$。

在求解过程中，由于 $p(\mu_n, \varphi_n)$为方位角的函数，需将 $p(\mu_n, \varphi_n)$按方位角进行傅里叶级数展开。由于菲涅尔反射矩阵 $\boldsymbol{r}(i)$是以反射面为参考面的，需经旋转变换将其转换成参考面，即 $\boldsymbol{T}(\pi-\chi)\boldsymbol{r}(i)\boldsymbol{T}(-\chi') \rightarrow \boldsymbol{r}(\mu, \varphi, \mu', \varphi')$，然后

按方位角进行傅里叶级数展开。

1.2 气溶胶偏振遥感研究进展概述

1.2.1 偏振遥感器发展概述

目前，偏振遥感属于遥感应用中的一个新的研究方向，具有很大的应用和发展潜力，国外很多大学和研究机构都在从事这方面的研究和探索。1984年起，美国国家航空航天局(NASA)先后6次在“Discovery”号航天飞机上由航天员使用偏振双相机系统尝试了对地偏振成像观测试验。由美国SpecTIR公司研制的RSP(Research Scanning Polarimeter)仪器，有9个偏振光谱通道，通过航空飞行试验获取扫描偏振成像数据，进行陆地和海洋上空气溶胶光学特性和微物理特性研究。但是，相对于航天遥感来说，航空遥感在全球范围大尺度的大气状况探测方面有其局限性。因此，在RSP仪器研制和实验研究的基础上，美国计划研制下一代星载气溶胶偏振测量仪器APS(Aerosol Polarimeter Sensor)。作为NPOESS(National Polar-orbiting Operational Environmental Satellite System)综合遥感平台的有效载荷，APS采用沿轨扫描方式工作，获取大气的多角度偏振信息，工作波段从可见光/近红外延伸至短波红外，由于仪器设计有在轨偏振定标装置，其设计偏振测量精度可以达到0.2%。

20世纪80年代后期，法国Lille大学开始研制POLDER(Polarization and Directionality of Earth's Reflectance)仪器，主要目的是探测大气云、气溶胶、陆地表面和海洋情况。其中，443 nm、670 nm和865 nm 3个通道具有线偏振测量功能。从1990年起，该大学开始了POLDER的航空校飞试验，同时通过地面同步配合实验完善了反演方法。法国国家空间研究中心(CNES)的POLDER基本上是基于航空型POLDER发展成型的，并于1996年和2002年先后两次将POLDER-Ⅰ型和Ⅱ型搭载于日本的ADEOS卫星发射升空。POLDER仪器随着卫星的沿轨拍摄，可以从13个不同的视角观测同一个目标，测量时间为160 ms。仪器视场大小：沿轨±42.3°，穿轨±50.7°；天底点地面像元尺寸：沿轨6.0 km，穿轨7.1 km；刈幅2400 km；绕地球运行一周需要101分钟，周期为41天。获取的偏振和辐射成像数据用于各种地表、辐射收支、水汽、海色、陆地和海洋上空云和气溶胶等研究。

POLDER在设计上对气溶胶进行全球监测的主要原理是：大气上界短波偏振辐射率的贡献主要是大气气溶胶和分子散射的贡献，而地表的贡献与气溶胶贡献相比要小得多，而且本身变化不大，大气分子的贡献尽管存在，但是稳定的，理论上可以准确模拟并扣除，因而气溶胶偏振辐射率的贡献可以从实测资料中提取出来。对于典型气溶胶光学厚度而言，这种贡献与气溶胶的光学厚度和气溶胶偏振散射相函数的乘积成正比。POLDER 具有的多方向观测能力使得反演该乘积的方向分布成为可能。气溶胶贡献的大小与气溶胶光学厚度有关，而偏振辐射率角度分布的具体形式与气溶胶偏振相函数有关，进而可分辨由折射指数和粒子尺度分布所决定的气溶胶类型。

从 1999 年 12 月起，法国 CNES 开始了源于 POLDER 的 PARASOL(Polarization and Anisotropy of Reflectances for Atmospheric Sciences Coupled with Observations from a LiDAR)仪器的基础研究，在 PARASOL 的偏振测量波段中，将 POLDER 中的 443 nm 波段更改为 490 nm 波段，并于 2004 年 12 月 18 日在法属圭亚那发射升空，与 AQUA、CALIPSO、CLOUDSAT、OCO、AURA 等组成 A-Train系列大气探测卫星星座，将星载大气探测能力提高到一个新的阶段。然而，PARASOL 已经于 2013 年 10 月 11 号停止提供观测数据。PARASOL 的幅宽是 1600 km。关于 PARASOL 的研究任务和 PARASOL 的具体参数可参见 Deschamps等(1994)和 Tanré 等(2011)。陈洪滨等(2006)对 POLDER 多角度、多通道偏振探测器对地遥感观测研究进展进行了较为详细的介绍。

POLDER 星下点的地面分辨率是 6 km×7 km。由于地球曲率影响，地面星下点的观测角比卫星参考坐标系的观测角大，10°、20°、30°、40°、50°的观测角度对应的地面观测角度分别为 11.3°、22.6°、34.1°、45.7°、57.8°。

POLDER 传感器在 ADEOS 轨道的太阳光照面成像。当星下点地面的太阳天顶角小于 75°时开始获取数据，当其大于 75°时停止获取。以 19.6 s 的间隔重复获取数据序列，1 个图像序列由 16 景单波段图像组成，顺序为暗电流、443P1、443P2、443P3、443NP、490NP、565NP、670P1、670P2、670P3、763NP、765NP、910NP、865P1、865P2、865P3。一轨图像可获取的图像序列数量随季节不同而变化，最多时一轨图像可获取 130 个图像序列。

POLDER 传感器的转轮上 16 个滤光片全部观测一遍，需要 19.6 s，转轮需要相应地转动 4 圈，在这个时间间隔内，原来在星下点的地物已经移动到了相对卫星 9°的位置上，但仍在 POLDER 的可视范围内。当卫星经过地物上空时，该地物能在每一个波段大概以不同的角度被观测 12 次(最多达 14 次)。因此，POLDER 的连续观测能为幅宽内的任何地物提供双向反射特性(示意图见图1-4)。

PARASOL 是"polarization and anisotropy of reflectances for atmospheric science coupled with observations from a LiDAR"的缩写，中文意思为备有激光雷达观测装置的反射偏振和各向异性大气科学卫星，采用的非偏振波段分别为 443 nm、565 nm、763 nm、765 nm、910 nm 和 1020 nm，偏振波段为 490 nm、670 nm 和

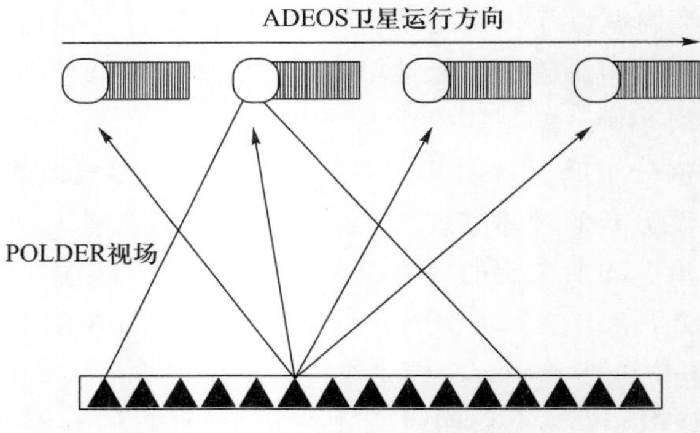

图 1-4 PARASOL 传感器多角度观测示意图

865 nm。PARASOL 将原来 443 nm 的偏振通道改为 490 nm，是因为 443 nm 波段受分子散射影响太大，干扰了大气气溶胶信息的提取；将原来 490 nm 波段的非偏振通道改为 1020 nm 波段，目的是与“A-Train”计划中的 CALIPSO 的 1060 nm通道进行协同观测(陈洪滨等，2006)。

POLDER/PARASOL 的产品体系包括 3 级产品和 3 个产品处理线，参见表1-1。

表 1-1 POLDER/PARASOL 产品体系

<table>
<tr><th>产品等级</th><th>产品处理线</th><th>产品类型</th><th>分辨率</th></tr>
<tr><td>预览</td><td>—</td><td>—</td><td>—</td></tr>
<tr><td>一级</td><td>—</td><td>—</td><td>高分辨率</td></tr>
<tr><td rowspan="6">二级</td><td>辐射平衡和云</td><td>—</td><td>低分辨率</td></tr>
<tr><td rowspan="3">海洋和海面气溶胶</td><td>海洋方向性参数</td><td>高分辨率</td></tr>
<tr><td>海洋非方向性参数</td><td>高分辨率</td></tr>
<tr><td>大气气溶胶参数</td><td>低分辨率</td></tr>
<tr><td rowspan="2">地表和大陆气溶胶</td><td>陆地表面方向性参数</td><td>高分辨率</td></tr>
<tr><td>大气气溶胶参数</td><td>低分辨率</td></tr>
<tr><td rowspan="6">三级</td><td>辐射平衡和云</td><td>—</td><td>低分辨率</td></tr>
<tr><td rowspan="3">海洋和海面气溶胶</td><td>海洋方向性参数</td><td>高分辨率</td></tr>
<tr><td>海洋非方向性参数</td><td>高分辨率</td></tr>
<tr><td>大气气溶胶参数</td><td>低分辨率</td></tr>
<tr><td rowspan="2">地表和大陆气溶胶</td><td>陆地表面方向性参数</td><td>高分辨率</td></tr>
<tr><td>大气气溶胶参数</td><td>低分辨率</td></tr>
</table>

一级产品是经过地理编码的大气层顶辐亮度。POLDER 一级产品对原始数据进行了定标、辐射校正和几何校正。其中，定标包括仪器定标，将辐亮度转换为反射率；辐射校正包括降低暗电流、数据校正、将偏振数据转化为 Stokes 参量、偏振参数修正；几何校正是投影数据到 POLDER/PARASOL 参考网格。POLDER 一级产品属于一个点的信息放在一个文件记录内，这样就可以容易地使用 POLDER 获得的双向信息。每个记录包括如下信息：针对每个观测角（最多 16 个），给出 9 个波段的测量值以及观测角。每个记录包括太阳角度、水陆覆盖、大致的云标识以及观测值的质量参数。每个偏振波段从 3 个不同的偏振角得到的 3 个测量值被转换为以归一化辐亮度为单位的 Stokes 参数。对非偏振波段，得到传统的归一化辐亮度。

二、三级产品由一级产品和大气以及臭氧辅助数据产生。它们同样使用 POLDER 参考网格坐标系统。二级产品由单轨卫星数据合成；三级产品对二级产品进行了空间和时间的合成处理，合成的时期是 10 天或一个月，区域是全球。

二、三级产品分 3 个处理线进行处理：

① 辐射平衡和云。分析所有的数据（有云和无云）。它生成云表层信息（数量、光学厚度、云压、云相态）、大气水汽含量、天顶反照率，以及这些参数在空间和方向变化的一些数据。对于识别为有云或无云的点，生成方向反射率。产品以中等分辨率的形式生成（大约 19 km）。

② 海洋和海面气溶胶。分析水体表面获得的数据，这在第一步处理过程中完成。它生成气溶胶光学厚度和最优气溶胶模式，经过大气吸收和散射纠正的表面方向反射率，并纠正方向影响的水体光谱反射率和叶绿素 a 浓度。

③ 地表和大陆气溶胶。分析陆地表面获得的数据，这在第一步处理过程中完成。它生成气溶胶光学厚度的估计值和一个最优气溶胶模式，以及经过大气吸收、分子散射和气溶胶散射校正的地表方向反射产品。地表方向反射产品限于大气晴朗的情况（例如，反演的气溶胶光学厚度小于一个阈值）。

表 1-2 是相关星载偏振成像遥感器的性能参数比较。

表 1-2 相关星载偏振传感器比较

仪器名称	Space Shuttle Polarimeter	ISOPHOT 成像光偏振计	POLDER-Ⅰ	POLDER-Ⅱ	PARASOL
国家或机构	美国 NASA	欧空局（ESA）	法国（CNES）	法国（CNES）	法国（CNES）
发射时间	1984	1995	1996	2002	2004
平台	"Discovery"号航天飞机	ISO（Infrared Space Observatory）卫星	ADEOS-Ⅰ	ADEOS-Ⅱ	Myriade 系列中的第二颗微卫星

续表

仪器名称	Space Shuttle Polarimeter	ISOPHOT 成像光偏振计	POLDER-Ⅰ	POLDER-Ⅱ	PARASOL
轨道高度/km	340.77	近地点：1000 远地点：70500	796.75	802.9	705
波段范围	440~650 nm	2.5~120 μm	443~910 nm	443~910 nm	443~910 nm
偏振波段数	3	多谱段	3	3	3
探测器	胶片相机、面阵 CCD	面阵探测器、单元探测器	面阵 CCD	面阵 CCD	面阵 CCD
偏振检测方向	相互正交两个方向	3	3	3	3
量化精度	8 bit、12 bit	12 bit	12 bit	12 bit	12 bit
主要用途	气溶胶、海洋、陆地	天体	云、气溶胶、海洋、陆地	云、气溶胶、海洋、陆地	云、气溶胶、海洋、陆地

1.2.2 气溶胶偏振遥感研究进展

(1) 标量反演陆地气溶胶算法及不足

利用卫星数据进行气溶胶的反演已经开展了 30 多年。由于海洋表面相对均一，反射率很小并且近似为常数，因此，气溶胶直接反演研究和应用主要集中在海洋和大的水体表面上空，并投入 NOAA-AVHRR 产品的业务应用，目前已经发展了两代算法，正在发展第三代算法。而在陆地上空，由于气溶胶和地表反射率在时间和空间上的高度不均一性，且陆地地表反射率相对来说较大；另外，大气层顶标量辐射对气溶胶和地表反射率都有较强的敏感性，因此，很难从卫星对地观测信号中把气溶胶和地表的贡献定量区别开来，从而提取气溶胶的光学厚度和地表反射率。

利用卫星遥感的非偏振(标量)数据反演陆地气溶胶的研究发展至今，已经形成了一个非常完整的体系，Kaufman 等(1997)和 King 等(1999)分别对卫星遥感气溶胶的方法和仪器作了比较详尽的论述。根据采用地遥感数据的不同，可以简单地将卫星遥感气溶胶的标量方法分为以下几类：

① 单通道算法。单通道遥感方法是最早发展起来的方法，也是目前应用最为广泛的方法。除了上面提到的 AVHRR 传感器算法，利用 GOES、Meteosat 等静止气象卫星可见光通道遥感气溶胶的研究也有很多。基本原理为：当地表反射率很小时，反射率函数几乎随光学厚度增加而线性增加，且对低反射率的地表最敏感，扩展到所有太阳照射和卫星观测情况，可很容易在查找表中表示，

从表中可容易地查出与卫星传感器观测的反射率函数最匹配的气溶胶光学厚度。单通道反演方法通常用于反演反射率较低的下垫面上空气溶胶光学厚度，如反演海洋上空气溶胶光学厚度。

② 多通道算法。多通道算法的原理是假定地表反射率在一定波长范围内具有一定的函数关系（如线性变化），从而利用波段之间辐射强度的变化达到同时提取气溶胶光学厚度和地表反射率的目的。多通道遥感除了包括前面已经提到的利用 AVHRR 反演气溶胶的第三代算法外，20 世纪 90 年代中期以后发射的很多新的探测器在可见光和近红外波段都有多个通道可以用来探测气溶胶，如用于海色遥感的探测器 MERIS、OCTS、SeaWiFS 等，1999 年 12 月 18 日发射的 EOS-MODIS 在可见光、近红外、热红外波段的通道数更是达到了 36 个之多，分辨率也进一步提高，最高分辨率为 250 m，继承了 AVHRR、TM、OCTS 等探测器的特点并有所发展。这些多通道探测器除了能够反演气溶胶光学厚度以外，还可以反演气溶胶的其他特性，如谱分布等。另外，利用 TOMS 340 nm 和 380（360） nm 通道的辐射之比，还可以观测吸收性气溶胶。

③ 多角度、多通道遥感。除了多通道遥感外，有些探测器还可以进行多角度遥感，如 ADEOS 卫星上的 POLDER、EOS-MISR 等探测器，利用多通道、多角度探测器把下垫面和气溶胶信息区分开来，可以反演气溶胶光学厚度、粒子分布，甚至气溶胶的吸收特性等。Martonchik 等（1998）和 Diner 等（2005b）提出了 MISR 多角度观测反演气溶胶特性的算法，借助于植被指数的角度信息，避免了植被指数与气溶胶不透明性之间的反馈，大大改善了气溶胶的反演精度。

④ 暗目标法（浓密植被法）。暗目标法基于以下原理：首先，除尘埃外，气溶胶光学厚度一般随波长的增大而减小，因此在短波红外波段（2~4 μm）的光学厚度比可见光波段（0.47 μm 和 0.66 μm）要小；其次，太阳光谱波段的地表反射率与波长相关。此种方法是在大量的浓密植被在红蓝波段的反射率很低（0.01~0.02）的情况下，如落叶林和热带森林等，容易比较精确地将传感器获得的信息中地表的贡献与大气的贡献区分开。因此，许多具有森林或者大块浓密植被的地方都可以用这种方法来获取气溶胶信息，这种方法也称作浓密植被法，可以用于低空间分辨率的传感器，如 AVHRR、MODIS 等。

上述标量方法中，假定或变相假定地表反射率已知来提取大气气溶胶信息，或者在地表反射率未知的情况下，利用卫星测量信号的多相信息（如多波长、多角度间的相互关系等）达到同时反演的目的。研究表明，0.01 的地表反射率误差将导致 0.1 气溶胶光学厚度的反演误差（Soufflet et al.，1997）。因此，对于地表反射率的假定必须准确，否则将导致气溶胶光学厚度不确定性很大。所有这些标量反演方法都假定气溶胶类型已知，即以气溶胶光学参数（如单次散射反照率和散射相函数）已知为前提。研究表明，这些反演方法的精度在很大程度上依赖于这种假定的准确性，由于这种假定造成的气溶胶反演的误差大约为30%。

(2) 气溶胶偏振遥感进展

大气中的气溶胶和大气分子与入射太阳辐射相互作用，除了可以散射和吸收入射辐射，还可以使入射辐射发生偏振，多角度偏振传感器通过测量后向散射的偏振特性，可以得到陆地气溶胶的更多信息。Diner等(2005a)研究表明利用多角度偏振数据可以有效地提高陆地气溶胶的反演精度。具体来说，利用多角度偏振卫星数据进行陆地气溶胶的反演有以下优点：

首先，地表反射率是低偏振或无偏的，对大气层顶的偏振辐射贡献小，大气层顶的偏振信号主要来自于大气中分子和气溶胶的散射，对地表变化不敏感；而标量辐射对地表反射率变化反应很敏感。因此，利用多角度偏振信号可以有效去除地表反射的影响，实现对气溶胶光学厚度等光学性质的精确反演。

其次，气溶胶类型的判定问题。卫星的多角度偏振所能反映的气溶胶的光学性质主要是偏振相函数(polarized phase function)。偏振相函数的物理含义可从散射相函数的含义类推，即气溶胶粒子在散射偏振时的角度分布。气溶胶偏振相函数对气溶胶性质(如复折射指数的虚部)十分敏感；散射相函数和偏振相函数对气溶胶粒子谱分布也很敏感。多角度偏振信息的利用在一定程度上可以区分气溶胶的类型，反演气溶胶的物理性质。

偏振遥感是近年来备受关注的一种新兴的对地观测方法。偏振(在微波谱段称为极化)是电磁波的重要特征。大气中的气溶胶和云粒子与入射太阳辐射相互作用，除了可以散射和吸收入射辐射外，还可以使入射辐射发生偏振，多角度偏振传感器通过测量后向散射的偏振特性，可以得到大气气溶胶和云粒子的更多信息。大气气溶胶和云的偏振特性及其变化与大气气溶胶和云的光学、微观物理特性密切相关，使得偏振遥感技术可以应用于大气气溶胶和云的光学、微观物理特性参数探测。

基于法国POLDER数据探测气溶胶特性的反演方法是由Deuzé等(2001)提出的，在构建查找表的基础上，在10种气溶胶模式(正态对数谱)，有效半径在0.075~0.225 μm以及平均复折射指数为1.47-0.01i的条件下，模拟归一化表观偏振反射率。通过找到与670 nm和865 nm偏振波段的多角度观测值误差最小的模拟表观反射率，其对应的气溶胶参数即为确定的气溶胶光学厚度及气溶胶模式。由于偏振信号主要对细粒子气溶胶粒子比较敏感，在北美洲及欧洲等以细粒子为主的地区，利用该方法可以得到较高精度的反演结果。但在粗细混合型气溶胶模式下(如北京和坎普尔)，该算法的反演结果会带来较大的反演误差。Dubovik等(2011)提出了基于PARASOL数据同时反演气溶胶物理和光学特性的算法，该算法通过对PARASOL的多角度非偏数据和多角度偏振数据的冗余性进行统计最优化计算，可以实现全粒径范围内多气溶胶参数和地表反射率的反演（Dubovik，2004；Dubovik et al.，2011）。Dubovik 等（2011）的方法与 Deuzé 等（2001）的相比，能够反演更加丰富的气溶胶和地表参数，而且精度更加稳定。与 AERONET 观测数据相比，对 AOD（aerosol optical depth）的反演精度很高，在尼日尔 Banizoμmbou 站点和赞比亚 Mongu 站点的相关性分别约为 0.9 和 0.87。但是该方法利用的 RPV（Rahman-Pinty-Verstraete）地表模型（Rahman et al.，1993），可能在复杂下垫面情况下引入相对较大的误差，对反演的精度带来不利影响。

我国有许多学者致力于用遥感偏振信息反演气溶胶特性的方法，如韩志刚（1999）对 RT3 矢量辐射传输模式进行了改进，并利用 POLDER-Ⅰ数据对位于内蒙古和蒙古国的两个草原测点进行了气溶胶反演实验；Li 等（2006）提出了一个利用地面多光谱、多角度和偏振天空测量，反演整层大气气溶胶参数和物理性质的方案，可反演的参数包括单次散射反照率、散射相函数、偏振相函数、粒子谱分布以及折射指数的实部与虚部；范学花（2006）利用 PARASOL 多角度偏振数据对北京地区城市气溶胶进行了研究，结果表明，该气溶胶业务产品可以很好地表征来自人为排放的细粒子气溶胶（小于 0.3 μm）贡献。段民征和吕达仁（2007）利用多角度 POLDER 偏振资料实现了陆地上空大气气溶胶光学厚度和地表反照率的同时反演，利用多角度偏振辐射观测提取了大气气溶胶光学参数，并利用标量辐射测量对偏振反演结果作进一步筛选和订正，同时获得了地表反射率；经过对反演结果进行验证发现，气溶胶光学厚度和地表反射率与真实值之间的相关系数都达到 0.99 以上；在反演过程中为提高查找表的计算效率，还提出并建立了反演方案所需要的半参数化数值表，利用内插方法寻求气溶胶光学厚度和地表反射率的数值解的反演方法。Cheng 等（2010）开展了气溶胶模式、气溶胶形状、AOD 对表观反射率和偏振反射率的敏感性分析，提出一种同时反演气溶胶模式、气溶胶形状和 AOD 的算法。此后，Cheng 等（2012）发展了利用细粒子比例来反演总 AOD 和细粒子 AOD 的算法，反演结果表明，北京和香河地区的总 AOD 与 AERONET 产品的相关性系数分别为 0.8025 和 0.9291，细粒子 AOD 与 AERONET 产品的相关性系数分别为 0.56 和 0.64。Wang 等（2012）首先基于 DDV（dark dense vegetation）方法反演气溶胶总的光学厚度，再通过对北京 AERONET 粗、细粒子比例进行分析得到 550 nm 处细粒子 AOD 占总 AOD 的比例，进而反演得到了细粒子 AOD 和谱分布。Xie 等（2013）基于东北亚的 AERONET 数据聚类分析结果，提出了一种反演气溶胶类型和 AOD 的算法。

第2章

气溶胶多角度偏振特性

2.1 气溶胶散射特性理论

散射是指电磁波通过散射介质时，由于散射介质的折射率具有非均一性结构，引起入射波波阵面的扰动，从而入射波中的一部分能量偏离原传播方向，并以一定规律向其他方向发射的过程。大气中的各种散射粒子的辐射效应因其尺度与波长的相对大小不同而采用不同的计算方法，并且在散射计算过程中，通常将大气粒子简化为均匀介质的球形粒子来处理。对于大气中的分子而言，分子尺度远远小于入射波长，其散射辐射场可由瑞利(Rayleigh)散射公式得到精确分析解。而对于大气中的气溶胶粒子和云粒子而言，当入射光为可见光和近红外等短波波段时，气溶胶粒子尺度远远大于入射波长，一般采用比较复杂的 Mie 散射理论来求解。

如果将入射光和散射光都用 Stokes 矢量来表示，则散射过程可由矢量方程表达如下：

$$\begin{pmatrix} I^{\mathrm{sca}} \\ Q^{\mathrm{sca}} \\ U^{\mathrm{sca}} \\ V^{\mathrm{sca}} \end{pmatrix} = \frac{\sigma_{\mathrm{s}}}{4\pi R^2} \boldsymbol{P}(\Theta) \begin{pmatrix} I^{\mathrm{inc}} \\ Q^{\mathrm{inc}} \\ U^{\mathrm{inc}} \\ V^{\mathrm{inc}} \end{pmatrix} \tag{2-1}$$

其中，R 是散射粒子和观测点之间的距离；σ_{s} 是粒子的散射截面；$\boldsymbol{P}(\Theta)$称为散射矩阵，若粒子是随机朝向、旋转对称和独立散射的，$\boldsymbol{P}(\Theta)$可简化为 6 个独立的元素：

$$
\boldsymbol{P}(\Theta)=\begin{pmatrix} P_{11}(\Theta) & P_{12}(\Theta) & 0 & 0 \\ P_{12}(\Theta) & P_{22}(\Theta) & 0 & 0 \\ 0 & 0 & P_{33}(\Theta) & P_{34}(\Theta) \\ 0 & 0 & -P_{34}(\Theta) & P_{44}(\Theta) \end{pmatrix} \tag{2-2}
$$

其中，Θ 是入射方向和散射方向之间的矢量夹角。

散射矩阵的第一个元素 $P_{11}(\Theta)$ 称为散射相函数，是表征入射光被散射后在各个方向上的强度分布比例的函数；第二个元素 $P_{12}(\Theta)$ 称为偏振相函数，是表征偏振光被散射后在各个方向上的强度分布的函数。

为描述粒子散射的各向异性，定义不对称因子如下：

$$
g=\frac{1}{2}\int_{-1}^{1} P_{11}(\cos\Theta)\cos\Theta \mathrm{d}\cos\Theta \tag{2-3}
$$

对各向同性散射，g 为零；当相函数的衍射峰变得越来越尖锐时，g 也随之增大；若相函数峰值位于后向，g 为负值；$(1+g)/2$ 可以看作积分前向散射能量的百分比数；$(1-g)/2$ 可以看作积分后向散射能量的百分比数。

对于球形粒子的散射问题，1908 年德国物理学家 Mie 从麦克斯韦方程组出发，推导了均匀介质球形粒子的散射。推导通过在球坐标系中假定矢量波动方程有可分离的解来进行。完整的推导需要将算法的解展开为勒让德函数和贝赛尔函数，并在球表面匹配边界条件。通过 Mie 理论，可以计算出球形粒子球内和球外任一点上的电场分量。在研究矢量辐射传输时，只需要考虑球外远场的解，通过下面两个函数计算：

$$
\begin{aligned}
S_1(\Theta) &= \sum_{n=1}^{\infty} \frac{2n+1}{n(n+1)}\left[a_n\pi_n(\cos\Theta)+b_n\tau_n(\cos\Theta)\right] \\
S_2(\Theta) &= \sum_{n=1}^{\infty} \frac{2n+1}{n(n+1)}\left[b_n\pi_n(\cos\Theta)+a_n\tau_n(\cos\Theta)\right]
\end{aligned} \tag{2-4}
$$

其中，

$$
\begin{aligned}
\pi_n(\cos\Theta) &= \frac{1}{\sin\Theta}p_n^1(\cos\Theta) \\
\tau_n(\cos\Theta) &= \frac{\mathrm{d}}{\mathrm{d}\Theta}p_n^1(\cos\Theta)
\end{aligned} \tag{2-5}
$$

这里 p_n^1 是连带勒让德多项式。函数 a_n 和 b_n 可以由下式求解：

$$
a_n=\frac{\psi_n'(xm)\psi_n(x)-m\psi_n(xm)\psi_n'(x)}{\psi_n'(xm)\xi_n(x)-m\psi_n(xm)\xi_n'(x)} \tag{2-6}
$$

$$b_n = \frac{m\psi'_n(xm)\psi_n(x) - \psi_n(xm)\psi'_n(x)}{m\psi'_n(xm)\xi_n(x) - \psi_n(xm)\xi'_n(x)} \tag{2-7}$$

$$\psi_n(x) = \sqrt{\frac{\pi x}{2}} J_{(n+1)/2}(x) \tag{2-8}$$

$$\xi_n(x) = \sqrt{\frac{\pi x}{2}} H^{(2)}_{(n+1)/2}(x) \tag{2-9}$$

其中，x 是尺度参数 $x=2\pi r/\lambda$；λ 为波长；m 为复折射指数；ψ' 和 ξ' 表示对函数 ψ 和 ξ 求导；J 函数是贝塞尔函数；$H^{(2)}_{(n+1)/2}(x)$ 是第二类汉克尔(Hankel)函数。

利用 S_1 和 S_2，散射光和入射光的关系可以表达为

$$\begin{pmatrix} E^{\text{sca}}_{/\!/} \\ E^{\text{sca}}_{\perp} \end{pmatrix} = \frac{\mathrm{e}^{-\mathrm{i}kr+\mathrm{i}kz}}{\mathrm{i}kr} \begin{pmatrix} S_2(\Theta) & 0 \\ 0 & S_2(\Theta) \end{pmatrix} \begin{pmatrix} E^{\text{inc}}_{/\!/} \\ E^{\text{inc}}_{\perp} \end{pmatrix} \tag{2-10}$$

针对均匀介质球形粒子，可以得到 Mie 散射矩阵的各个元素：

$$P_{11} = \frac{2\pi}{k^2\beta_s}(S_1S_1^* + S_2S_2^*) \tag{2-11}$$

$$P_{12} = \frac{2\pi}{k^2\beta_s}(S_2S_2^* - S_1S_1^*) \tag{2-12}$$

$$P_{33} = \frac{2\pi}{k^2\beta_s}(S_2S_1^* + S_1S_2^*) \tag{2-13}$$

$$P_{34} = \frac{2\pi}{k^2\beta_s}(S_2S_1^* - S_1S_2^*) \tag{2-14}$$

其中，k 是波数；$*$ 表示复共轭；σ_s 为散射截面；σ_e 为消光截面；σ_s、σ_e 也可表示为 a_n 和 b_n 的函数：

$$\sigma_s = \frac{2\pi}{k^2}\sum_{n=1}^{\infty}(2n+1)(|a_n|^2 + |b_n|^2) \tag{2-15}$$

$$\sigma_e = \frac{2\pi}{k^2}\sum_{n=1}^{\infty}(2n+1)\mathrm{Re}(a_n + b_n) \tag{2-16}$$

在获得单个粒子的散射函数 S_1、S_2、散射截面 σ_s 和消光截面 σ_e 等光学性质后，对气溶胶粒子群的谱分布函数 $n(r)$ 进行积分可以得到相应的消光系数 β_e、散射系数 β_s、单次散射反照率 ω_0、散射相函数 P 和偏振散射相函数 q：

$$\beta_s = \int_{r_1}^{r_2} \sigma_s n(r)\,\mathrm{d}r \tag{2-17}$$

$$\beta_e = \int_{r_1}^{r_2} \sigma_e n(r) \mathrm{d}r \tag{2-18}$$

$$\omega_0 = \beta_s / \beta_e \tag{2-19}$$

$$P = \frac{2\pi}{k^2 \beta_s} \int_{r_1}^{r_2} (S_1 S_1^* + S_2 S_2^*) n(r) \mathrm{d}r \tag{2-20}$$

$$q = \frac{2\pi}{k^2 \beta_s} \int_{r_1}^{r_2} (S_1 S_1^* - S_2 S_2^*) n(r) \mathrm{d}r \tag{2-21}$$

2.2 球形气溶胶粒子的散射特性模拟：Mie 理论

2.2.1 电磁波方程及其解

只考虑无电荷($\rho=0$)和无电流($|j|=0$)的场，以及均匀介质(ε、μ 均为常数)的情况时，麦克斯韦方程组可以简化为

$$\nabla \times \boldsymbol{H} = \frac{\varepsilon}{\mathrm{c}} \frac{\partial \boldsymbol{E}}{\partial t} \tag{2-22}$$

$$\nabla \times \boldsymbol{E} = -\frac{\mu}{\mathrm{c}} \frac{\partial \boldsymbol{H}}{\partial t} \tag{2-23}$$

$$\nabla \cdot \boldsymbol{D} = 0 \tag{2-24}$$

$$\nabla \cdot \boldsymbol{B} = 0 \tag{2-25}$$

其中，$\boldsymbol{E}$ 为电场强度；$\boldsymbol{B}$ 为磁感应强度；$\boldsymbol{D}$ 为电位移；$\boldsymbol{H}$ 为磁场强度。

考虑具有圆频率 ω 的周期场中的平面电磁波，$\boldsymbol{E} \to \boldsymbol{E}\exp(\mathrm{i}\omega t)$，$\boldsymbol{H} \to \boldsymbol{H}\exp(\mathrm{i}\omega t)$，代入式(2-22)、式(2-23)可以得到

$$\nabla \times \boldsymbol{H} = \mathrm{i}km^2\boldsymbol{E} \tag{2-26}$$

$$\nabla \times \boldsymbol{E} = -\mathrm{i}k\boldsymbol{H} \tag{2-27}$$

其中，k 为波数，可表示为 $k=2\pi/\lambda=\omega/c$；c 表示真空中的传播常数；λ 是真空中的波长；$m=\sqrt{\varepsilon}$ 是介质在频率 ω 上的复折射率；$\mu \approx 1$，μ 为空气传导率。

对(2-27)做旋度运算：

$$\nabla \times \nabla \times \boldsymbol{E} = -\mathrm{i}k \, \nabla \times \boldsymbol{H} \tag{2-28}$$

由于 $\nabla^2 \boldsymbol{E} = \nabla(\nabla \cdot \boldsymbol{E}) - \nabla \times \nabla \times \boldsymbol{E}$，结合(2-26)，则

$$\nabla^2 \boldsymbol{E} = -k^2 m^2 \boldsymbol{E} \tag{2-29}$$

同理可得，

$$\nabla^2 \boldsymbol{H} = -k^2 m^2 \boldsymbol{H} \tag{2-30}$$

由式(2-29)和式(2-30)表明，均匀介质中的电场强度和磁感应强度满足如下形式的矢量波动方程：

$$\nabla^2 \boldsymbol{A} + k^2 m^2 \boldsymbol{A} = 0 \tag{2-31}$$

其中，$\boldsymbol{A}$ 可以是 $\boldsymbol{E}$，也可以是 $\boldsymbol{H}$。

为求解关于 $\boldsymbol{E}$、$\boldsymbol{H}$ 的式(2-31)，引入以下定义：设关于 ψ 的标量波动方程为

$$\nabla^2 \psi + k^2 m^2 \psi = 0 \tag{2-32}$$

其在球坐标系中可以表示为

$$\frac{1}{r^2}\frac{\partial}{\partial r}\left(r^2 \frac{\partial \psi}{\partial r}\right) + \frac{1}{r^2}\frac{1}{\sin\theta}\frac{\partial}{\partial \theta}\left(\sin\theta \frac{\partial \psi}{\partial \theta}\right) + \frac{1}{r^2}\frac{1}{\sin\theta}\frac{\partial^2 \psi}{\partial \phi^2} + k^2 m^2 \psi = 0 \tag{2-33}$$

则根据(2-32)，在球坐标(r, θ, ϕ)中，由式(2-34)和式(2-35)定义的矢量 $\boldsymbol{M}_\psi$ 和 $\boldsymbol{N}_\psi$ 满足由方程(2-31)定义的矢量波动方程，即

$$\begin{aligned}\boldsymbol{M}_\psi &= \nabla\times[\boldsymbol{a}_r(r\psi)] = \left(\boldsymbol{a}_r \frac{\partial}{\partial r} + \boldsymbol{a}_\theta \frac{1}{r}\frac{\partial}{\partial \theta} + \boldsymbol{a}_\phi \frac{1}{r\sin\theta}\frac{\partial}{\partial \phi}\right)\times[\boldsymbol{a}_r(r\psi)] \\ &= \boldsymbol{a}_\theta \frac{1}{r\sin\theta}\frac{\partial(r\psi)}{\partial \phi} - \boldsymbol{a}_\phi \frac{1}{r}\frac{\partial(r\psi)}{\partial \theta}\end{aligned} \tag{2-34}$$

$$mk\boldsymbol{N}_\psi = \nabla\times\boldsymbol{M}_\psi = \boldsymbol{a}_r r\left[\frac{\partial^2(r\psi)}{\partial r^2} + m^2k^2(r\psi)\right] + \boldsymbol{a}_\theta \frac{1}{r}\frac{\partial^2(r\psi)}{\partial r\partial \theta} + \boldsymbol{a}_\phi \frac{1}{r\sin\theta}\frac{\partial^2(r\psi)}{\partial r\partial \phi} \tag{2-35}$$

其中，$\boldsymbol{a}_r$、$\boldsymbol{a}_\theta$ 和 $\boldsymbol{a}_\phi$ 是球坐标中的单位矢量。

若 u、v 是方程(2-32)定义的标量波动方程的两个独立解，则关于 $\boldsymbol{E}$、$\boldsymbol{H}$ 的矢量波动方程(2-31)的解可以表示为

$$\boldsymbol{E} = \boldsymbol{M}_v + \mathrm{i}\boldsymbol{N}_u \tag{2-36}$$

$$\boldsymbol{H} = m(-\boldsymbol{M}_u + \mathrm{i}\boldsymbol{N}_v) \tag{2-37}$$

则由式(2-34)-式(2-27)+式(2-33)，$\boldsymbol{E}$、$\boldsymbol{H}$ 可以表达为

$$\begin{aligned}E = &\boldsymbol{a}_r \frac{\mathrm{i}}{mk}\left[\frac{\partial^2(ru)}{\partial r^2} + m^2k^2(ru)\right] + \boldsymbol{a}_\theta\left[\frac{1}{r\sin\theta}\frac{\partial(rv)}{\partial \phi} + \frac{\mathrm{i}}{mkr}\frac{\partial^2(ru)}{\partial r\partial \theta}\right] + \\ &\boldsymbol{a}_\phi\left[-\frac{1}{r}\frac{\partial(rv)}{\partial \theta} + \frac{1}{mkr\sin\theta}\frac{\partial^2(ru)}{\partial r\partial \phi}\right]\end{aligned} \tag{2-38}$$

$$\boldsymbol{H}=\boldsymbol{a}_r\frac{\mathrm{i}}{k}\left[\frac{\partial^2(rv)}{\partial r^2}+m^2k^2(rv)\right]+\boldsymbol{a}_\theta\left[-\frac{m}{r\sin\theta}\frac{\partial(ru)}{\partial\phi}+\frac{\mathrm{i}}{kr}\frac{\partial^2(rv)}{\partial r\partial\theta}\right]+\boldsymbol{a}_\phi\left[\frac{m}{r}\frac{\partial(ru)}{\partial\theta}+\frac{\mathrm{i}}{kr\sin\theta}\frac{\partial^2(rv)}{\partial r\partial\phi}\right] \tag{2-39}$$

设 $\Psi(r,\theta,\phi)=R(r)\Theta(\theta)\Phi(\phi)$，将此式代入(2-33)，得到

$$\left[\sin^2\theta\frac{1}{R}\frac{\partial}{\partial r}\left(r^2\frac{\partial R}{\partial r}\right)+\sin\theta\frac{1}{\Theta}\frac{\partial}{\partial\theta}\left(\sin\theta\frac{\partial\Theta}{\partial\theta}\right)+k^2m^2r^2\sin^2\theta\right]+\frac{1}{\Phi}\frac{\partial^2\Phi}{\partial\phi^2}=0 \tag{2-40}$$

为了使上式成立，必须有

$$\frac{1}{\Phi}\frac{\mathrm{d}^2\Phi}{\mathrm{d}\phi^2}=常数=-l^2 \tag{2-41}$$

将式(2-41)代入式(2-40)，得到

$$\left[\frac{1}{R}\frac{\partial}{\partial r}\left(r^2\frac{\partial R}{\partial r}\right)+k^2m^2r^2+\frac{1}{\sin\theta}\frac{1}{\Theta}\frac{\partial}{\partial\theta}\left(\sin\theta\frac{\partial\Theta}{\partial\theta}\right)\right]-\frac{l^2}{\sin^2\theta}=0 \tag{2-42}$$

为了上式成立，必有

$$\frac{1}{R}\frac{\partial}{\partial r}\left(r^2\frac{\partial R}{\partial r}\right)+k^2m^2r^2=常数=n(n+1) \tag{2-43}$$

$$\frac{1}{\sin\theta}\frac{1}{\Theta}\frac{\partial}{\partial\theta}\left(\sin\theta\frac{\partial\Theta}{\partial\theta}\right)-\frac{l^2}{\sin^2\theta}=常数=-n(n+1) \tag{2-44}$$

其中，n 是整数。这样选择整数是为了数学上的方便。

式(2-41)的单值解可以表示为

$$\Phi=a_l\cos l\phi+b_l\sin l\phi \tag{2-45}$$

其中，a_l、b_l 为任意常数。式(2-44)为著名的球面调和函数方程，为了方便，我们引入变量 $\mu=\cos\theta$，可得

$$\frac{\mathrm{d}}{\mathrm{d}\mu}\left[(1-\mu^2)\frac{\mathrm{d}\Theta}{\mathrm{d}\mu}\right]+\left[n(n+1)-\frac{l^2}{1-\mu^2}\right]\Theta=0 \tag{2-46}$$

式(2-46)的解可由连带勒让德多项式表示，形如

$$\Theta=P_n^l(\mu)=P_n^l(\cos\theta) \tag{2-47}$$

令 $kmr=\rho$，$R=\dfrac{Z(\rho)}{\sqrt{\rho}}$，则剩下的式(2-43)可以表示为

$$\frac{\mathrm{d}^2 Z}{\mathrm{d}\rho^2}+\frac{1}{\rho}\frac{\mathrm{d}Z}{\mathrm{d}\rho}+\left[1-\frac{(n+1/2)^2}{\rho^2}\right]Z=0 \tag{2-48}$$

该方程的解可以表示成一般的$(n+1/2)$阶柱函数，形如

$$Z=Z_{n+1/2}(\rho) \tag{2-49}$$

于是，式(2-43)的解可以表示为

$$R=\frac{1}{\sqrt{kmr}}Z_{n+1/2}(kmr) \tag{2-50}$$

综上所述，球面各点的基本波动函数可以表示为

$$\psi(r,\ \theta,\ \phi)=\frac{1}{\sqrt{kmr}}Z_{n+1/2}(kmr)P_n^l(\cos\theta)(a_l\cos l\phi+b_l\sin l\phi) \tag{2-51}$$

式(2-50)表示的柱函数可以表示为两个标准柱函数——贝塞尔函数$(J_{n+1/2})$和诺依曼函数$(N_{n+1/2})$的线性组合：

$$\begin{cases}\psi_n(\rho)=\sqrt{\dfrac{\pi\rho}{2}}J_{n+1/2}(\rho)\\ \chi_n(\rho)=-\sqrt{\dfrac{\pi\rho}{2}}N_{n+1/2}(\rho)\end{cases} \tag{2-52}$$

其中，ψ_n在包含原点的ρ平面的每个定域内是正则的；χ_n在原点$\rho=0$有奇异点且无穷大。

式(2-50)可以表达为

$$rR=c_n\psi_n(kmr)+d_n\chi_n(kmr) \tag{2-53}$$

其中，c_n、d_n是任意常数。式(2-53)为式(2-43)的通解。当$c_n=1$、$d_n=\mathrm{i}$时，有

$$\psi_n(\rho)+\mathrm{i}\chi_n(\rho)=\sqrt{\frac{\pi\rho}{2}}H_{n+1/2}^{(2)}(\rho)=\varepsilon_n(\rho) \tag{2-54}$$

其中，$H_{n+1/2}^{(2)}$是半整数阶第二类汉克尔函数，此函数适用于散射波的表达式，具有在复平面上无限远处为0的性质。

则标量波动方程(2-33)通解(Liou, 2002)为

$$r\psi(r,\ \theta,\ \phi)=\sum_{n=0}^{\infty}\sum_{l=-n}^{n}P_n^l(\cos\theta)\left[c_n\psi_n(kmr)+d_n\chi_n(kmr)\right](a_l\cos l\phi+b_l\sin l\phi) \tag{2-55}$$

2.2.2 形式散射解

上节求解了矢量波动方程，本节讨论均匀球体对平面波的散射。为了简单，我们假定介质外为真空($m=1$)，球体物质的折射率为 m，入射辐射为线偏振。取直角坐标系原点为球体中心，z 轴正向沿入射波传播方向。如果把入射波的振幅归一化为 1，则入射波电场强度和磁场强度为

$$E^{i}=\boldsymbol{a}_x\exp(-ikz),\quad H^{i}=\boldsymbol{a}_y\exp(-ikz) \tag{2-56}$$

其中，$\boldsymbol{a}_x$ 和 $\boldsymbol{a}_y$ 分别为沿 x 轴和 y 轴的单位矢量。

将入射波电场强度和磁场强度转化为球坐标系，可知

$$\begin{cases}E_r^{i}=\exp(-ikr\cos\theta)\sin\theta\cos\varphi\\ E_\theta^{i}=\exp(-ikr\cos\theta)\cos\theta\cos\varphi\\ E_\varphi^{i}=-\exp(-ikr\cos\theta)\sin\varphi\end{cases} \tag{2-57}$$

$$\begin{cases}H_r^{i}=\exp(-ikr\cos\theta)\sin\theta\sin\varphi\\ H_\theta^{i}=\exp(-ikr\cos\theta)\cos\theta\sin\varphi\\ H_\varphi^{i}=\exp(-ikr\cos\theta)\cos\varphi\end{cases} \tag{2-58}$$

其中，方程右边第一个因子可以表示为

$$\exp(-ikr\cos\theta)=\sum_{n=0}^{\infty}(-i)^n(2n+1)\frac{\psi_n(kr)}{kr}P_n(\cos\theta) \tag{2-59}$$

其中，ψ_n 由方程(2-52)确定。

补充以下恒等式：

$$\exp(-ikr\cos\theta)\sin\theta=\frac{1}{ikr}\frac{\partial}{\partial\theta}[\exp(-ikr\cos\theta)] \tag{2-60}$$

$$\begin{cases}\dfrac{\partial}{\partial\theta}P_n(\cos\theta)=-P_n^1(\cos\theta)\\ P_0^1(\cos\theta)=0\end{cases} \tag{2-61}$$

为了确定 u、v，只需要确定式(2-57)的一个分量。当 $m=1$ 时，第一个分量为

$$E_r^{i}=\exp(-ikr\cos\theta)\sin\theta\cos\phi=\frac{i}{k}\left[\frac{\partial^2(ru^{i})}{\partial r^2}+k^2(ru^{i})\right] \tag{2-62}$$

利用式(2-59)~式(2-61)，有

$$\exp(-\mathrm{i}kr\cos\theta)\sin\theta\cos\phi=\frac{1}{(kr)^2}\sum_{n=0}^{\infty}(-\mathrm{i})^{n-1}(2n+1)\psi_n(kr)P_n^1(\cos\theta)\cos\phi \tag{2-63}$$

对比式(2-62)和式(2-63)，得到

$$ru^{\mathrm{i}}=\frac{1}{k}\sum_{n=0}^{\infty}a_n\psi_n(kr)P_n^1(\cos\theta)\cos\phi \tag{2-64}$$

将式(2-64)代入式(2-62)，与式(2-63)比较系数，得到

$$a_n\left[\frac{\partial^2\psi_n(kr)}{\partial r^2}+k^2\psi_n(kr)\right]=(-\mathrm{i})^n(2n+1)\frac{\psi_n(kr)}{r^2} \tag{2-65}$$

由于式(2-53)在入射波经过原点处$\chi_n(kmr)$必为无穷大，所以我们令$c_n=1$，$d_n=0$，令式(2-43)中常数$\alpha=n(n+1)$，则

$$rR=\psi_n(kr) \tag{2-66}$$

式(2-66)即为式(2-43)。当$m=1$时，即

$$\frac{\mathrm{d}^2\psi_n}{\mathrm{d}r^2}+\left(k^2-\frac{\alpha}{r^2}\right)\psi_n=0 \tag{2-67}$$

的解。比较式(2-67)和式(2-65)左边项，可得

$$a_n=(-\mathrm{i})^n\frac{2n+1}{n(n+1)} \tag{2-68}$$

则代入式(2-64)可得u^{i}，利用类似方法可以导出v^{i}。

对球外入射波有

$$\begin{cases}ru^{\mathrm{i}}=\dfrac{1}{k}\displaystyle\sum_{n=1}^{\infty}(-\mathrm{i})^n\frac{2n+1}{n(n+1)}\psi_n(kr)P_n^1(\cos\theta)\cos\varphi\\ rv^{\mathrm{i}}=\dfrac{1}{k}\displaystyle\sum_{n=1}^{\infty}(-\mathrm{i})^n\frac{2n+1}{n(n+1)}\psi_n(kr)P_n^1(\cos\theta)\sin\varphi\end{cases} \tag{2-69}$$

对内波而言

$$\begin{cases}ru^{\mathrm{t}}=\dfrac{1}{mk}\displaystyle\sum_{n=1}^{\infty}(-\mathrm{i})^n\frac{2n+1}{n(n+1)}c_n\psi_n(kmr)P_n^1(\cos\theta)\cos\varphi\\ rv^{\mathrm{t}}=\dfrac{1}{mk}\displaystyle\sum_{n=1}^{\infty}(-\mathrm{i})^n\frac{2n+1}{n(n+1)}d_n\psi_n(kmr)P_n^1(\cos\theta)\sin\varphi\end{cases} \tag{2-70}$$

对散射波而言，两个函数在无穷远处必为0，所以利用汉克尔函数，有

$$
\begin{cases}
ru^{\mathrm{s}} = \dfrac{1}{k}\sum\limits_{n=1}^{\infty}(-\mathrm{i})^n \dfrac{2n+1}{n(n+1)} a_n \xi_n(kr) P_n^1(\cos\theta)\cos\varphi \\
rv^{\mathrm{s}} = \dfrac{1}{k}\sum\limits_{n=1}^{\infty}(-\mathrm{i})^n \dfrac{2n+1}{n(n+1)} b_n \xi_n(kr) P_n^1(\cos\theta)\sin\varphi
\end{cases}
\tag{2-71}
$$

其中，系数 a_n、b_n、c_n 和 d_n 必须由如下球面边界条件确定：$\boldsymbol{E}$ 和 $\boldsymbol{H}$ 的切向分量在球面 $r=a$ 处连续，即

$$
\begin{cases}
E_\theta^{\mathrm{i}}+E_\theta^{\mathrm{s}}=E_\theta^{\mathrm{t}} \\
E_\varphi^{\mathrm{i}}+E_\varphi^{\mathrm{s}}=E_\varphi^{\mathrm{t}} \\
H_\theta^{\mathrm{i}}+H_\theta^{\mathrm{s}}=H_\theta^{\mathrm{t}} \\
H_\varphi^{\mathrm{i}}+H_\varphi^{\mathrm{s}}=H_\varphi^{\mathrm{t}}
\end{cases}
\tag{2-72}
$$

显然，由式(2-38)、式(2-39)，以及式(2-69)~式(2-71)可以看出，除了对球内外波都相同的公因子和对 θ 和 ϕ 的微分外，两个场分量 E_θ 和 E_ϕ 都含有表达式 v 和 $\partial(ru)/m\partial r$。同样地，分量 H_θ 和 H_ϕ 都含有 mu 和$\partial(rv)/\partial r$。式(2-72)意味着这 4 个表达式在 $r=a$ 处必须连续。因此，

$$
\begin{cases}
\dfrac{\partial}{\partial r}[r(u^{\mathrm{i}}+u^{\mathrm{s}})]=\dfrac{1}{m}\dfrac{\partial}{\partial r}(ru^{\mathrm{t}}),\ u^{\mathrm{i}}+u^{\mathrm{s}}=mu^{\mathrm{t}} \\
\dfrac{\partial}{\partial r}[r(v^{\mathrm{i}}+v^{\mathrm{s}})]=\dfrac{\partial}{\partial r}(rv^{\mathrm{t}}),\ v^{\mathrm{i}}+v^{\mathrm{s}}=v^{\mathrm{t}}
\end{cases}
\tag{2-73}
$$

根据上式，有

$$
\begin{cases}
a_n=\dfrac{\psi_n'(y)\psi_n(x)-m\psi_n'(x)\psi_n(y)}{\psi_n'(y)\xi_n(x)-m\xi_n'(x)\psi_n(y)} \\
b_n=\dfrac{m\psi_n'(y)\psi_n(x)-\psi_n'(x)\psi_n(y)}{m\psi_n'(y)\xi_n(x)-\xi_n'(x)\psi_n(y)} \\
c_n=\dfrac{m[\psi_n'(x)\xi_n(x)-\xi_n'(x)\psi_n(y)]}{\psi_n'(y)\xi_n(x)-m\xi_n'(x)\psi_n(y)} \\
d_n=\dfrac{m[\psi_n'(x)\xi_n(x)-\xi_n'(x)\psi_n(y)]}{m\psi_n'(y)\xi_n(x)-\xi_n'(x)\psi_n(y)}
\end{cases}
\tag{2-74}
$$

其中，$x=ka$，$y=mx=mka$。此时，半径为 a 和折射率为 m 的球体对电磁波散射的解是完整的。之前用式(2-38)和式(2-39)表示的球内外各点的 $\boldsymbol{E}$ 和 $\boldsymbol{H}$，现在可以用式(2-69)~式(2-71)给定的已知数学函数表示。以上公式均假设球体悬浮介质真空，现在我们令球外介质和球体的折射率分别为 m_2(实数)和 m_1(可能为复数)。用 m_1/m_2 代替 m，用 m_2k 代替波数 k，此时式(2-74)表示球体

悬浮在其他介质中的情况。

2.2.3 远场解和消光参数

在远场条件下，$\xi_n(kr)\approx \mathrm{i}^{n+1}\exp(-\mathrm{i}kr)$，$kr>>1$。

则式(2-71)可以简化为

$$\begin{cases} ru^{s}\approx -\dfrac{\mathrm{i}\exp(-\mathrm{i}kr)\cos\varphi}{k}\sum\limits_{n=1}^{\infty}\dfrac{2n+1}{n(n+1)}a_nP_n^1(\cos\theta) \\ rv^{s}\approx -\dfrac{\mathrm{i}\exp(-\mathrm{i}kr)\sin\varphi}{k}\sum\limits_{n=1}^{\infty}\dfrac{2n+1}{n(n+1)}b_nP_n^1(\cos\theta) \end{cases} \tag{2-75}$$

于是式(2-38)和式(2-39)中 $\boldsymbol{E}$ 和 $\boldsymbol{H}$ 的三个分量为

$$\begin{cases} E_r^s=H_r^s\approx 0 \\ E_\theta^s=H_\varphi^s\approx\dfrac{-\mathrm{i}}{kr}\exp(-\mathrm{i}kr)\cos\varphi\sum\limits_{n=1}^{\infty}\dfrac{2n+1}{n(n+1)}\times\left[a_n\dfrac{\mathrm{d}P_n^1(\cos\theta)}{\mathrm{d}\theta}+b_n\dfrac{P_n^1(\cos\theta)}{\sin\theta}\right] \\ E_\varphi^s=H_\theta^s\approx\dfrac{-\mathrm{i}}{kr}\exp(-\mathrm{i}kr)\sin\varphi\sum\limits_{n=1}^{\infty}\dfrac{2n+1}{n(n+1)}\times\left[a_n\dfrac{P_n^1(\cos\theta)}{\sin\theta}+b_n\dfrac{\mathrm{d}P_n^1(\cos\theta)}{\mathrm{d}\theta}\right] \end{cases} \tag{2-76}$$

为了化简式(2-76)，我们定义两个散射函数，形如

$$\begin{cases} S_1(\theta)=\sum\limits_{n=1}^{\infty}\dfrac{2n+1}{n(n+1)}\times[a_n\pi_n(\cos\theta)+b_n\tau_n(\cos\theta)] \\ S_2(\theta)=\sum\limits_{n=1}^{\infty}\dfrac{2n+1}{n(n+1)}\times[b_n\pi_n(\cos\theta)+a_n\tau_n(\cos\theta)] \end{cases} \tag{2-77}$$

其中，

$$\begin{cases} \pi_n(\cos\theta)=\dfrac{P_n^1(\cos\theta)}{\sin\theta} \\ \tau_n(\cos\theta)=\dfrac{\mathrm{d}P_n^1(\cos\theta)}{\mathrm{d}\theta} \end{cases} \tag{2-78}$$

所以，可以有

$$\begin{cases} E_\theta^s=\dfrac{\mathrm{i}}{kr}\exp(-\mathrm{i}kr)\cos\varphi S_2(\theta) \\ -E_\varphi^s=\dfrac{\mathrm{i}}{kr}\exp(-\mathrm{i}kr)\sin\varphi S_1(\theta) \end{cases} \tag{2-79}$$

式(2-79)代表出射球面波，其振幅和偏振态为散射角 θ 的函数。电场强度的垂直分量、平行分量分别定义为 E_r^s 和 E_l^s，则

$$E_r^s=-E_\phi^s,\ E_l^s=E_\theta^s \tag{2-80}$$

归一化的入射电场强度可以分解为如下垂直分量和平行分量：

$$\begin{cases}E_r^i=\exp(-ikz)\sin\varphi\\E_l^i=\exp(-ikz)\cos\varphi\end{cases} \tag{2-81}$$

于是，式(2-79)可以表示为

$$\begin{bmatrix}E_l^s\\E_r^s\end{bmatrix}=\frac{\exp(-ikr+ikz)}{ikr}\begin{bmatrix}S_2(\theta) & 0\\0 & S_1(\theta)\end{bmatrix}\begin{bmatrix}E_l^i\\E_r^i\end{bmatrix} \tag{2-82}$$

式(2-82)为包括偏振的球体散射辐射基本方程。

用入射强度分量把远场区中的散射强度分量写成：

$$\begin{cases}I_l^s=I_l^i\dfrac{i_2}{k^2r^2}\\[2ex]I_r^s=I_r^i\dfrac{i_1}{k^2r^2}\end{cases} \tag{2-83}$$

其中，

$$\begin{cases}i_1(\theta)=|S_1(\theta)|^2\\i_2(\theta)=|S_2(\theta)|^2\end{cases} \tag{2-84}$$

散射光两个分量都可以认为是入射光在相同方向的偏振分量产生的。Mie 散射就是要计算 i_1 和 i_2，它们是散射角、折射率和粒子尺度参数的函数。在远场区，需要计算由于球体对光的吸收和散射所造成的入射能量的衰减。在垂直方向上的线偏振入射光(即只有垂直分量，平行分量为 0)，考虑在远场中前向的一个点($\theta=0$)，由于 $x(y)<<z$，所以，

$$r=(x^2+y^2+z^2)^{1/2}\approx z+\frac{x^2+y^2}{2z} \tag{2-85}$$

将沿前向的入射和散射电场相加，得到

$$E_r^i+E_r^s\approx E_r^i\left[1+\frac{S_1(0)}{ikz}\exp\left(-ik\frac{x^2+y^2}{2z}\right)\right] \tag{2-86}$$

前向远场通量密度之和正比于

$$|E_r^{\mathrm{i}}+E_r^{\mathrm{s}}|^2 \approx |E_r^{\mathrm{i}}|\left\{1+\frac{2}{kz}\mathrm{Re}\left[\frac{S_1(0)}{\mathrm{i}}\exp\left(-\mathrm{i}k\,\frac{x^2+y^2}{2z}\right)\right]\right\} \tag{2-87}$$

其中，Re 代表自变量的实部。

将前向合成通量密度对半径为 a 的球体的横截面进行积分，可以得到如下的合成场总功率：

$$\frac{1}{|E_r^{\mathrm{i}}|^2}\iint |E_r^{\mathrm{i}} + E_r^{\mathrm{s}}|^2\mathrm{d}x\mathrm{d}y = \pi a^2 + \sigma_{\mathrm{e}} \tag{2-88}$$

右边第一项代表球体的横截面积，第二项的物理意义是前向总接收光因存在球体而衰减。

由式(2-89)

$$\int_{-\infty}^{\infty}\int_{-\infty}^{\infty}\exp\left(-\mathrm{i}k\,\frac{x^2+y^2}{2z}\right)\mathrm{d}x\mathrm{d}y = \frac{2\pi z}{\mathrm{i}k} \tag{2-89}$$

于是消光截面为

$$\sigma_{\mathrm{e}} = \frac{4\pi}{k^2}\mathrm{Re}[S(0)] \tag{2-90}$$

沿前向，我们有

$$S_1(0) = S_2(0) = S(0) = \frac{1}{2}\sum_{n=1}^{\infty}(2n+1)(a_n+b_n) \tag{2-91}$$

由于在前向散射的情况下，消光与入射光的偏振态无关，散射具有对称性，因此只有一个 $S(0)$。注意，只有在球粒子均匀且各向同性时，方程(2-90)才成立。则半径为 $r=a$ 的球体的消光效率为

$$Q_{\mathrm{e}} = \frac{\sigma_{\mathrm{e}}}{\pi a^2} = \frac{2}{x^2}\sum_{n=1}^{\infty}(2n+1)\mathrm{Re}(a_n + b_n) \tag{2-92}$$

其中，$x=ka$ 是尺度参数。

以下推导散射截面。由式(2-79)，散射光在任意方向的通量密度为

$$F(\theta,\ \phi) = \frac{F_0}{k^2 r^2}[i_2(\theta)\cos^2\phi+i_1(\theta)\sin^2\phi] \tag{2-93}$$

其中，F_0 代表入射通量密度。散射光的总通量为

$$f = \int_0^{2\pi}\int_0^{\pi}F(\theta,\ \phi)r^2\sin\theta\mathrm{d}\theta\mathrm{d}\phi \tag{2-94}$$

因此，散射截面为

$$\sigma_{\mathrm{s}} = \frac{f}{F_0} = \frac{\pi}{k^2}\int_0^{\pi}[i_1(\theta) + i_2(\theta)]\sin\theta\mathrm{d}\theta \tag{2-95}$$

则球体的散射效率为

$$Q_{\mathrm{s}} = \frac{\sigma_{\mathrm{s}}}{\pi a^2} = \frac{1}{x^2}\int_0^{\pi}[i_1(\theta) + i_2(\theta)]\sin\theta\mathrm{d}\theta \tag{2-96}$$

利用连带勒让德多项式的正交性和递推性，可得

$$Q_{\mathrm{s}} = \frac{1}{x^2}\sum_{n=1}^{\infty}(2n+1)(|a_n^2| + |b_n^2|) \tag{2-97}$$

对粒子的吸收截面和吸收效率，可以通过

$$\begin{cases}\sigma_{\mathrm{a}} = \sigma_{\mathrm{e}} - \sigma_{\mathrm{s}}\\ Q_{\mathrm{a}} = Q_{\mathrm{e}} - Q_{\mathrm{s}}\end{cases} \tag{2-98}$$

计算得到。对有吸收的球形粒子，折射率可以定义为 $m = m_{\mathrm{r}} - \mathrm{i}m_{\mathrm{i}}$，实部表示散射率，虚部表示吸收率。

2.2.4 球形粒子的散射相矩阵

由 Stokes 向量来描述电磁波的完全偏振性质：

$$\begin{cases}I = E_l E_l^* + E_r E_r^*\\ Q = E_l E_l^* - E_r E_r^*\\ U = E_l E_r^* - E_r E_l^*\\ V = -\mathrm{i}(E_l E_r^* - E_r E_l^*)\end{cases} \tag{2-99}$$

根据式(2-82)和式(2-83)，可以给出入射和散射电场强度的 Stokes 向量关系，令下标 0 代表入射分量，则有

$$\begin{bmatrix}I\\Q\\U\\V\end{bmatrix} = \frac{\boldsymbol{F}}{k^2r^2}\begin{bmatrix}I_0\\Q_0\\U_0\\V_0\end{bmatrix} \tag{2-100}$$

其中，矩阵

$$\boldsymbol{F}=\begin{bmatrix} \frac{1}{2}(M_2+M_1) & \frac{1}{2}(M_2+M_1) & 0 & 0 \\ \frac{1}{2}(M_2-M_1) & \frac{1}{2}(M_2-M_1) & 0 & 0 \\ 0 & 0 & S_{21} & -D_{21} \\ 0 & 0 & D_{21} & S_{21} \end{bmatrix} \tag{2-101}$$

其分量定义为

$$\begin{cases} M_{1,2}=S_{1,2}(\theta)S_{1,2}^*(\theta) \\ S_{21}=\frac{1}{2}[S_1(\theta)S_2^*(\theta)+S_2(\theta)S_1^*(\theta)] \\ -D_{21}=\frac{\mathrm{i}}{2}[S_1(\theta)S_2^*(\theta)-S_2(\theta)S_1^*(\theta)] \end{cases} \tag{2-102}$$

矩阵 $\boldsymbol{F}$ 称为单个球粒子光散射的变换矩阵。

与变换矩阵相关，我们可以定义一个散射相矩阵

$$C\boldsymbol{P}(\theta)=\frac{\boldsymbol{F}(\theta)}{k^2r^2} \tag{2-103}$$

其中，C 为系数，可以通过 $\boldsymbol{P}$ 矩阵的第一个元素确定：

$$1=\int_0^{2\pi}\int_0^{\pi}\frac{P_{11}(\theta)}{4\pi}\sin\theta\mathrm{d}\theta\mathrm{d}\phi \tag{2-104}$$

由式(2-103)和式(2-104)，可得

$$\begin{aligned} C&=\frac{1}{2k^2r^2}\int_0^{\pi}\frac{1}{2}[M_1(\theta)+M_2(\theta)]\sin\theta\mathrm{d}\theta \\ &=\frac{1}{4k^2r^2}\int_0^{\pi}[i_1(\theta)+i_2(\theta)]\sin\theta\mathrm{d}\theta \end{aligned} \tag{2-105}$$

由式(2-95)得

$$C=\frac{\sigma_{\mathrm{s}}}{4\pi r^2} \tag{2-106}$$

所以，

$$\begin{cases}\dfrac{P_{11}}{4\pi}=\dfrac{1}{2k^2\sigma_s}(i_1+i_2)\\[2mm]\dfrac{P_{12}}{4\pi}=\dfrac{1}{2k^2\sigma_s}(-i_1+i_2)\\[2mm]\dfrac{P_{33}}{4\pi}=\dfrac{1}{2k^2\sigma_s}(i_3+i_4)\\[2mm]-\dfrac{P_{34}}{4\pi}=\dfrac{i}{2k^2\sigma_s}(-i_3+i_4)\end{cases} \tag{2-107}$$

其中，

$$\begin{cases}i_j=S_jS_j^*=|S_j|^2,\ j=1,\ 2\\ i_3=S_2S_1^*\\ i_4=S_1S_2^*\end{cases} \tag{2-108}$$

则单个均质球粒子的散射相矩阵为

$$\boldsymbol{P}=\begin{bmatrix}P_{11} & P_{12} & 0 & 0\\ P_{12} & P_{11} & 0 & 0\\ 0 & 0 & P_{33} & -P_{34}\\ 0 & 0 & P_{34} & P_{33}\end{bmatrix} \tag{2-109}$$

以上各节讨论的内容是关于单个均质球体电磁波散射的问题，将这些讨论推广到气溶胶粒子的实例中去，就可以导出计算消光参数和相函数的实用方程。接下来，我们假设粒子相互距离足够远，其间距远大于单一粒子的波长。此时，可以不考虑其他粒子的影响，各粒子的散射强度就可以相加而不用考虑散射波的相位，此种特殊的散射现象称为独立散射。

以气溶胶粒子为例，其尺度谱可以用 $n(a)$ 来描述。假设粒子的尺度范围为 a_1 到 a_2，于是粒子总数为

$$N=\int_{a_1}^{a_2}n(a)\,\mathrm{d}a \tag{2-110}$$

关于粒子的尺度分布，我们将消光系数和散射系数分别定义为如下形式：

$$\begin{aligned}\beta_e&=\int_{a_1}^{a_2}\sigma_e(a)n(a)\,\mathrm{d}a\\ \beta_s&=\int_{a_1}^{a_2}\sigma_s(a)n(a)\,\mathrm{d}a\end{aligned} \tag{2-111}$$

最后，粒子单次散射反照率定义为

$$\widetilde{\omega}=\frac{\beta_s}{\beta_e} \tag{2-112}$$

改写式(2-111)并对粒子尺度进行积分，可以得到

$$\begin{cases}\dfrac{P_{11}}{4\pi}=\dfrac{1}{2k^2\beta_s}\displaystyle\int_{a_1}^{a_2}[i_1(a)+i_2(a)]n(a)\mathrm{d}a\\ \dfrac{P_{12}}{4\pi}=\dfrac{1}{2k^2\beta_s}\displaystyle\int_{a_1}^{a_2}[i_2(a)-i_1(a)]n(a)\mathrm{d}a\\ \dfrac{P_{33}}{4\pi}=\dfrac{1}{2k^2\beta_s}\displaystyle\int_{a_1}^{a_2}[i_3(a)+i_4(a)]n(a)\mathrm{d}a\\ -\dfrac{P_{34}}{4\pi}=\dfrac{i}{2k^2\beta_s}\displaystyle\int_{a_1}^{a_2}[i_4(a)-i_3(a)]n(a)\mathrm{d}a\end{cases} \tag{2-113}$$

其中，强度函数 i_j 是粒子半径为 a、折射率为 m、入射波长为 λ、散射角为 θ 的函数。

2.3 非球形气溶胶散射特性模拟

一般而言，大气中气溶胶粒子是非球形的(Mishchenko et al., 2003)，特别是沙尘粒子(Haywood et al., 2001)。目前，已有不少的理论与试验表明，非球形粒子的光散射特性与其对应的所谓等效球无论是光学截面还是散射函数，都有本质的区别(Fu et al., 2009)。但是，目前非球形粒子光散射研究所面临的一个基本挑战是如何发展完善快捷而最有足够精度的方法，以及减少巨大的计算资源消费。为了便于处理，在目前的辐射计算中通常采用球形假设。

气溶胶粒子形状与其形成过程和母体的性质有很大关系，总体上可分为等轴状、片状和纤维状三种类别(Dubovik et al., 2006; Olmo et al., 2008)。由于气溶胶粒子测量难度大，且建模过程复杂，到目前为止对气溶胶粒子形状的几何描述主要是针对规则的等轴状。长期以来，对气溶胶粒子散射特性的理论研究一直使用 Mie 散射理论，即把气溶胶粒子近似成球形。而实际上气溶胶粒子并非严格球形，其形状与组成成分有关。近几年来随着非球形粒子测量和识别技术的出现，非球形粒子散射计算方法得到不断改进。目前，T-Matrix 方法被公认为是计算非球形气溶胶粒子散射较为有效的方法，已有研究者将此方法运用于气溶胶粒子的散射研究中，这为气溶胶粒子理论研究提供了很好的借鉴。目前国内将气溶胶粒子视为非球形粒子的研究尚不多。

T-Matrix 理论的优点在于计算过程中只与粒子的形状、尺度因子、复折射

指数以及粒子在坐标系中的方位有关而与入射场无关。T-Matrix 理论在计算非球形粒子散射问题时，将非球形抽象成 3 种相对规则的形状，分别是椭球体、圆柱体和切比雪夫变形粒子。椭球体的形状描述用 a/b 来表示，即水平直径比垂直直径；圆柱体的用 D/L 来表示，即直径比高度；切比雪夫变形粒子用 $T_n(\varepsilon)$ 来表示，n 和 ε 分别指变形程度和变形参数。

气溶胶的散射特性主要与粒子形状、尺度因子及性质三个因素有关。气溶胶常含有多种化学成分，其性质与形成源有很大关系，不同地区气溶胶粒子的性质有很大不同。考虑气溶胶粒子性质对散射特性的影响，气溶胶粒子性质主要涉及两个参数——复折射指数和谱分布。国际气象学与大气物理协会（现已更名为国际气象学与大气科学协会）按照气溶胶性质，提出划分为 6 种气溶胶模型：沙尘性气溶胶粒子、可溶性气溶胶粒子、海洋性气溶胶粒子、烟煤、火山灰和硫酸水溶液滴。

气溶胶粒子的形状复杂多样。从电子显微镜获得的图像来看，沙尘粒子在微观形状上通常表现为不规则的几何体，与标准球形形态的差异很明显，其散射特性也与标准球形相差较大（Volten et al., 2001）。

国际上一般将沙尘性气溶胶粒子假设为椭球体（Kocifaj et al., 2008）。依据上述分析，将非球形沙尘粒子简化为球状体模型，采用 T-Matrix 理论计算非球形沙尘粒子的单次散射特性，模型如图 2-1 所示。

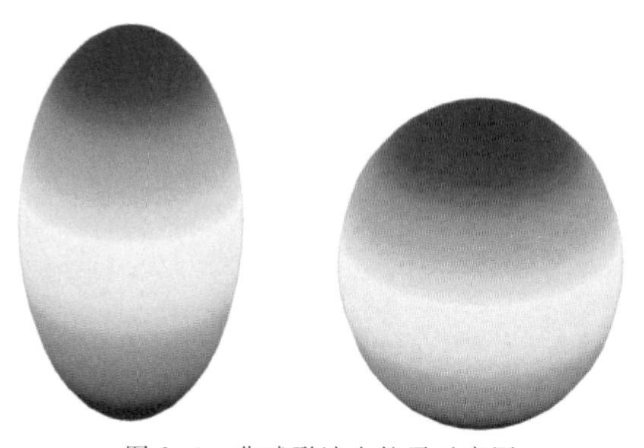

图 2-1 非球形沙尘粒子示意图

气溶胶粒子的单次散射特性与气溶胶粒子的形状、大小、粒子谱分布和复折射指数有关（Vermeulen et al., 2000）。非球形气溶胶粒子的粒子谱分布具有一定的特征形状，粒子谱的具体形式并不会影响单次散射相矩阵的各分量随着角度变化的分布形式，并鉴于 T-Matrix 在理论计算上的方便性和有效性，假设气溶胶粒子谱分布为 Hansen_Γ 谱：

$$n(r)=Cr^{\alpha}\exp[-\beta r^{\gamma}] \tag{2-114}$$

其中，$C=\gamma\beta^{(\alpha+1)/\gamma}/[\Gamma(\alpha+1/\gamma)]$；$\gamma=1$；$\alpha=\frac{1-3v_{\text{eff}}}{v_{\text{eff}}}$；$\beta=\frac{1}{r_{\text{eff}}v_{\text{eff}}}$；$r_{\text{eff}}$为有效半径；$v_{\text{eff}}$为有效方差。

2.3.1 T-Matrix 方法的原理

在众多的非球形粒子散射计算理论中，T-Matrix 方法由于其在物理概念和实际操作上的优势而受到了越来越多的重视，这主要得益于它的解析特性(Mishchenko and Travis，1998)。更进一步，T-Matrix 方法能够将对单个粒子的计算直接应用于随机朝向粒子群的散射计算，而不需要对一个粒子的散射截面和散射矩阵元素在不同的朝向分别计算然后积分。T-Matrix 方法使用任意选择的朝向进行一次计算，然后使用解析的求平均方法来计算随机朝向粒子群的散射，这比不同朝向数值积分的方法快几十倍。下面给出 T-Matrix 方法的表述形式。考虑平面电磁波被一个非球形粒子散射的情况，入射波和散射波展开为矢量球谐函数 $\boldsymbol{M}_{mn}$ 和 $\boldsymbol{N}_{mn}$ 的形式：

$$\boldsymbol{E}^{\text{inc}}(R)=\sum_{n=1}^{n_{\max}}\sum_{m=-n}^{n}[a_{mn}Rg\boldsymbol{M}_{mn}(kR)+b_{mn}Rg\boldsymbol{N}_{mn}(kR)] \tag{2-115}$$

$$\boldsymbol{E}^{\text{sca}}(R)=\sum_{n=1}^{n_{\max}}\sum_{m=-n}^{n}[p_{mn}\boldsymbol{M}_{mn}(kR)+q_{mn}\boldsymbol{N}_{mn}(kR)],\ |R|>r_0 \tag{2-116}$$

其中，r_0 是散射粒子外接球面的半径，坐标系原点位于球内，矢量球谐函数在球坐标系中写为

$$\boldsymbol{M}_{mn}(kR,\theta,\phi)=\gamma_{mn}\boldsymbol{H}_n^{(1)}(kR)\left[\frac{\mathrm{i}m}{\sin\theta}p_n^m(\cos\theta)\mathrm{e}_\theta-\frac{\mathrm{d}p_n^m(\cos\theta)}{\mathrm{d}\theta}\mathrm{e}_\phi\right]\mathrm{e}^{\mathrm{i}m\phi} \tag{2-117}$$

$$\boldsymbol{N}_{mn}(kR,\theta,\phi)=\gamma_{mn}\left\{\begin{array}{c}\frac{n(n+1)\boldsymbol{H}_n^{(1)}(kR)}{kR}p_n^m(\cos\theta)\mathrm{e}_r+\\ \frac{(kRH_n^{(1)}(kR))}{kR}\left[\frac{\mathrm{d}p_n^m(\cos\theta)}{\mathrm{d}\theta}\mathrm{e}_\theta+\frac{\mathrm{i}m}{\sin\theta}p_n^m(\cos\theta)\mathrm{e}_\phi\right]\end{array}\right\}\mathrm{e}^{\mathrm{i}m\phi} \tag{2-118}$$

其中，$p_n^m(\cos\theta)$是连带勒让德多项式；$\boldsymbol{H}_n^{(1)}(kR)$为第一类球汉克尔函数，将其替换为球贝塞尔函数 J_n，以上两方程就给出函数 $Rg\boldsymbol{M}_{mn}$ 和 $Rg\boldsymbol{N}_{mn}$ 的表达式。式(2-117)和式(2-118)中的系数为

$$\gamma_{mn}=\sqrt{\frac{(2n+1)(n-m)!}{4\pi n(n+1)(n+m)!}} \tag{2-119}$$

由于麦克斯韦方程和边界条件的线性特征，散射波系数 p_{mn}、q_{mn} 和入射波系数 a_{mn}、b_{mn} 线性相关：

$$p_{mn} = \sum_{n'=1}^{n_{\max}} \sum_{m'=-n'}^{n'} [T_{mnm'n'}^{11} a_{m'n'} + T_{mnm'n'}^{12} b_{m'n'}] \tag{2-120}$$

$$q_{mn} = \sum_{n'=1}^{n_{\max}} \sum_{m'=-n'}^{n'} [T_{mnm'n'}^{21} a_{m'n'} + T_{mnm'n'}^{22} b_{m'n'}] \tag{2-121}$$

其矩阵形式为

$$\begin{pmatrix} p \\ q \end{pmatrix} = \boldsymbol{T}\begin{pmatrix} a \\ b \end{pmatrix} = \begin{pmatrix} T^{11} & T^{12} \\ T^{21} & T^{22} \end{pmatrix}\begin{pmatrix} a \\ b \end{pmatrix} \tag{2-122}$$

这就是 T-Matrix 方法的基本方程。入射波系数 a_{mn}、b_{mn} 能够使用近似解析形式计算。当 T-Matrix 已知的时候，散射波系数以及散射波就能计算得到。T-Matrix方法的特点是它与入射波和散射波无关，仅由粒子形状、尺寸、复折射指数和粒子相对参考平面的朝向决定。

计算 T-Matrix 的标准方法是扩展边界条件方法(extended boundary condition method, EBCM)。除了对入射波和散射波的展开，粒子内部波也可展开为矢量球谐函数：

$$\boldsymbol{E}^{\text{inc}}(R) = \sum_{n=1}^{n_{\max}} \sum_{m=-n}^{n} [c_{mn} Rg\boldsymbol{M}_{mn}(m_{\text{r}} kR) + d_{mn} Rg\boldsymbol{N}_{mn}(m_{\text{r}} kR)] \tag{2-123}$$

其中，m_{r} 是粒子相对环绕介质的折射指数。同样，入射波系数和内部波系数可通过一个矩阵 $\boldsymbol{Q}$ 联系起来：

$$\begin{pmatrix} a \\ b \end{pmatrix} = \begin{pmatrix} Q^{11} & Q^{12} \\ Q^{21} & Q^{22} \end{pmatrix}\begin{pmatrix} c \\ d \end{pmatrix} \tag{2-124}$$

散射波系数和内部波系数通过 $Rg\boldsymbol{Q}$ 联系起来：

$$\begin{pmatrix} p \\ q \end{pmatrix} = \begin{pmatrix} RgQ^{11} & RgQ^{12} \\ RgQ^{21} & RgQ^{22} \end{pmatrix}\begin{pmatrix} c \\ d \end{pmatrix} \tag{2-125}$$

其中，2×2 矩阵 $\boldsymbol{Q}$ 和 $Rg\boldsymbol{Q}$ 都必须进行穿过粒子表面的数值计算，通用的对任意形状粒子的计算方法见 Tsang 等(1985)。最后可得 T-Matrix 的表达式：

$$\boldsymbol{T} = -Rg\boldsymbol{Q}[\boldsymbol{Q}]^{-1} \tag{2-126}$$

特别是当粒子为轴对称时，方程得以大大简化，所有的表面积分简化为对天顶角(球坐标系)的积分，T-Matrix 简化为对角阵：

$$T^{ij}_{mnm'n'} = \delta_{mm'} T^{ij}_{mnmn'} \tag{2-127}$$

其中，下标 m、m'表示波函数的阶，n、n'表示波函数的度。

由此，每一 m 阶的子矩阵能够被分别计算。这也是大部分 T-Matrix 计算程序主要应用于对称形粒子的原因。

利用 T-Matrix 方法计算随机取向粒子群的光学特性，粒子群的消光系数和散射系数用下式表示：

$$C_{\text{exe}} = -\frac{2\pi}{k^2}\text{Re}\sum_{n=1}^{n_{\max}}\sum_{m=-n}^{n}\left[T^{11}_{mnmn} + T^{12}_{mnmn}\right] \tag{2-128}$$

$$C_{\text{sca}} = \frac{2\pi}{k^2}\sum_{n=1}^{n_{\max}}\sum_{n'=1}^{n_{\max}}\sum_{m=-n}^{n}\sum_{m'=-n'}^{n'}\sum_{i=1}^{2}\sum_{j=1}^{2}\left|T^{ij}_{mnm'n'}\right| \tag{2-129}$$

2.3.2 非球形气溶胶粒子单次散射特性

本节主要研究气溶胶粒子形状和性质对散射特性的影响，将气溶胶粒子视为非球形，并采用 T-Matrix 理论作为研究工具，通过计算不同形状和性质下气溶胶粒子的散射相函数来讨论此问题。本节使用 T-Matrix 程序计算了几种典型非球形气溶胶粒子模型的散射相函数，并与球形气溶胶粒子模型的散射进行了比较。入射波长取为 0.865 μm，复折射指数（Eiden，1971）取 1.53-i0.008。对于主要由细粒子组成的气溶胶粒子，采用 $r_{\text{eff}}=0.128$ μm，$v_{\text{eff}}=0.5$；对于主要由粗粒子组成的气溶胶粒子，采用 $r_{\text{eff}}=1.93$ μm，$v_{\text{eff}}=0.12$。对于细粒子气溶胶，计算选取了球体和长短轴比分别为 1/3 和 3 的旋转椭球体；对于粗粒子气溶胶，计算选取了球体和长短轴比分别为 1/2 和 2 的旋转椭球体。Cheng 等（2010）给出了 T-Matrix 程序计算的不同形状气溶胶粒子的散射矩阵。对于不同形状的气溶胶粒子，细模态气溶胶粒子的散射相函数 P_{11}（影响标量辐射传输计算精度）在后向散射部分（散射角>80°）有较大差别。与此同时，细模态气溶胶粒子散射矩阵的其他散射相函数（P_{22}、P_{33}、P_{44}、P_{12}、P_{34}）在不同形状气溶胶粒子时表现出了较大的差别，特别是球形粒子和非球形粒子之间。与细模态气溶胶粒子相比，粗模态气溶胶粒子的相函数矩阵各元素（P_{11}、P_{22}、P_{33}、P_{44}、P_{12}、P_{34}）在不同形状气溶胶粒子时表现出更大的差异。粗模态气溶胶粒子的散射相函数 P_{11}的差异已经扩大到前向散射区域（散射角>40°），即气溶胶非球形效应的影响明显大于细模态气溶胶粒子的。

实际研究中，大气中粒子的形状千差万别，并可能与这些理想形状相差很远，因此，大气粒子非球形模型的建模将成为定量遥感的一个重要的研究内容。

2.4 气溶胶多角度偏振特性

多角度偏振遥感观测器的出现，为定量反演大气和地表各物理参数提供了一个新的契机。地基、航空及航天观测实验证明：多角度偏振辐射主要来自大气粒子的贡献，对地表不敏感。利用多角度偏振信息定量遥感大气和地表各物理参数的一个核心环节是矢量辐射传输模式的计算，本节在对第 1 章大气-地表耦合介质系统中辐射传输过程研究的基础上，模拟分析了大气粒子中气溶胶粒子的多角度偏振辐射特性，并利用法国的多角度偏振遥感数据 POLDER 数据比较了模拟结果，验证模拟的正确性。在此基础上，分析研究了总反射率和偏振反射率对大气气溶胶物理光学特性（粒子形状、光学厚度等）和地表反照率的敏感性分析。

在正向模拟气溶胶粒子多角度偏振特性过程中，大气情况视为无云情况。大气模式简化为两层介质系统：下层是光学厚度可调的气溶胶散射层；上层为光学厚度固定的分子散射层。分子散射的光学厚度由标准大气模式得到，并需扣除地理几何高度的影响。其中，POLDER 偏振测量 865 nm 通道的分子散射光学厚度在 0~2 km 处的光学厚度为 0.003，整层的光学厚度为 0.01581。

假定气溶胶粒子模型由旋转椭球体模型组成，分为两组进行模拟：采用 $r_{eff}=0.128$ μm，$v_{eff}=0.5$，表征气溶胶粒子主要由细粒子组成；采用 $r_{eff}=1.93$ μm，$v_{eff}=0.12$，表征气溶胶粒子主要由粗粒子组成。基于倍加累加法的矢量辐射传输模式耦合非球形气溶胶粒子单次散射特性，模拟入射波长为 0.865 μm 的总反射率和偏振反射率。

模拟条件为：观测天顶角 20 个（0°~90°），相对方位角为 16 个（0°~180°），太阳入射能量 986.23 $W \cdot \mu m^{-1} \cdot m^{-2}$，太阳天顶角为 40°，半球流数为 20 个，地表为 Lambert 反射面，地表反射率为 0.0~0.6。光学厚度为 0.0~0.6（13 个）细粒子模型的长短轴比分别为（1/3、1（球形）和 3）；粗粒子的长短轴比分别为[1/2、1（球形）、2]。

采用 POLDER 观测数据比较验证了模拟值，模拟条件为：有效半径为 0.125 μm，光学厚度为 0.15，气溶胶粒子模型为长宽比为 1/3 和 1（球形）情况。所选用的遥感数据如图 2-2 所示，成像时间为：2003 年 04 月 05 日 03:07—2003 年 04 月 05 日 03:47。

图 2-3 显示了非球形气溶胶粒子（长宽比为 1/3）和球形气溶胶粒子偏振反射率及 POLDER 观测数据随散射角的分布情况。由图 2-3 可知，与球形气溶胶粒子相比，非球形粒子更能符合 POLDER 的观测数据。

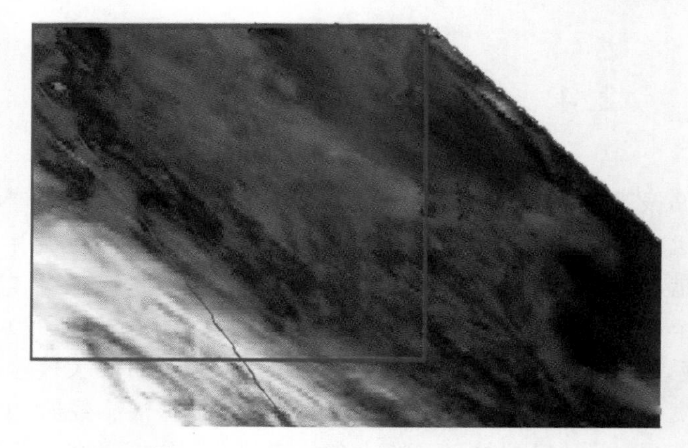

图 2-2 POLDER 图像真彩色合成图

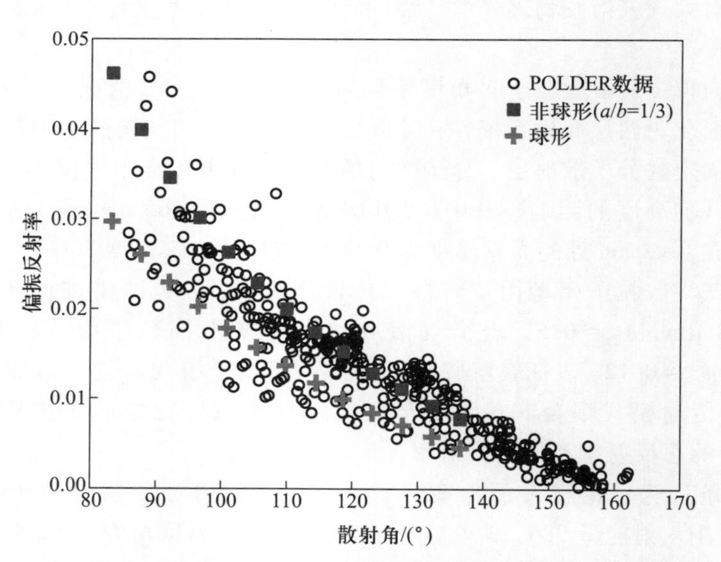

图 2-3 不同长宽比气溶胶模型模拟的偏振反射率和
POLDER 观测偏振反射率随散射角分布

(1) 长短轴比的变化对偏振特性的影响

根据不同形状气溶胶粒子的散射特性，利用矢量辐射传输模式模拟了非球形气溶胶粒子的总反射率和偏振反射率。

模拟条件如下：细粒子模式气溶胶的光学厚度固定为 0.1，粗粒子模式气溶胶的光学厚度为 0.25。太阳天顶角为 40°，在太阳主平面内观测(相对方位角为 0°和 180°)，地表反照率取 0。图 2-4 为不同长短轴比气溶胶粒子的总反射率和偏振反射率随散射角的分布。

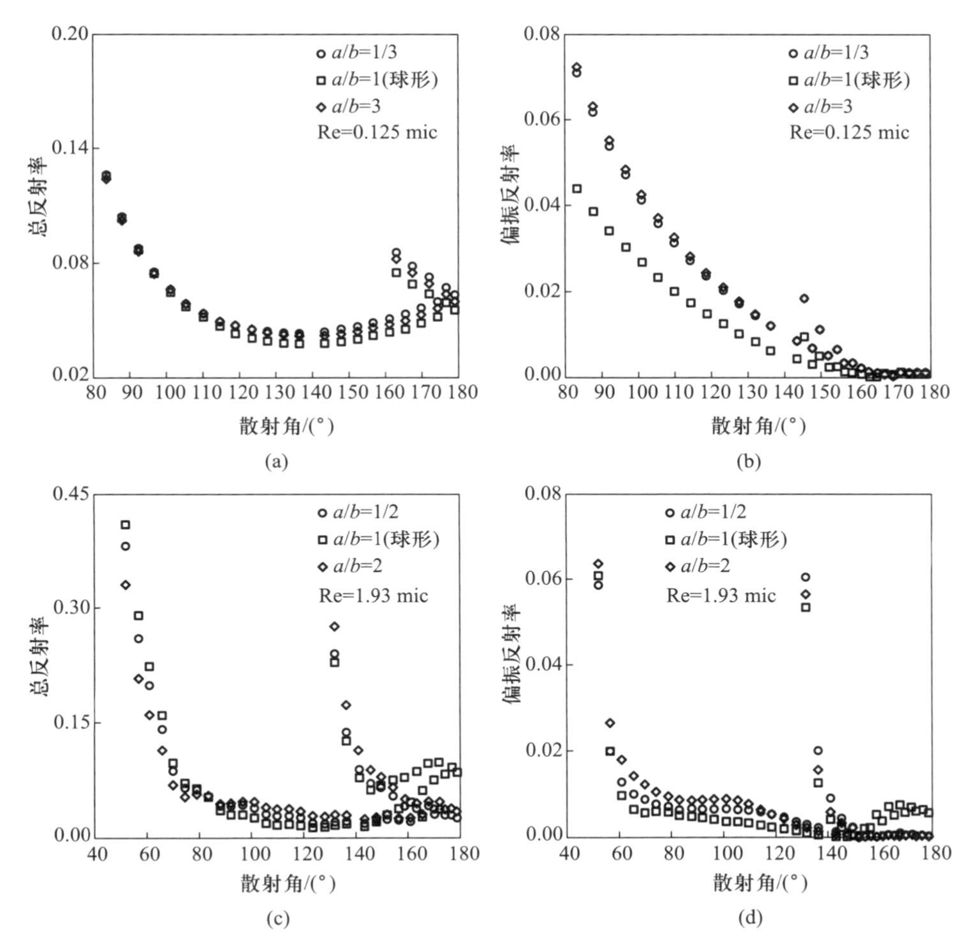

图 2-4 不同长短轴比气溶胶粒子的总反射率和偏振反射率随散射角的分布

由总反射率分布可知，不同形状细模态气溶胶粒子的总反射率在后向散射部分(散射角>100°)有较大差别，差异随着散射角的增加而增大。与细模态气溶胶粒子相比，不同形状粗模态气溶胶粒子总反射率差异已经扩大到前向散射区域(散射角>40°)，粗模态气溶胶非球形效应对总反射率的影响明显大于细模态气溶胶粒子。

由偏振反射率分布可知，球形和非球形形状细模态气溶胶粒子的偏振反射率有较大差别，且随着散射角的增加而减小；但两种非球形气溶胶粒子的偏振反射率相差很小，可以忽略。与细模态气溶胶粒子相比，由于粗模态气溶胶粒子有着很强的退偏作用，所以粗模态气溶胶粒子偏振反射率小于细模态气溶胶粒子。与总反射率相比，偏振反射率更能体现气溶胶形状的信息，受气溶胶形状效应的影响大于形状效应对总反射率的影响。

卫星遥感观测的主要区域位于后向散射部分，如法国 POLDER 的观测散射角主要集中在 60°～180°，因此在利用卫星遥感数据定量化反演地表和大气参数时，需要考虑大气气溶胶粒子的非球形效应。而与总反射率相比，偏振反射率则在不同形状气溶胶粒子时表现出了更大的差别，这种更大的差别体现在矢量遥感数据比标量遥感数据更有效地探测大气粒子的非球形散射，即可以利用矢量遥感数据反演大气粒子的粒子形状。

（2）气溶胶光学厚度的变化对偏振特性的影响

在气溶胶模型和地表反照率恒定条件下，考虑光学厚度对辐射矢量的影响。光学厚度取 0.0、0.2、0.4、0.6。长宽比为 $a/b=1/3$，其他参数设置同上。图 2-5 为光学厚度变化时总反射率和偏振反射率随散射角的变化。

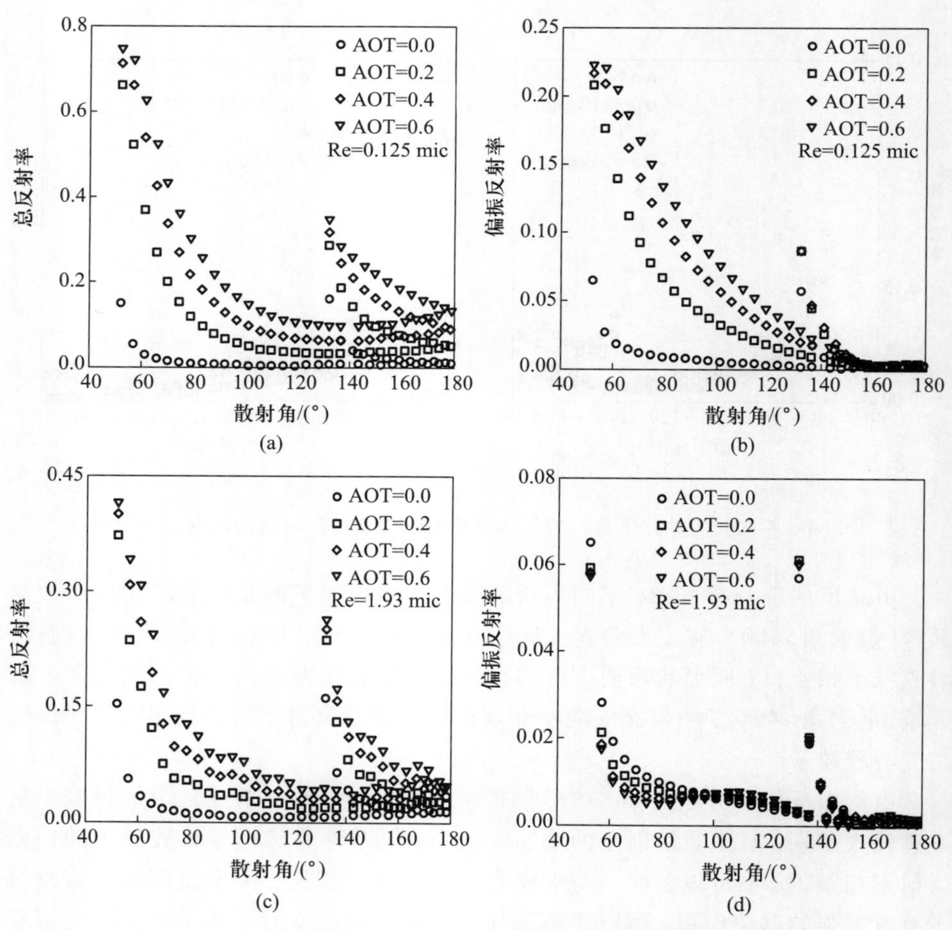

图 2-5 光学厚度变化时总反射率和偏振反射率随散射角的分布

由总反射率的多角度分布可知，总反射率随着非球形气溶胶光学厚度的增加而增加，即总反射率信息对气溶胶光学厚度的变化敏感，体现了气溶胶光学厚度的变化信息。对于细粒子模式，偏振反射率随气溶胶光学厚度增加而单调增加；而粗粒子分布时，在散射角为 40°~100°范围内，偏振反射率随气溶胶光学厚度的增加而减少，在散射角为 100°~160°范围内，偏振反射率随气溶胶光学厚度的增加而增大。且随着散射角的增大，差异变小。与细粒子气溶胶模式相比，由于粗粒子气溶胶模式的退偏作用，粗粒子气溶胶模式的偏振反射率受气溶胶光学厚度的变化影响较小。

(3) 地表反照率的变化对偏振特性的影响

在气溶胶模型和气溶胶光学厚度恒定条件下，考虑地表反照率的变化对辐射矢量的影响。地表反照率取 0.0、0.2、0.4、0.6。光学厚度设为 0.15，其他参数设置同上。图 2-6 为地表反照率变化时总反射率和偏振反射率随散射角的变化。

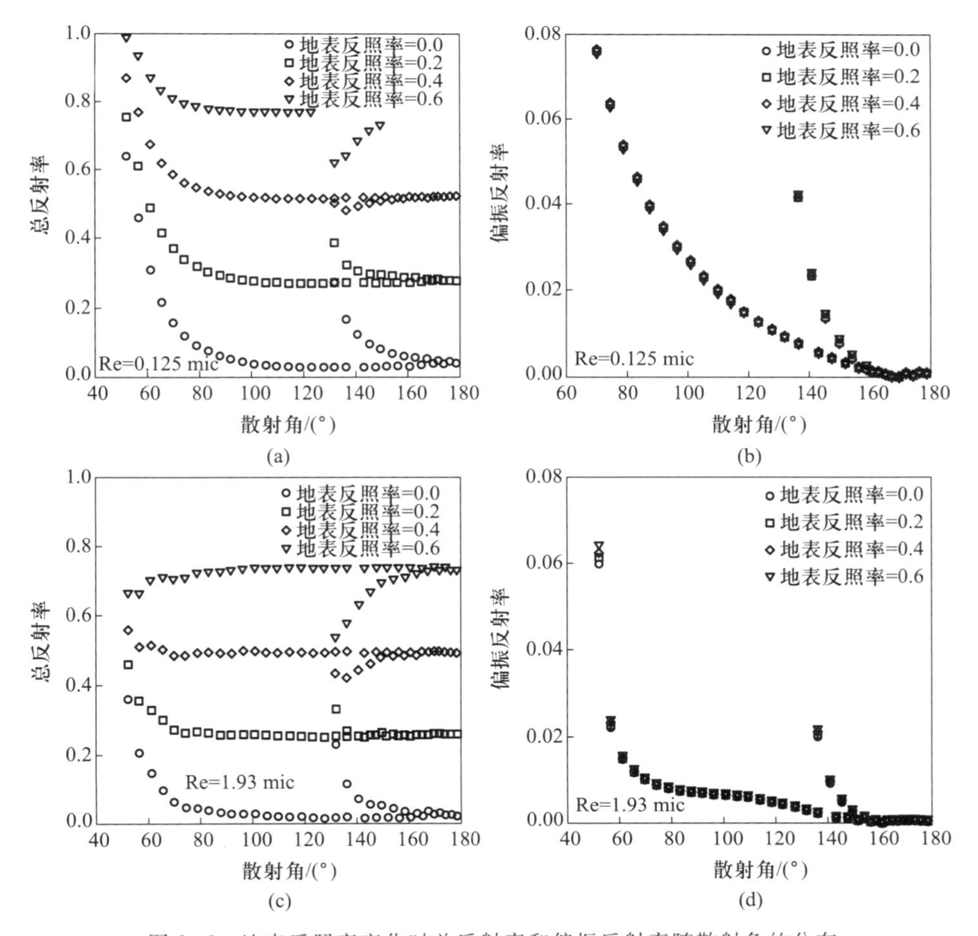

图 2-6 地表反照率变化时总反射率和偏振反射率随散射角的分布

由反射率的多角度分布可知，总反射率受地表影响较大，随着地表反照率的增加而增加。当地表反照率从0.0逐渐增加到0.6时，总反射率的变化接近0.8，即总反射率信息体现了地表的贡献，在利用总反射率反演气溶胶参数时，需要剔除地表的影响。

由偏振反射率的多角度分布可知，偏振反射率不随地表反照率的变化而变化，即偏振反射率对地表的贡献不敏感。多角度偏振信息主要表现为大气粒子信息，地表反照率的影响可以忽略，这正是利用偏振遥感信息提取气溶胶参数的优势所在。和细粒子模式相比，粗粒子模式的退偏作用使粗粒子模式的偏振反射率比细粒子模式的偏振反射率要小很多。

第3章

地表偏振模型

研究地表偏振模型是为了探讨不同地表类型的偏振反射规律，用于天基遥感反演陆地上空大气气溶胶特性，提高陆地上空大气气溶胶特性的反演精度。

3.1 地表偏振模型的研究现状

自然地表的偏振反射率测量早在20世纪60年代就已经开始(Coulson et al., 1964)，相关研究人员一直试图建立地表偏振光与地表物理特性之间的关系。Wolff(1975)认为偏振与地表粗糙度有关，Egan(1970)则认识到偏振与反射体的尺寸有关。此外，还有研究人员试图对偏振特性和土壤含水量(Curran, 1978; Egan et al., 1968)、植被生物量(Curran, 1981)之间建立相关关系。偏振特性还被用于地表覆盖的精确分类(Curran, 1982; Egan, 1970; Fitch et al., 1984)，以及植被冠层状态的估算(Rondeaux and Vanderbilt, 1993; Vanderbilt et al., 1985; Vanderbilt and De Venecia, 1988)。

Talmage 和 Curran(1986)对早期试图利用偏振特性进行地表参数遥感的情况进行了总结评论。Vanderbilt 和 Grant(1985)则从理论上对地表偏振特性进行研究和模型化后指出，偏振是由于地表如叶面(Vanderbilt and Grant, 1985)，以及地表目标和砂子表面(Grant, 1987)的镜面反射形成的。Rondeaux 和 Herman(1991)建立了植被冠层的物理模型。在实验室内，Woessner 和 Hapke(1987)利用白炽灯、Gibbs 等(1993)利用偏振激光对自然目标进行了偏振特性的探讨。

尽管人们开展了针对地表偏振特性的潜力研究，但全球范围内的偏振探测直到 POLDER 传感器发射后才得以实现。早期的研究主要是在天文学中进行了广泛的应用(Lyot, 1929)，如对金星和土星等具有较大光学厚度的行星进行大气特性探测(Dollfus and Coffeen, 1970; Dollfus, 1979; Gehrels et al., 1979; Hansen and Hovenier, 1974; Hansen and Travis, 1974; Santer and Herman, 1979; Santer and Dollfus, 1981),对拥有稀薄大气的火星地表进行研究等(Egan, 1969)。

地表偏振光研究中受关注的问题是如何分离大气和地表产生的偏振信息(Herman et al., 1986)。要了解分别由地表和大气产生的偏振信息,就需要针对不同大气条件和不同类型的生态系统进行偏振测量。

Bréon 等(1995)对不同土壤、大豆和粟米地及大气条件下的偏振反射率及其方向变化特性开展实验测量,证实了地表的偏振反射由表面的镜面反射产生,并且基于实验观测值建立了模型。同时,对不同波段的地表反射进行了测量,发现 450 nm 和 1650 nm 波段在后向散射方面具有明显差异。在1650 nm波长下,对土壤和植被两种覆盖类型的后向散射都观测到了负的偏振反射率。

Wolff(1975)的研究表明,光线照射到粗糙表面可以解释后向散射观测到的负偏振测量结果。Wolff 认为负的偏振反射率值是由于双向反射光线受阴影影响所致。

Woessner 和 Hapke(1987)的研究表明光线穿过叶子具有负偏振特性,并影响偏振方向。地表的偏振反射与散射反射的相互作用影响后向散射方向的偏振反射率。负的偏振反射特性可能来源于经过非镜面过程散射的镜面反射。在 450 nm 波长处,由于地表反射率很小,由上述过程产生的偏振特性可以忽略。因而,在 450 nm 波长处,不仅大气散射作用较大,而且在后向散射方向能观测到正偏振特性。

3.2 地表偏振反射机理

本节先用麦克斯韦的电磁理论研究地表目标表面反射光的偏振问题。因此需要涉及麦克斯韦电磁理论,然后由它求出反射光,再根据所得结果分析地表目标表面反射光的偏振问题。

当光倾斜入射到地表目标表面上时,其中一部分将发生反射;另一部分将折射进入地表目标内部。设 α 为入射角,β 为折射角,则包括入射光、反射光、折射光的平面构成入射面(图 3-1)。不管入射光本身的振动方向怎样,它的电矢量总可以分解为垂直于入射面的分量 $E_{10\perp}$ 和平行于入射面的分量 $E_{10=}$;设各自的反射光电矢量的分量为 $E'_{10\perp}$ 和 $E'_{10=}$,则对应的折射光电矢量的分矢量分别为 $E_{20\perp}$ 和 $E_{20=}$。

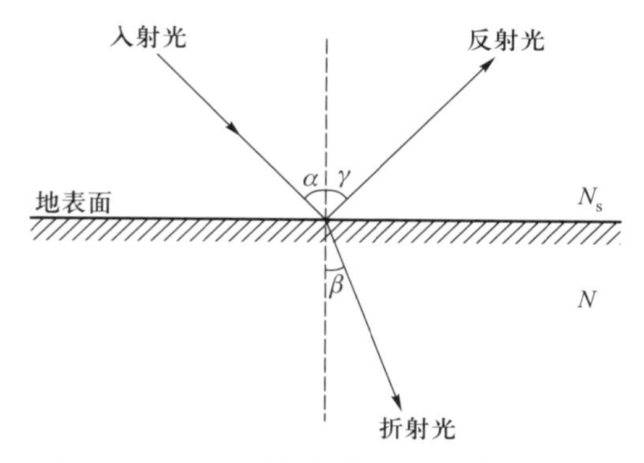

图 3-1 光的反射和折射(图平面为入射面)

根据麦克斯韦方程组

$$\nabla \cdot \boldsymbol{D}=\rho \tag{3-1}$$

$$\nabla \times \boldsymbol{E}=-\frac{\partial \boldsymbol{B}}{\partial t} \tag{3-2}$$

$$\nabla \cdot \boldsymbol{B}=0 \tag{3-3}$$

$$\nabla \times \boldsymbol{H}=\boldsymbol{J}+\frac{\partial \boldsymbol{D}}{\partial t} \tag{3-4}$$

和物质方程组

$$\boldsymbol{D}=\varepsilon \boldsymbol{E} \quad (\varepsilon \text{ 为介电常数}) \tag{3-5}$$

$$\boldsymbol{E}=\mu \boldsymbol{H} \quad (\mu \text{ 为磁导率}) \tag{3-6}$$

$$\boldsymbol{J}=\sigma \boldsymbol{E} \quad (\sigma \text{ 为电导率}) \tag{3-7}$$

再加上两个媒质交界面上电磁场的边值关系，可以推导出光在倾斜入射时的反射和折射强度公式，即菲涅耳公式。菲涅耳公式如下：

$$E'_{10\perp}=-\frac{\sin(\alpha-\beta)}{\sin(\alpha+\beta)}E_{10\perp} \tag{3-8}$$

$$E'_{10=}=\frac{\tan(\alpha-\beta)}{\tan(\alpha+\beta)}E_{10=} \tag{3-9}$$

$$E_{20\perp}=\frac{2\cos\alpha\sin\beta}{\sin(\alpha+\beta)}E_{10\perp} \tag{3-10}$$

$$E_{20=}=\frac{2\cos\alpha\sin\beta}{\sin(\alpha+\beta)\cos(\alpha-\beta)}E_{10=} \tag{3-11}$$

式(3-8)和式(3-9)称为地表目标的“振幅反射率”公式；式(3-10)和式(3-11)称为地表目标的“振幅透射率”公式。

式(3-8)和式(3-9)表明，交界面对于入射光的两个分量($E_{10\perp}$和$E_{10=}$)的物理作用并不相同。不论入射光的偏振状态如何，由于交界面总是把它的$E_{10\perp}$按式(3-8)反射，而把它的$E_{10=}$按式(3-9)反射，然后$E'_{10\perp}$和$E'_{10=}$再合成反射光。由于两式中的反射系数的比例不同，故合成的反射光在横向与纵向就产生了差异，其偏振状态就与入射光的偏振状态不同了，这就是反射光存在偏振的真正原因。

然后比较式(3-8)和式(3-9)两式的系数，一般说来，$\left|\dfrac{\sin(\alpha-\beta)}{\sin(\alpha+\beta)}\right|$的值要比$\left|\dfrac{\tan(\alpha-\beta)}{\tan(\alpha+\beta)}\right|$大，因此一般存在：$|E'_{10\perp}|>|E'_{10=}|$。这样，反射光是垂直入射面振动占优势的部分偏振光。接着进一步分析，随着入射角α值的增大，反射光中的垂直入射面的光振动所占比例也加大，即反射光偏振程度增加。到某一特殊入射角θ_b时，此时$|E'_{10=}|$存在最小值。即当$\theta_b+\beta=90°$时，$E'_{10=}=0$。此时反射光全部是垂直入射面的光振动，即纯粹的直线偏振光。此现象表明，反射光在入射面方向上的振幅在削弱，而在垂直于入射面的方向上的振幅在增强，总是朝垂直于入射面的方向发生偏振。

角θ_b又叫做起偏角或布儒斯特角。这是一种极端特例，即当光波以θ_b入射时，反射光和折射光的传播方向正好成直角。图3-2绘出了光波以起偏角θ_b射到交界面上的情况。此时反射光全部是垂直入射面的直线偏振光，振动方向垂直图面，用黑点表示。此时折射光不是纯粹的直线偏振光，而是平行于入射面的振动占优势的部分偏振光。

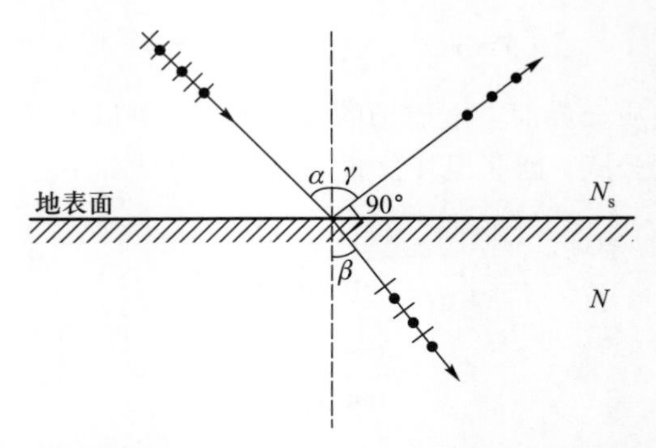

图3-2 起偏角图解(当$\alpha=\theta_b$时，此时反射光成了直线偏振光)

由以上的分析可知，不论入射光的偏振状态如何，只要它以布儒斯特角入射到交界面上，反射光就必定是电矢量垂直于入射面的直线偏振光。当入射角

在 θ_b 附近时，$\tan(\theta_b+\beta)$ 趋向于无穷大，$E'_{10=}$ 很小，此时反射光接近直线偏振光。

上面的物理现象表明，当光波在任意物质表面入射时，其反射光都会产生一定的偏振作用。对于不同的物质(如地表目标)表面，是否会产生不同特性的偏振光呢？产生的这种偏振特征对研究地表目标的光谱学有何意义？或者说不同的地表目标为什么会产生不同的偏振反射光谱呢？

根据折射定律，当光波入射到交界面上时，有

$$\frac{\sin\ \alpha}{\sin\ \beta}=\frac{N}{N_s} \tag{3-12}$$

同时对于空气，$N_s=1$，于是有

$$\frac{\sin\ \alpha}{\sin\ \beta}=N \tag{3-13}$$

这样我们在振幅反射率公式(3-8)和公式(3-9)中可以通过折射定律来消去 β。为此，将式(3-8)和式(3-9)展开，得

$$\frac{E'_{10\perp}}{E_{10\perp}}=-\frac{\sin(\alpha-\beta)}{\sin(\alpha+\beta)}=-\frac{\sin\ \alpha\cos\ \beta-\cos\ \alpha\sin\ \beta}{\sin\ \alpha\cos\ \beta+\cos\ \alpha\sin\ \beta} \tag{3-14}$$

$$\frac{E'_{10=}}{E_{10=}}=\frac{\tan(\alpha-\beta)}{\tan(\alpha+\beta)}=\frac{\dfrac{\sin(\alpha-\beta)}{\cos(\alpha-\beta)}}{\dfrac{\sin(\alpha+\beta)}{\cos(\alpha+\beta)}}=\frac{\dfrac{\sin\ \alpha\cos\ \beta-\sin\ \beta\cos\ \alpha}{\cos\ \alpha\cos\ \beta+\sin\ \alpha\sin\ \beta}}{\dfrac{\sin\ \alpha\cos\ \beta+\sin\ \beta\cos\ \alpha}{\cos\ \alpha\cos\ \beta-\sin\ \alpha\sin\ \beta}} \tag{3-15}$$

根据折射定律，可以得到

$$\sin\ \beta=\frac{\sin\ \alpha}{N} \tag{3-16}$$

$$\cos\ \beta=\sqrt{1-\sin^2\beta}=\sqrt{1-\sin^2\alpha/N^2} \tag{3-17}$$

把式(3-16)和式(3-17)带入式(3-14)和式(3-15)，得

$$\frac{E'_{10\perp}}{E_{10\perp}}=-\frac{\sqrt{N^2-\sin^2\alpha}-\cos\ \alpha}{\sqrt{N^2-\sin^2\alpha}+\cos\ \alpha} \tag{3-18}$$

$$\frac{E'_{10=}}{E_{10=}}=\frac{N^2\cos\ \alpha-\sqrt{N^2-\sin^2\alpha}}{N^2\cos\ \alpha+\sqrt{N^2-\sin^2\alpha}} \tag{3-19}$$

从上述两式可以看出，光波经过地表目标表面反射后产生的偏振特征，理

论上受两个因素决定和影响：一个因素是光波的入射角大小，另一个因素是地表目标的折射率。对于不同的地表目标，由于地表目标的物质组成不同、组成结构不同，因此它们的折射率也不相同，这样经过它们产生的反射光的偏振特征也随之发生改变。反之，我们可以通过地表目标反射光谱中的偏振特征来反推地表目标的物质性质。

3.3 典型地表偏振模型

对于叶子和植物冠层的植物学特性和偏振光散射特性之间的关系，已经有许多学者做了大量的研究（Ross，1981；Vanderbilt et al.，1981；Egan，1985；Vanderbilt and Grant，1985）。但若要模拟植物冠层固有的复杂性和多样性，需要做更多的研究工作。

植被的反射信息包括来自植被叶片表面和叶面内部结构的散射（Grant，1987；Grant et al.，1987），而来自表面的镜面反射形成了偏振特性。其中镜面反射主要可以采用菲涅尔反射来描述，它依赖于太阳光照射与观测方向；来自叶面内部的散射近似朗伯体反射，主要和叶子的叶绿素、纤维、水分含量有关（Vanderbilt et al.，1990）。

植被的偏振度在后向散射方向最小，当观测角度增大后偏振反射率的数值会不断地增大，而且在开花期时，由于花和穗阻挡了叶面的反射而使偏振反射率降低（Rondeaux and Herman，1991），Vanderbilt 等（1981）在实验中也观测到了同样的现象。

3.3.1 Rondeaux 和 Herman 模型

在植被冠层一个微分层 dz 中，一个单位的叶面积接收到的入射辐射通量是 $E(z)\cdot|\cos\omega|$，进入观测角 θ_r 的镜面反射通量是 $E(z)\cdot|\cos\omega|\cdot R(\omega)$。所以，面积 d$A$ 观测方向反射的辐射通量为

$$\mathrm{d}\phi_r(z)=\mathrm{d}A\cdot S(z)\,\mathrm{d}z\cdot f(\theta_n)\,\mathrm{d}\omega_n\cdot E(z)\cdot|\cos\omega|\cdot R(\omega) \tag{3-20}$$

其中，$S(z)$ 为叶面积密度，$f(\theta_n)$ 是植被冠层叶倾角分布函数，$\mathrm{d}\omega_n$ 是某一叶子法向的微分立体角。

立体角之间存在着如下关系（Vanderbilt，1987）

$$\mathrm{d}\omega_n=\frac{(\mathrm{d}\omega_i^{1/2}+\mathrm{d}\omega_r^{1/2})^2}{4\cos\omega} \tag{3-21}$$

由于传感器接近于冠层，所以 $\mathrm{d}\omega_i<<\mathrm{d}\omega_r$，因此 $\mathrm{d}\omega_r=\mathrm{d}\omega_n\cdot 4\cos\omega$。

冠层微分层在一个立体角 $d\omega_r$ 的辐亮度是

$$dL(z,\theta_r,\phi_r)=\frac{d\phi_r(z)}{dA\cdot\cos\theta_r\cdot d\omega_r}=\frac{S(z)dzf(\theta_n R(\omega)E(z))}{4\cos\theta_r} \tag{3-22}$$

每个 dz 层对立体角 $d\omega_r$ 的辐亮度贡献为 $dL_r(z)\cdot\tau_i\cdot\tau_r$。$\tau$ 表示冠层对入射和反射辐亮度的衰减：

$$\tau=\exp\left\{[-G(\mu)]\int_z^H S(z)dz\right\} \tag{3-23}$$

$G(\theta_r)$ 函数描述植被在光照方向的阻截系数，其中，$\mu_r=\cos\theta_r$，$\mu_i=\cos\theta_i$。由 Ross(1981)给出的 $G(\theta_r)$ 的定义为

$$G(\theta_r)=\iint f(\theta_n)\left|\cos\omega\right|d\omega_n \tag{3-24}$$

$$\cos\omega=\cos\theta\cos\theta_n+\sin\theta\sin\theta_n\cos(\phi-\phi_n) \tag{3-25}$$

在立体角 $d\omega_r$ 内冠层镜面辐亮度为

$$\begin{aligned}L_r(\theta_r,\phi_r)&=\int_0^H dL_r(z,\theta,\phi_r)\tau_i\tau_r\\&=\frac{f(\theta_n)}{4\cos\theta_r}R(\omega)E_0\times\int_0^H\exp\left\{-\left[\frac{G(\theta_i)}{\mu_i}+\frac{G(\theta_r)}{\mu_r}\right]\int_z^H S(z')dz'\right\}\times S(z)dz\end{aligned} \tag{3-26}$$

其中，E_0 是冠层顶部入射辐亮度。

假定冠层是均一的，$S(z)$ 不随 z 变化，叶面积指数(leaf area index, LAI)足够覆盖地表，得到

$$L_r(\theta_r,\varphi_r)=\frac{\dfrac{f(\theta_n)}{4\cos\theta_r}R(\omega)E_0}{\dfrac{G(\theta_i)}{\mu_i}+\dfrac{G(\theta_r)}{\mu_r}} \tag{3-27}$$

其中，θ_n、φ_n 分别是叶面的法线方向的天顶角和方位角；θ_r、φ_r 分别是镜面反射方向的天顶角和方位角；$f(\theta_n)$ 是植被冠层叶倾角分布函数；$R(\omega)$ 是菲涅尔反射系数；E_0 是植被冠层上的太阳入射辐射值；θ_i 是太阳入射方向的天顶角。假设 E_0 在方位角上均匀分布，ω 为光线入射角，$d\omega_n$ 是某一叶子法向的微分立体角。

Rondeaux 和 Herman(1991)通过分析植被冠层叶面积指数和叶倾角分布等对镜面反射的影响，针对浓密植被覆盖的冠层，给出了冠层镜面反射的双向镜

面反射率因子：

$$\rho_{sp}(\theta_v,\ \varphi_r)=\frac{\pi L_v(\theta_r,\ \varphi_v)}{\cos\ \theta_i E_0} \tag{3-28}$$

假设植被冠层叶子为球形分布时，则有 $G=0.5$，则上式可简化为

$$\rho_{sp}(\theta_r,\ \varphi_r)=\frac{\pi}{2}\ \frac{f(\theta_n)R(\omega)}{(\cos\ \theta_i+\cos\ \theta_r)} \tag{3-29}$$

对于植被冠层的偏振度的计算，则认为其是冠层镜面反射率和冠层总反射率的比值，即

$$P=\rho_{sp}/(\rho_{sp}+\rho_{diff}) \tag{3-30}$$

其中，ρ_{diff}是冠层的散射反射，一般假设为朗伯反射。

对于植被冠层，一些学者(Rondeaux and Herman，1991；Vanderbilt et al.，1985；Woessner and Hapke，1987)给出了理论模型。在叶倾角均匀分析的情况下，Rondeaux 和 Herman(1991)给出了一个偏振反射率 ρ_P 的简化模型：

$$\rho_P(\theta_s,\ \theta_v,\ \varphi)=\frac{F_P(\gamma)}{4(\cos(\theta_s)+\cos(\theta_v))} \tag{3-31}$$

其中，s、v 分别表示太阳和观测方向；γ 等于半相位角，可以表达为

$$\gamma=0.5\cos^{-1}[\cos\ \theta_s\cos\ \theta_v+\sin\ \theta_s\sin\ \theta_v\cos\ \phi_v] \tag{3-32}$$

$$\theta_v=\cos^{-1}\left[\frac{\cos\ \theta_s+\cos\ \theta_v}{2\cos\ \gamma}\right] \tag{3-33}$$

F_P 是由菲涅尔定律给出的镜面反射的偏振系数，可以表达为

$$F_P(\gamma)=\frac{1}{2}(r_\perp^2-r_{/\!/}^2) \tag{3-34}$$

其中，$r_\perp$ 和 $r_{/\!/}$ 分别是垂直和水平菲涅尔反射系数，分别由下式给出

$$r_\perp(\gamma)=\frac{N\cdot\mu_T-\mu_I}{N\cdot\mu_T+\mu_I} \tag{3-35}$$

$$r_{/\!/}(\gamma)=\frac{N\cdot\mu_I-\mu_T}{N\cdot\mu_I+\mu_T} \tag{3-36}$$

$$\mu_I=\cos\ \gamma,\ \mu_T=\left[1-\frac{\sin^2\gamma}{N^2}\right] \tag{3-37}$$

其中，N 是反射介质的折射系数，μ_T 是入射角的余弦值，μ_l 是反射角的余弦值。

Bréon 等(1995)总结认为，植被冠层的偏振反射模型主要受菲涅尔反射率(即反射角和折射系数)、植被叶倾角分布以及冠层内入射和出射的辐射削弱等几个因素控制。

3.3.2 韩志刚模型

首先考虑漫射光入射情况。

① 设从植被冠层顶入射的 Stokes 矢量为 $\boldsymbol{I}(0, \Omega')=\boldsymbol{I}(0, \theta', \phi')$，由于叶面元的直接挡光作用，到达植被深度 z 处衰减为

$$\boldsymbol{I}(z, \theta', \phi')=\boldsymbol{I}(0, \theta', \phi')T_{\mathrm{L}}(z, \theta', \phi') \tag{3-38}$$

其中，$T_{\mathrm{L}}(z, \theta', \phi')$ 为对应路径的透过率。

② 到达植被深度 z 的立体角元为 $\mathrm{d}\Omega'$ 的入射光照射至大小为 $\mathrm{d}A$ 水平截面上，经法向$(\theta_{\mathrm{L}}, \phi_{\mathrm{L}})$的立体角元为 $\mathrm{d}\Omega_{\mathrm{L}}$ 的叶面元镜面反射至立体角元为 $\mathrm{d}\Omega$ 的出射方向(θ, ϕ)上。入射辐照度矢量为 $\boldsymbol{I}(z, \theta', \phi')\mathrm{d}\Omega'$(尹宏，1993)，镜面反射辐出度(辐出度定义见：尹宏，1993)矢量为

$$\boldsymbol{Q}(\pi-i_2)K\boldsymbol{F}_{\mathrm{r}}(\cos\gamma)\boldsymbol{Q}(-i_1)\boldsymbol{I}(z, \theta', \phi')\mathrm{d}\Omega' \tag{3-39}$$

其中，$\boldsymbol{F}_{\mathrm{r}}$ 为 4×4 菲涅尔镜面反射矩阵(Tsang et al.，1985；Deuzé et al.，1989；Evans and Stephens，1990，1991)：

$$\boldsymbol{F}_{\mathrm{r}}=\begin{bmatrix} \frac{1}{2}(|r_1|^2+|r_{\mathrm{r}}|^2) & \frac{1}{2}(|r_1|^2-|r_{\mathrm{r}}|^2) & 0 & 0 \\ \frac{1}{2}(|r_1|^2-|r_{\mathrm{r}}|^2) & \frac{1}{2}(|r_1|^2+|r_{\mathrm{r}}|^2) & 0 & 0 \\ 0 & 0 & \mathrm{Re}(r_1 r_{\mathrm{r}}^*) & \mathrm{Im}(r_1 r_{\mathrm{r}}^*) \\ 0 & 0 & \mathrm{Im}(r_1 r_{\mathrm{r}}^*) & \mathrm{Re}(r_1 r_{\mathrm{r}}^*) \end{bmatrix} \tag{3-40}$$

r_1、r_{r} 分别为平行于反射面的振幅反射系数和垂直于反射面的振幅反射系数：

$$r_1=\frac{n^2\cos\gamma-\sqrt{n^2-1+\cos^2\gamma}}{n^2\cos\gamma+\sqrt{n^2-1+\cos^2\gamma}},\quad r_{\mathrm{r}}=\frac{\cos\gamma-\sqrt{n^2-1+\cos^2\gamma}}{\cos\gamma+\sqrt{n^2-1+\cos^2\gamma}} \tag{3-41}$$

γ 为入射角或反射角，大小是 90°减天顶角，满足

$$\cos(\pi-2\gamma)=\cos\theta\cos\theta'-\sin\theta\sin\theta'\cos(\phi'-\phi) \tag{3-42}$$

n 为叶面角质蜡层的复折射指数，其虚部可取为0，实部随波长的变化关系可表示为(Vanderbilt and Grant, 1985)

$$n_{\mathrm{r}}(\lambda) = 1.4576+0.0209\lambda^{-1.48} \tag{3-43}$$

波长单位为 μm。

K 为叶面非光滑修正系数，假定其为常数且满足 $0 \leqslant K \leqslant 1$(Vanderbilt and Grant, 1985; Vanderbilt et al., 1985)。

$\boldsymbol{Q}$ 为 Stokes 向量参考平面转动变换矩阵，i_1 为入射光局地子午面与反射面组成的二面角，i_2 为反射光局地子午面与反射面组成的二面角。

考虑到反射方向(θ, ϕ)上产生镜面反射的叶面积投影大小可表示为

$$(\mathrm{d}A \cdot \sigma_{\mathrm{L}} \mathrm{d}z) \cdot (f_{\mathrm{L}}(\theta_{\mathrm{L}}, \phi_{\mathrm{L}}) \mathrm{d}\Omega_{\mathrm{L}}) \cdot |\cos \gamma|$$

可以得到相应的镜面反射的通量矢量为

$$\begin{aligned} \mathrm{d}\boldsymbol{\Phi} = {} & \mathrm{d}A \cdot \sigma_{\mathrm{L}} \mathrm{d}z \cdot f_{\mathrm{L}}(\theta_{\mathrm{L}}, \phi_{\mathrm{L}}) \mathrm{d}\Omega_{\mathrm{L}} \cdot |\cos \gamma| \times \\ & \boldsymbol{Q}(\pi - i_2) K \boldsymbol{F}_{\mathrm{r}}(\cos \gamma) \boldsymbol{Q}(-i_1) \boldsymbol{I}(z, \theta', \phi') \mathrm{d}\Omega' \end{aligned} \tag{3-44}$$

于是，dz 层植被对 dΩ'内入射光反射的 Stokes 向量贡献元为

$$\mathrm{d}\boldsymbol{I}_{\mathrm{L}}(z, \theta, \phi) = \frac{\mathrm{d}\boldsymbol{\Phi}}{\mathrm{d}\Omega \mathrm{d}A |\cos \theta|} \tag{3-45}$$

由于(Vanderbilt and Grant, 1985; Vanderbilt, 1987; Rondeaux and Herman, 1991)

$$\mathrm{d}\Omega_{\mathrm{L}} = \frac{\mathrm{d}\Omega}{4|\cos \gamma|} \tag{3-46}$$

所以有

$$\begin{aligned} \mathrm{d}\boldsymbol{I}_{\mathrm{L}}(z, \theta, \phi) = {} & \frac{\sigma_{\mathrm{L}}(z) \mathrm{d}z}{4|\cos \theta|} \cdot f_{\mathrm{L}}(\theta_{\mathrm{L}}, \phi_{\mathrm{L}}) \cdot \\ & \boldsymbol{Q}(\pi - i_2) K \boldsymbol{F}_{\mathrm{r}}(\cos \gamma) \boldsymbol{Q}(-i_1) \boldsymbol{I}(z, \theta', \phi') \mathrm{d}\Omega' \end{aligned} \tag{3-47}$$

z 深度处 dz 层对上半球漫射光镜面反射 Stokes 向量的贡献为

$$\mathrm{d}\boldsymbol{I}(z,\theta,\phi) = \frac{\sigma_{\mathrm{L}}(z) \mathrm{d}z}{4|\cos \theta|} \int_{2\pi} f_{\mathrm{L}}(\theta_{\mathrm{L}},\phi_{\mathrm{L}}) \cdot \boldsymbol{Q}(\pi - i_2) K \boldsymbol{F}_{\mathrm{r}}(\cos \gamma) \boldsymbol{Q}(-i_1) \boldsymbol{I}(z,\theta',\phi') \mathrm{d}\Omega' \tag{3-48}$$

③ dz 层对所有上半球漫射光的镜面反射，经过路径上叶面的挡光衰减后，最终到达植被冠层顶的镜面反射光的 Stokes 向量为

$$
\begin{aligned}
\boldsymbol{I}(0, \theta, \phi) &= \int_0^H \mathrm{d}\boldsymbol{I}(z, \theta, \phi) T_{\mathrm{L}}(z, \theta, \phi) \\
&= \frac{1}{4|\cos\theta|} \int_0^H T_{\mathrm{L}}(z, \theta', \phi') \sigma_{\mathrm{L}}(z) \mathrm{d}z \cdot \\
&\quad \int_{2\pi} f_{\mathrm{L}}(\theta_L, \phi_L) \cdot \boldsymbol{Q}(\pi - i_2) K \boldsymbol{F}_{\mathrm{r}}(\cos\gamma) \boldsymbol{Q}(-i_1) \boldsymbol{I}(0, \theta', \phi') \mathrm{d}\Omega'
\end{aligned}
\tag{3-49}
$$

理论上，在所有叶面取向分布中，均匀分布是最简单的。Ross(1981)根据多年大量实测资料分析结果指出：许多实际植物群落特别是禾本和草本植物的叶面取向接近于均匀分布。对于以旱生多年生草本植物区(占总面积85%)或为主导成分的锡林郭勒这类典型中纬度温带草原植被(李博等，1998；刘书润和刘松龄，1988)而言，叶取向均匀分布应当说是一个合理的理论假设。同时，经验也表明"草原属于均匀冠层"(张仁华，1996)。因此，对于像锡林郭勒这类典型草原植被而言，在水平均一、垂直平均、叶面取向分布均匀、镜面反射修正系数为常数假定之下，漫射光的镜面反射方程可简化为

$$
\begin{aligned}
\boldsymbol{I}(0, \theta, \phi) &= \frac{K\sigma_{\mathrm{L}}}{8\pi|\cos\theta|} \int_{2\pi} \boldsymbol{Q}(\pi - l_2) \boldsymbol{F}_{\mathrm{r}} \boldsymbol{Q}(-l_1) \boldsymbol{I}(0, \theta', \phi') \mathrm{d}\Omega' \cdot \\
&\quad \int_0^H \exp\left[-\left(\frac{\sigma_{\mathrm{L}}}{2|\cos\theta|} + \frac{\sigma_{\mathrm{L}}}{2|\cos\theta'|}\right) s\right] \mathrm{d}s \\
&= \frac{K}{4\pi} \int_{2\pi} \frac{|\cos\theta'|}{|\cos\theta| + |\cos\theta'|} \left\{1 - \exp\left[-\frac{LAI(|\cos\theta| + |\cos\theta'|)}{2|\cos\theta||\cos\theta'|}\right]\right\} \cdot \\
&\quad \boldsymbol{Q}(\pi - i_2) \boldsymbol{F}_{\mathrm{r}} \boldsymbol{Q}(-i_1) \boldsymbol{I}(0, \theta', \phi') \mathrm{d}\Omega'
\end{aligned}
\tag{3-50}
$$

设整层的大气光学厚度为 τ_{s}，作为大气矢量辐射传输方程(vector radiative transfer，VRT)的一个下边界条件，上式变为

$$
\begin{aligned}
\boldsymbol{I}(\tau_{\mathrm{s}}, \theta, \phi) &= \frac{K}{4\pi} \int_{2\pi} \frac{|\cos\theta'|}{|\cos\theta| + |\cos\theta'|} \left\{1 - \exp\left[-\frac{LAI(|\cos\theta| + |\cos\theta'|)}{2|\cos\theta||\cos\theta'|}\right]\right\} \cdot \\
&\quad \boldsymbol{Q}(\pi - i_2) \boldsymbol{F}_{\mathrm{r}} \boldsymbol{Q}(-i_1) \boldsymbol{I}(\tau_{\mathrm{s}}, \theta', \phi') \mathrm{d}\Omega'
\end{aligned}
\tag{3-51}
$$

考虑到我们所采用的 VRT 坐标系统(向下方向的极角余弦坐标取正，向上方向的极角余弦坐标取负，以实际正负显式表示)，相应的漫射光反射 Mueller 矩阵为

$$\boldsymbol{M}(-\mu,\ \phi,\ \mu',\ \phi')=\frac{K}{4\pi}\frac{\mu'}{\mu+\mu'}\left\{1-\exp\left[-\frac{LAI(\mu+\mu')}{2\mu\mu'}\right]\right\}\boldsymbol{Q}(\pi-i_2)\boldsymbol{F}_{\mathrm{r}}(\cos\gamma)\boldsymbol{Q}(-i_1) \tag{3-52}$$

此时，反射角公式变为

$$\cos 2\gamma=\mu\mu'-\sqrt{(1-\mu^2)(1-\mu'^2)}\cos(\phi-\phi') \tag{3-53}$$

漫射光的镜面反射边界条件为

$$\boldsymbol{I}(\tau_{\mathrm{s}};\ -\mu,\ \phi)=\int_0^{2\pi}\mathrm{d}\phi'\int_0^1\boldsymbol{M}(-\mu,\ \phi;\ \mu_0,\ \phi_0)\boldsymbol{I}(\tau_{\mathrm{s}};\ \mu',\ \phi')\mathrm{d}\mu' \tag{3-54}$$

对于直射光入射情形，可直接利用上述结果。设到达植被顶的直射太阳光 Stokes 向量为 $F_0\exp(-\tau_{\mathrm{s}}/\mu_0)\{1,\ 0,\ 0,\ 0\}^{\mathrm{T}}$，则

$$\boldsymbol{I}(\tau_{\mathrm{s}};\ -\mu,\ \phi)=M(-\mu,\ \phi;\ \mu_0,\ \phi_0)\boldsymbol{I}(\tau_{\mathrm{s}};\ \mu_0,\ \phi_0)$$
$$\boldsymbol{M}(-\mu,\ \phi;\ \mu_0,\ \phi_0)=\frac{K}{4\pi}\frac{\mu}{\mu+\mu_0}\left\{1-\exp\left[-\frac{LAI(\mu+\mu_0)}{2\mu\mu_0}\right]\right\}\boldsymbol{Q}(\pi-i_2)\boldsymbol{F}_{\mathrm{r}}(\cos\gamma_0)\boldsymbol{Q}(-i_1) \tag{3-55}$$

其中，

$$\cos 2\gamma_0=\mu\mu_0-\sqrt{(1-\mu^2)(1-\mu_0^2)}\cos(\phi_0-\phi) \tag{3-56}$$

相应的直射光镜面反射边界条件为

$$\boldsymbol{I}(\tau_{\mathrm{s}};\ -\mu,\ \phi)=\boldsymbol{M}(-\mu,\ \phi;\ \mu_0,\ \phi_0)\{1,\ 0,\ 0,\ 0\}^{\mathrm{T}}F_0\exp(-\tau_{\mathrm{s}}/\mu_0) \tag{3-57}$$

为了描述地表或地-气系统对直射太阳光的反射特性，常常引入按如下公式定义的反射系数 R 和偏振反射系数 R_{p}(Rondeaux and Herman, 1991; Bréon et al., 1995)或反射率和偏振反射率：

$$R=\frac{\pi I_{\mathrm{r}}}{\mu_0F_{\mathrm{s}}},\ R_{\mathrm{p}}=\frac{\pi I_{\mathrm{rp}}}{\mu_0F_{\mathrm{s}}},\ P=\frac{R_{\mathrm{p}}}{R} \tag{3-58}$$

其中，I_{r} 为表面反射光的辐射亮度；I_{rp} 反射光辐射亮度的辐射分量；F_{s} 为入射到表面的太阳平行光的辐照度；μ_0 为太阳天顶角余弦。

设反射和入射 Stokes 向量分别为

$$\boldsymbol{I}_{\mathrm{r}}=\{I_{\mathrm{r}},\ Q_{\mathrm{r}},\ U_{\mathrm{r}},\ V_{\mathrm{r}}\}^{\mathrm{T}};\ \boldsymbol{F}_{\mathrm{s}}=\{F_{\mathrm{s}},\ 0,\ 0,\ 0\}^{\mathrm{T}} \tag{3-59}$$

则

$$I_{rp}=\sqrt{Q_r^2+U_r^2+V_r^2} \tag{3-60}$$

将上式代入直射光入射方程，推出

$$I_{rp}=\frac{K}{4\pi}\frac{\mu_0\boldsymbol{F}_s}{\mu+\mu_0}\left\{1-\exp\left[-\frac{LAI(\mu+\mu_0)}{2\mu\mu_0}\right]\right\}F_p(\cos\gamma_0) \tag{3-61}$$

其中，

$$F_p(\cos\gamma_0)=\frac{1}{2}(|r_r|^2-|r_l|^2) \tag{3-62}$$

称为菲涅尔偏振反射率。进而，得到理想植被(平面平行、垂直均匀、均匀叶面取向分布混浊介质)的偏振反射率表达式为

$$R_p=\frac{K}{4(\mu+\mu_0)}\left\{1-\exp\left[-\frac{LAI(\mu+\mu_0)}{2\mu\mu_0}\right]\right\}F_p(\cos\gamma_0) \tag{3-63}$$

同理，可以得到反射率镜面分量的表达式

$$R_s=\frac{K}{4(\mu+\mu_0)}\left\{1-\exp\left[-\frac{LAI(\mu+\mu_0)}{2\mu\mu_0}\right]\right\}F_s(\cos\gamma_0) \tag{3-64}$$

其中，

$$F_s(\cos\gamma_0)=\frac{1}{2}(|r_r|^2+|r_l|^2) \tag{3-65}$$

称为菲涅尔反射率。

相应地，菲涅尔反射偏振度为

$$P_{sp}=\frac{F_p(\cos\gamma_0)}{F_s(\cos\gamma_0)}=\frac{|r_r|^2-|r_l|^2}{|r_r|^2+|r_l|^2} \tag{3-66}$$

$P_{sp}=1$ 对应的入射角称为布儒斯特角，此时

$$\tan\gamma_0=n_r \tag{3-67}$$

如果不作均匀叶取向分布及垂直均匀的假定，可得到更为一般的偏振反射表达式为

$$R_p=\frac{\pi KF_p(\cos r_0)f_L(\mu_L,\phi_L)}{4\mu\mu_0}\cdot \int_0^H\exp\left[-\int_0^z\left(\frac{G_L(\mu,\phi_r)}{\mu}+\frac{G_L(\mu_0,\phi_L)}{\mu_0}\right)\sigma_L(s)\mathrm{d}s\right]\sigma_L(z)\mathrm{d}z \tag{3-68}$$

式(3-68)清楚地表明了植被冠层偏振辐射亮度受控于 Vanderbilt 等(1985)所归纳的三类要素：① 单叶的光学偏振特性，它由表征叶表面角质蜡层物理状况的光学粗糙度 K 和菲涅尔偏振反射率反映。② 冠层中叶面的几何排列结构，它由叶取向、叶面积指数或叶面积密度和阴影效应体现。③ 视场几何关系。

当叶面积指数趋于0时，对指数项取一阶近似，可表示为

$$R_{\mathrm{p}}=\frac{K \cdot LAI}{8\mu\mu_0}F_{\mathrm{p}}(\cos\gamma_0) \tag{3-69}$$

这时，偏振辐射率与叶面积指数成线性正比关系。

Vanderbilt 和 Grant(1985)曾推出理想单层植被镜面反射的 $R_{\mathrm{p}}-LAI$ 线性模型。考虑到入射天顶角的影响，其数学表述形式为

$$R_{\mathrm{p}}=\frac{\pi f_{\mathrm{L}}P_{\mathrm{i}}P_{\mathrm{r}} \cdot K \cdot LAI}{4\mu\mu_0}F_{\mathrm{p}}(\cos\gamma_0) \tag{3-70}$$

对应于均匀叶面取向分布的表达式为

$$R_{\mathrm{p}}=\frac{P_{\mathrm{i}}P_{\mathrm{r}} \cdot K \cdot LAI}{8\mu\mu_0}F_{\mathrm{p}}(\cos\gamma_0) \tag{3-71}$$

经验系数 $P_{\mathrm{i}}P_{\mathrm{r}}$ 含义为对镜面反射起作用的叶面元同时被太阳照射和被观测到的概率，可看作是对 LAI 近似的一种修正。

当 LAI 趋于无穷大时：

$$R_{\mathrm{p}}=\frac{K}{4(\mu+\mu_0)}F_{\mathrm{p}}(\cos\gamma_0) \tag{3-72}$$

偏振反射率不再与植被几何结果关联。

Rondeaux 和 Herman(1991)在平面平行、垂直均匀和均匀分布 G 函数的假定条件下，针对浓密植被的表达式为

$$R_{\mathrm{p}}=\frac{\pi f_{\mathrm{L}}}{2(\mu+\mu_0)}F_{\mathrm{p}}(\cos\gamma_0) \tag{3-73}$$

Bréon 等(1995)在叶倾角取均匀分布时，得出

$$R_{\mathrm{p}}=\frac{F_{\mathrm{p}}(\cos\gamma_0)}{4(\mu+\mu_0)} \tag{3-74}$$

形式与韩志刚模型(1999)相似，缺少了系数 K，原因是上式假定了 K 取1。

3.3.3 多波段偏振反射率模型

在野外开展地表偏振测量时要考虑大气效应。Deering 和 Eck(1987)强调

大气条件会影响地表水平的反射率测量，所以土壤的偏振测量需要1650 nm，因为这一波段的大气影响是最小的。

$\lambda=1650$ nm 时，主平面中偏振反射率是观测角的函数。当偏振方向与散射平面垂直时，偏振反射率是正值；当偏振方向与散射平面平行时，则偏振反射率是负值。

实验测量表明，450 nm、650 nm 和 850 nm 三个波段在几个不同的观测方向测量得到的偏振反射率是 1650 nm 波段偏振反射率的函数，而且对裸土的实验观测结果表明不同波长间的偏振反射率具有很高的相关性。对于植被冠层，这种相关性也存在，但是离散度增加。450 nm 和 1650 nm 波段的偏振反射率比值是常数，大约为 0.5。其中一个原因是菲涅尔偏振反射率依赖于随波长变化的折射率。菲涅尔偏振反射率是反射率的函数，并且与折射指数具有较大的依赖性，如折射指数在 450 nm 处为 1.30，在 1650 nm 则为 1.60。陆地地表材料一般在近红外波段的折射指数比可见光的要小，或者总是常数(Pollack et al., 1973; Toon et al., 1976)。Vanderbilt 和 Grant(1985)对植被冠层也获得了同样的结果。偏振反射率随波长变化的第二个原因是大气效应。大气散射减弱了太阳光到达地表的辐射，而且由于地气相互作用产生了漫反射，不能和直射太阳光一样产生偏振光。大气光学厚度越大，则产生越小的表观偏振反射率。

不同波段的偏振反射率之间有很好的线性拟合关系，而且波段之间偏振反射率的比值是大气质量($1/\cos\theta_s$)的函数，其与大气质量之间具有很好的线性关系，因此波段之间偏振反射率的比值可表示为

$$R(\lambda_1,\lambda_2,\mu_s)=\exp\left(-\frac{\tau_1-\tau_2}{\cos\theta_s}\right) \tag{3-75}$$

这里 τ_1 和 τ_2 是两个波段的大气光学厚度。偏振反射率的测量需要依据波长和气溶胶光学厚度进行大气透过率校正。

3.3.4 土壤模型

土壤偏振模型一般将土壤表面视为很多微观的镜面反射的小面，所以在镜面处理上和水面的反射类似，不同之处在于土壤颗粒的小面元具有一定的角度分布。

对土壤模型的研究也认为镜面反射是偏振的来源。土壤颗粒尺度越小，土壤表面就越光滑，产生镜面反射可能性就越大，偏振度也越大。土壤含水量大时，液态水充满土壤空隙，土壤表面变得更光滑，偏振度也越高。

Bréon(1993)根据海面的偏振模型改进得到土壤的偏振模型。该模型假定土壤表面微粒镜面反射产生偏振光，且不考虑入射和出射的衰减。虽然并不是无光线透过土壤，但假定这个过程造成的偏振可以忽略不计。这个模型假定地

表由各向同性微粒组成(粗糙地表),认为地表被不同半径的微粒覆盖。肉眼可见的微粒的表面积与地表面积的比率是2,且每个微粒都是镜面反射,忽略阴影。

假定水平表面S,远大于粗糙度大小。其中有许多单个微粒的法线方向在立体角$\mathrm{d}\omega_n$内。这些微粒的积分表面是

$$\mathrm{d}S = S\frac{\mathrm{d}\omega_n}{\pi} \tag{3-76}$$

这些微粒反射偏振辐射通量$\mathrm{d}E\uparrow(\omega_\mathrm{v})$到方向$\omega_\mathrm{v}$:

$$\mathrm{d}E\uparrow = E\downarrow\cos\gamma Fp(\gamma)\mathrm{d}S \tag{3-77}$$

其中,辐射通量$E\downarrow$和$\mathrm{d}E\uparrow$是测量的分别垂直于入射和反射的光线。利用简单的三角学知识可以得出

$$\begin{gathered}\mathrm{d}\omega_\mathrm{v} = 4\cos\gamma\mathrm{d}\omega_n \\ \mathrm{d}E\uparrow = \frac{E\downarrow Fp(\gamma)S\mathrm{d}\omega_\mathrm{v}}{4\pi}\end{gathered} \tag{3-78}$$

反射偏振辐射是

$$L\uparrow(\omega_\mathrm{v}) = \frac{E\downarrow Fp(\gamma)}{4\pi\cos(\theta_\mathrm{v})} \tag{3-79}$$

根据反射率的定义,可得裸土的偏振反射率是

$$R_\mathrm{P} = \frac{Fp(\gamma)}{4\cos(\theta_\mathrm{s})\cos(\theta_\mathrm{v})} \tag{3-80}$$

这个方程不满足边缘观测或入射,因为在这些角度处结果为无穷大,方程忽略了微粒间阴影的互相遮掩。尽管如此,角度较小时它也会得出与实测一致的结果。

3.4 地表的偏振贡献对气溶胶遥感反演影响

根据前面分析可知,不同地表的偏振反射率存在明显的区别,即使是相同的地表,不同的植被归一化指数(normalized difference vegetation index, NDVI)值也会导致偏振反射率存在差异。

为了直观反映NDVI对森林双向偏振分布函数(bidirectional polarization distribution function, BPDF)的影响,我们首先根据这三组数据的平均值计算得到

模型的参数(表3-1)，其 α、β 值分别为0.00743和119.628，然后计算出BPDF的变化范围。

表3-1 不同NDVI的森林类型的Nadal BPDF模型参数

序号	NDVI	α	β
1	0.53	0.006726091	78.541604
2	0.45	0.006875161	141.04407
3	0.42	0.008682622	139.29888

图3-3中绘制了三个不同的NDVI值对应的森林多角度偏振数据，黑色曲线是根据三组数据拟合出来的平均BPDF模型。从图中可以看出，如果在反演时采用平均模型，就会对不同NDVI值的地表上空的气溶胶反演带来影响。以散射角100°为例，根据偏振数据计算得到的反射率与平均值之间的误差为0.15%~0.2%。

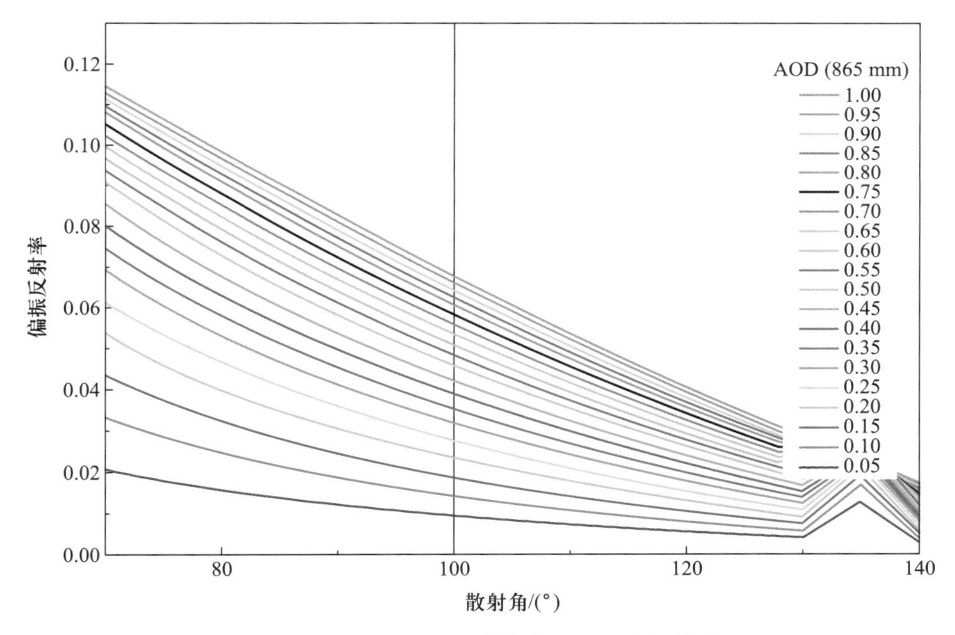

图3-3 多角度偏振反射率与光学厚度的关系

为了定量地分析地表偏振反射率对气溶胶反演的影响，研究采用模拟的方式分析不同光学厚度下气溶胶对偏振反射率的贡献。模拟的气溶胶模式的输入参数为：单峰对数正态分布；粒子谱中值半径为0.15 μm；方差为0.53；复折射指数为1.47-i0.01；模拟的光线位于主平面上(即相对方位角为0°或者

180°)；太阳天顶角为45°；观测天顶角的取值范围为[0°，170°]，间隔为5°；光学厚度的取值范围为[0，1]，间隔为0.05。

从图3-3可以看出，多角度偏振反射率与光学厚度呈正比。当光学厚度固定时，偏振反射率与散射角整体呈反比关系，散射角在180°附近的偏振反射率接近于0。散射角为100°时，光学厚度对应的偏振反射率如表3-2所示。

表3-2 模拟计算的光学厚度和对应的偏振反射率(散射角为100°)

光学厚度	偏振反射率	光学厚度	偏振反射率	光学厚度	偏振反射率	光学厚度	偏振反射率
0.05	0.007357	0.30	0.024095	0.55	0.037192	0.80	0.047466
0.10	0.010859	0.35	0.026856	0.60	0.039247	0.85	0.048933
0.15	0.014284	0.40	0.029616	0.65	0.041302	0.90	0.050400
0.20	0.017709	0.45	0.032377	0.70	0.043357	0.95	0.051866
0.25	0.020902	0.50	0.035137	0.75	0.045412	1.00	0.053333

从表3-2中可以看出，针对模拟模型，当散射角固定为100°时，偏振反射率随光学厚度非线性地增大。当光学厚度较小时，光学厚度每增加0.05，偏振反射率增加0.35%左右，当光学厚度达到0.8左右时，光学厚度每增加0.05，偏振反射率增加约0.03%。同时考虑到光学厚度较大时，偏振光线的透过率随之降低，当地表偏振反射率变化0.15%~0.2%时，对光学厚度的影响大致为0.03~0.04。特别是当气溶胶光学厚度较低时，地表的贡献与大气的贡献的量级相当，地表偏振反射率的变化对最终的反演影响也较大。

假设气溶胶为单次散射，Deuzé等(2001)研究了地表偏振反射率的误差对气溶胶光学厚度的影响，并提出

$$\Delta\tau = \frac{4\mu_s\mu_v\Delta R_p^{Surf}}{\omega_0 P} \tag{3-81}$$

其中，P为气溶胶模式的相函数；ω_0为单次散射反照率。不同气溶胶模式的$\omega_0 P$值会有较大变化。$4\mu_s\mu_v$随着不同的太阳天顶角和观测天顶角变化，典型值为2，因此根据公式(3-80)可知，地表偏振反射率10^{-3}的误差会导致气溶胶光学厚度出现0.04左右的误差，其结论与我们实际模拟的结果相似。在实际反演中，亮地表如裸土、灌木、城市区域的地表偏振反射率比森林类型的偏振反射率要大，因此地表偏振反射率的变化也较大，对光学厚度的影响也不会低于0.03，所以在进行气溶胶光学厚度反演时，选择准确的地表偏振反射率模型能降低反演的误差。

根据上述基于多角度偏振探测仪(directional polarimetric camera，DPC)偏振

反射率数据的分析，可知单参数 BPDF 模型的反演精度与 Nadal 模型接近，其优点是考虑了 NDVI 的影响，可以自适应地反映相同类型地表在不同地点和季节的偏振反射率差别，因此单参数 BPDF 模型更适用于反演气溶胶光学厚度。

为了直观地反映不同地表类型对大气层顶(TOA)偏振反射率的贡献，本节分析了不同地表在不同的 NDVI 值时的地表偏振反射率对 TOA 的影响，并将其与气溶胶的偏振贡献进行比较。研究采用东亚地区两种典型的气溶胶模式来进行模拟，一种是细粒子主导，另一种是粗粒子主导(表 3-3)。

表 3-3 两种典型气溶胶类型(Lee et al., 2010)

参数	细粒子主导	粗粒子主导
C_f	0.269	0.130
R_f	0.257	0.208
S_f	0.535	0.619
C_c	0.192	1.039
R_c	2.580	2.241
S_c	0.568	0.531
m_{r490}	1.478	1.549
m_{r665}	1.483	1.549
m_{r865}	1.483	1.537
m_{i490}	0.0099	0.0049
m_{i665}	0.0074	0.0024
m_{i865}	0.0078	0.0023
SSA_{490}	0.929	0.905
SSA_{665}	0.943	0.950
SSA_{865}	0.935	0.953
$\alpha_{665\_865\ nm}$	1.345	0.592

注：下标 490、665、865 分别表示 490 nm、665 nm、865 nm 波长。m_r、m_i 分别表示复折射指数的实部和虚部。谱分布假定为双峰对数正态分布，其中参数 C 为体积浓度、R 为中值半径、S 为标准差。SSA 为单次散射反照率。$\alpha_{665_865\ nm}$表示 665~865 nm 波段范围内的 Ångström 指数。

表 3-3 中 $\alpha_{665_865\ nm}$是根据 665 nm 和 865 nm 波段的气溶胶光学厚度计算得到的 Ångström 指数。地表偏振反射率对 TOA 的贡献的公式如下：

$$R_p^{Surf\_TOA} = R_p^{Surf} T_\lambda^\downarrow(\theta_s) T_\lambda^\uparrow(\theta_v) \tag{3-82}$$

根据单参数 BPDF 模型模拟地表对 TOA 的偏振贡献。$T_{\lambda}^{\downarrow}(\theta_s)$为向下的大气透过率，$T_{\lambda}^{\uparrow}(\theta_v)$为向上的大气透过率。透过率的计算与气溶胶模式及光学厚度有关。大气的偏振贡献包括分子贡献和气溶胶的贡献，采用 RT3 进行计算。模拟参数的光学厚度以 865 nm 为基准，取值为 0.2，490 nm 和 665 nm 的光学厚度根据 Mie 得到的不同波段的消光系数来计算。模拟的观测位置位于主平面上，太阳入射角为 45°，考虑到后向散射的偏振较弱，模拟中只考虑散射角小于 130°时的观测值。

图 3-4 每行从左往右分别对应波长为 490 nm、670 nm 和 865 nm。每张图中下方的填充区域代表了地表在设定的 NDVI 取值范围内的偏振反射率变化量，填充区域的上边界为最大的偏振反射率贡献，下边界为最小的偏振反射率贡献。红色代表了大气的整体贡献(分子贡献+气溶胶贡献)，蓝色为分子贡献，青色为气溶胶贡献。

从图 3-4 可以看出，气溶胶模式为细粒子主导的大气对 TOA 的贡献随着波长的增加而减少，分子的贡献也随着波长的增加而减少，气溶胶的贡献则相反，随着波长的增加而增加。大量研究表明，地表的偏振反射率与波长无关，但是由于不同波段的光学厚度不同，透过率随着波长的增加而减小，导致同一地表类型的偏振反射率贡献随着波长的增加而增加。490 nm 波段的所有地表的偏振反射率贡献都要高于气溶胶的贡献，因此该波段不适用于气溶胶参数反演。665 nm 波段与 865 nm 波段的地表偏振反射率贡献与气溶胶贡献大致相当，可以用于气溶胶参数反演。在所有地表类型中，森林类型的地表对 TOA 的偏振反射率贡献最小，而且在 665 nm 和 865 nm 波段处的贡献均小于气溶胶的贡献，因此森林等浓密植被类型最适合反演气溶胶参数。草地类型、灌木类型和农田类型的地表贡献与气溶胶贡献相当，其 NDVI 的变化会对反演精度带来一定的影响。不同角度的道路类型的地表贡献普遍大于气溶胶贡献，其偏振反射率变化对气溶胶反演影响最大。由于阴影、不规则分布等影响，城市建筑的偏振反射率要低于道路类型。但由于城市建筑变化复杂，而且城市中还分布有大量的道路，导致其偏振反射率的变化也较大，因此在利用高分辨率偏振数据反演城市上空的气溶胶光学厚度时，必须将道路单独分割出来，否则会造成较大的反演误差。

由图 3-4 可知在所有陆地地表类型中，森林地表的偏振贡献最小，所以我们采用该类型的地表贡献来与粗粒子主导的气溶胶模式大气贡献进行比较。由图 3-5 可以看出，粗粒子主导的气溶胶模式的大气整体偏振贡献和分子偏振贡献与细粒子均相似，其随着波长的增加而减少。但是气溶胶的贡献在每个波段都小于森林地表的偏振贡献，说明粗粒子主导的气溶胶为弱偏振，因此所有地表上空仅用偏振信息均无法准确反演粗粒子主导的气溶胶光学参数。

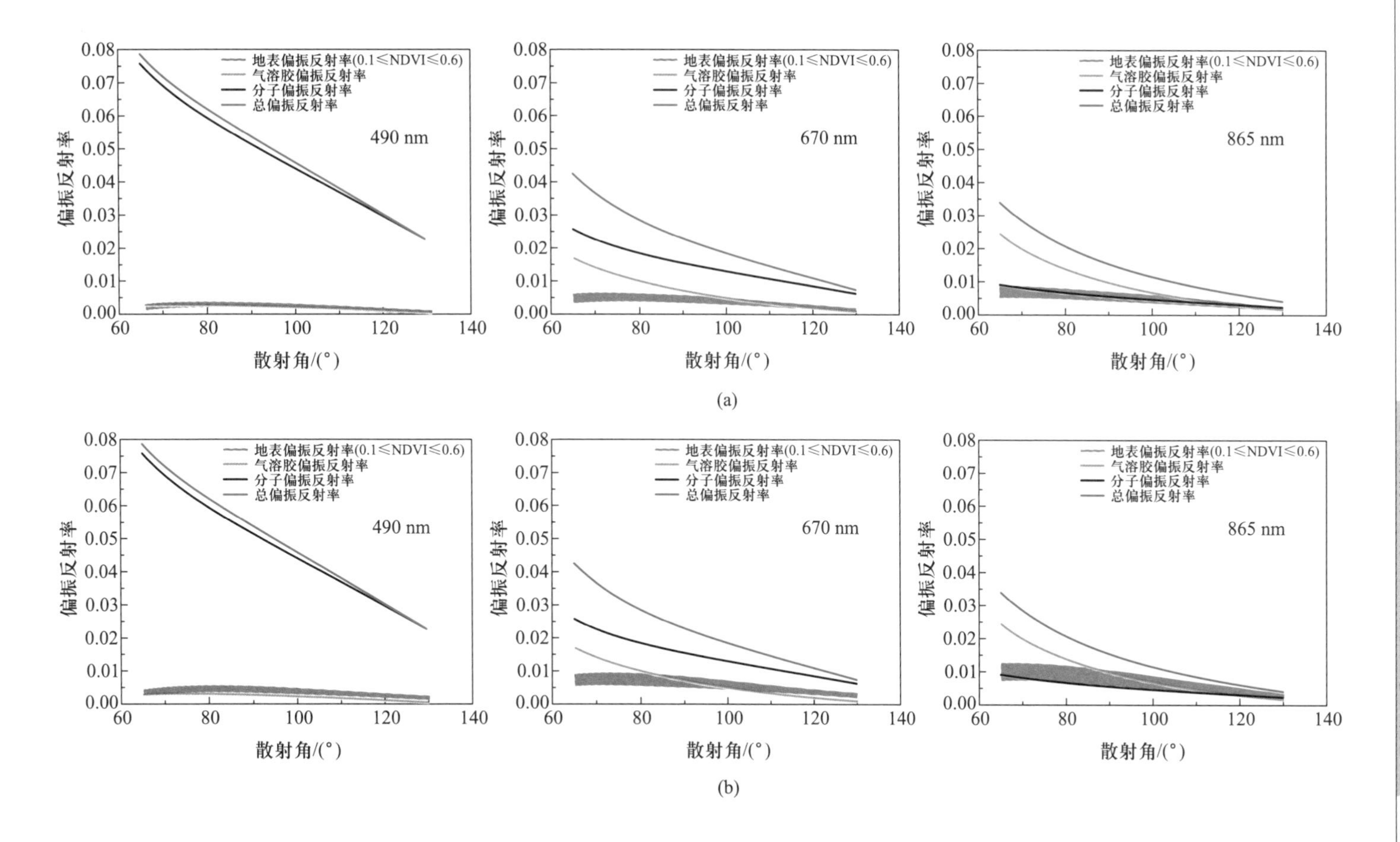

地表偏振反射率(0.1≤NDVI≤0.6)
气溶胶偏振反射率
分子偏振反射率
总偏振反射率
490 nm
670 nm
865 nm
偏振反射率
散射角/(°)
0.08
0.07
0.06
0.05
0.04
0.03
0.02
0.01
0.00
60
80
100
120
140

(a)

(b)

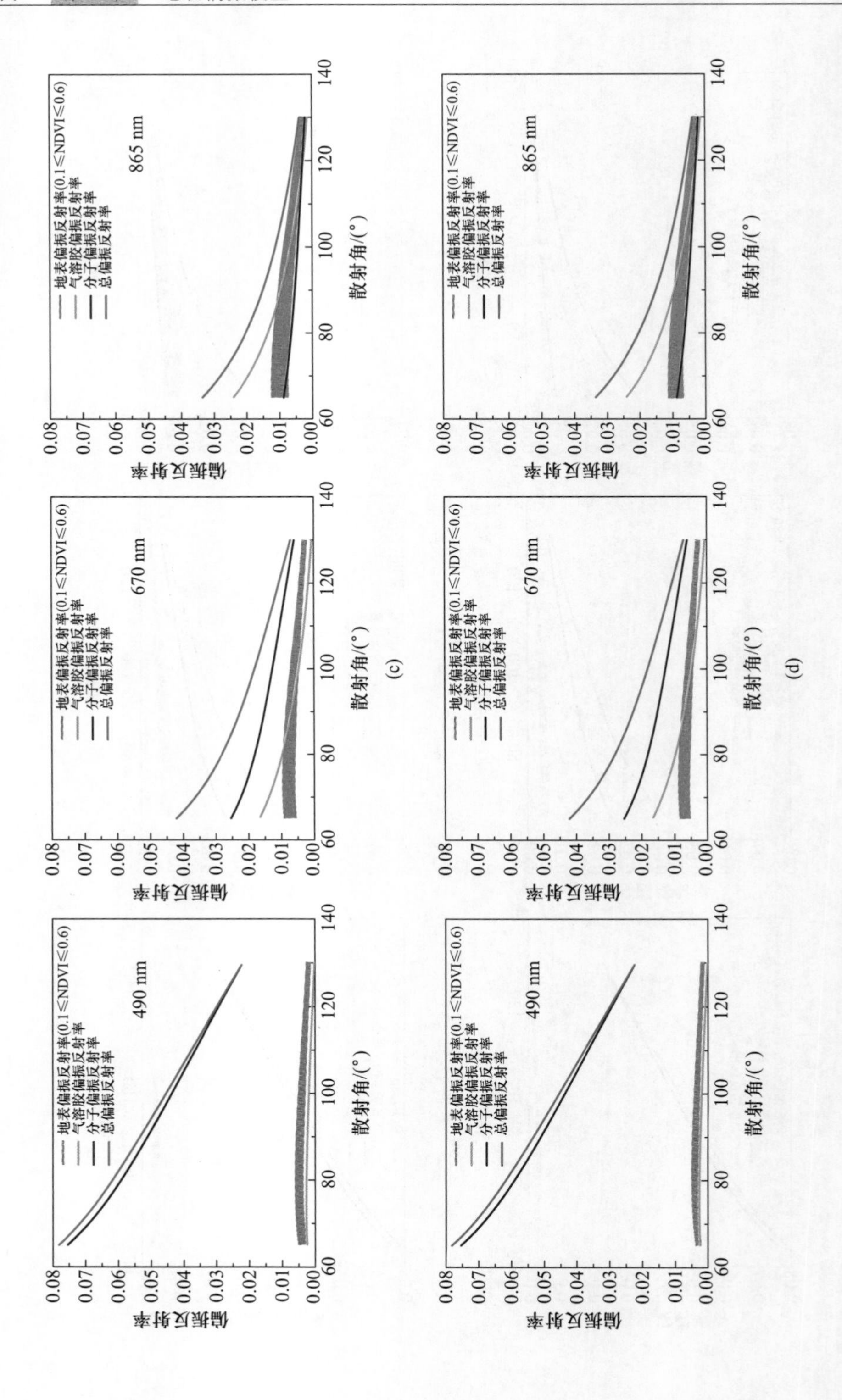
地表偏振反射率(0.1≤NDVI≤0.6)
气溶胶偏振反射率
分子偏振反射率
总偏振反射率
490 nm
670 nm
865 nm
偏振反射率
散射角/(°)
0.00
0.01
0.02
0.03
0.04
0.05
0.06
0.07
0.08
60
80
100
120
140

(c)

(d)

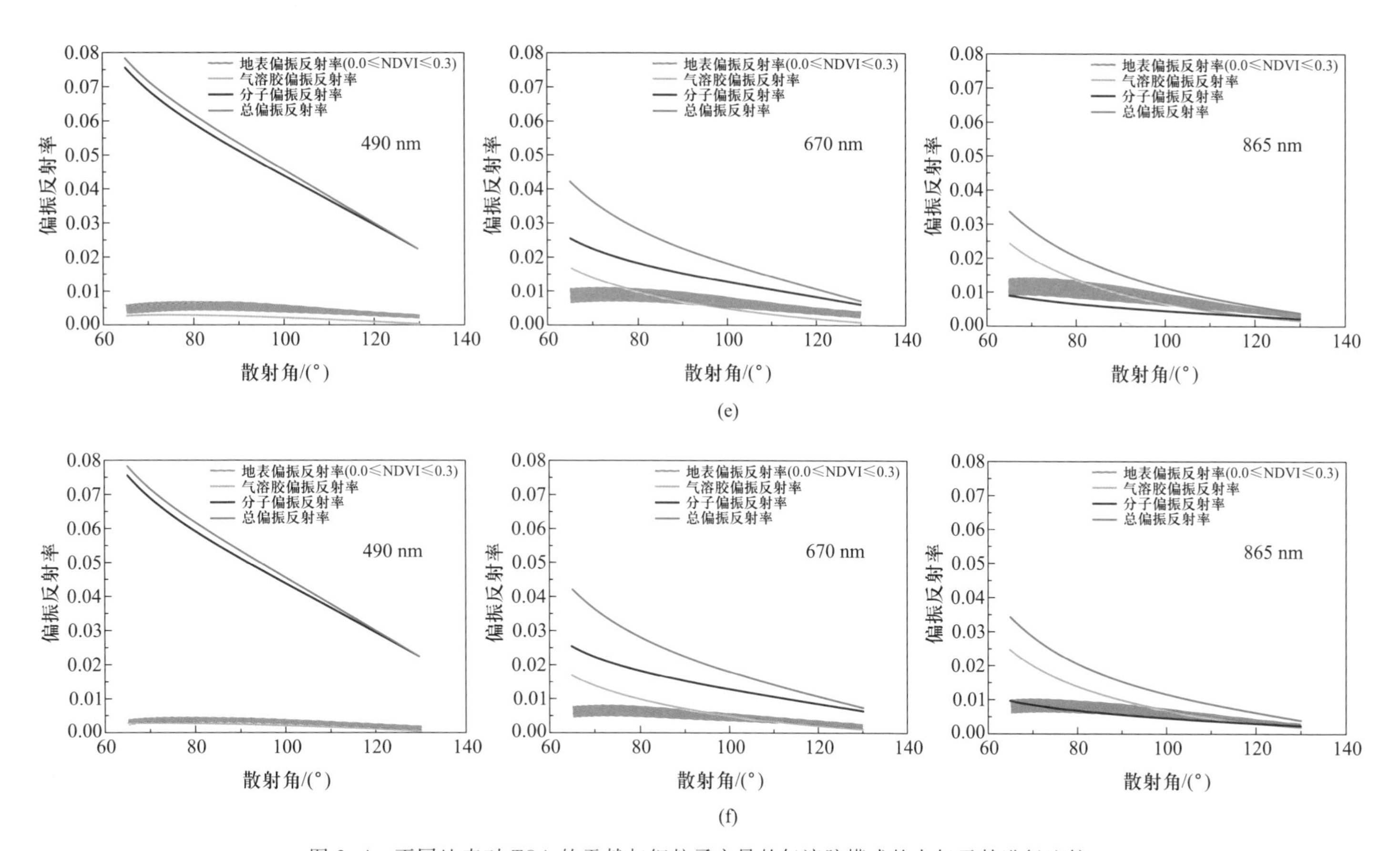

图 3-4 不同地表对 TOA 的贡献与细粒子主导的气溶胶模式的大气贡献进行比较：

（a）森林；（b）草地；（c）灌丛；（d）农田；（e）道路；（f）建筑物

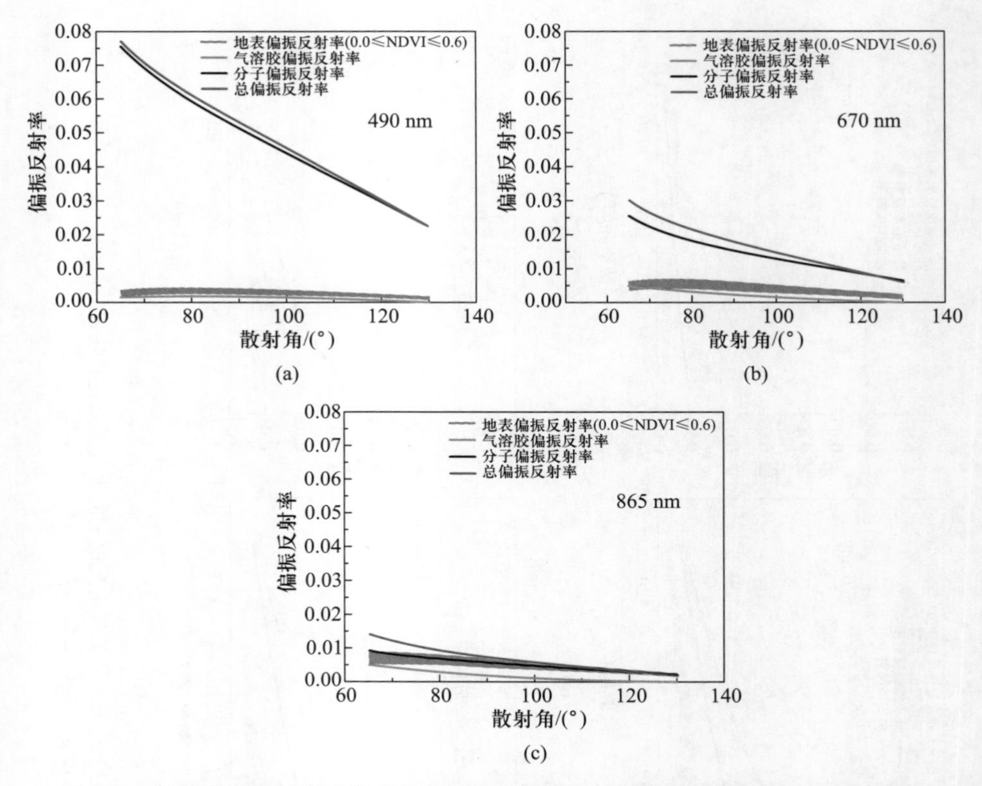

图 3-5 粗粒子主导气溶胶模式的大气偏振贡献与森林地表对 TOA 偏振贡献的比较

第 4 章

地基多角度偏振观测大气气溶胶

4.1 地基多角度偏振遥感观测

相对于气溶胶卫星观测，地基观测对于气溶胶监测或者对地遥感中去除气溶胶的影响起到了推动和保证有效性的重要作用。地基观测包括太阳直射观测、前向散射观测和后向散射观测，不易受到地表反射的影响，并且地基观测能够比卫星观测获得更多的关键参数(Herman et al., 1997; Kaufman et al., 1997a; Vermote et al., 1997)。

在过去几十年间，相当多的科学家一直致力于发展出更可靠的气溶胶地基观测仪器并改善反演方法。经过精确定标，通过太阳直射辐射观测可以获得较高精度的气溶胶光学厚度(约为 0.01)。太阳光晕辐射测量应用也十分广泛，可用于反演气溶胶前向散射相函数。通过以上观测，可以获得气溶胶的粒径分布(King et al., 1978)。Kaufman 等(1994)使用 0°~120°散射角的平纬圈测量值来反演气溶胶散射相函数和尺度谱分布，随后 Nakajima 等(1996)对此方法进行了改进。此外，Wang 和 Gordon(1993)及 Devaux 等(1998)指出对于天空光的较大范围的散射角观测可以用于气溶胶单次散射反照率的反演，对于多波段的相函数和消光的分析可以对粒子的复折射指数提供一定的指示作用。

Vermeulen 等(2000)还加入了天空辐射的角分布以及在太阳主平面内的偏振观测。对于太阳主平面的观测可以用于反演在较大散射角度范围内的更小尺度的气溶胶相函数。同时，Sekera(1957)指出极化的天空光辐射对于大气中的气溶胶含量十分敏感，因此可以提供气溶胶的复折射指数信息。由于多重散射和地面反射的影响，使得计算太阳主平面的过程要比直射传输和分子散射复杂得多。此外，由于分子散射能有效地产生偏振光，它可以很大程度上掩盖气溶胶的偏振特征。因此，要想反演较大角度的高精度气溶胶散射性质，就需要去除测量过程中的地面反射、分子散射和多重散射的影响。

气溶胶的反演包括反演气溶胶光学参数和物理特性。首先是利用一个将计算的气溶胶参数和真实的光参数联系起来的物理模型反演气溶胶单次散射反照率，然后利用反演得到的单次散射反照率结合测量的天空辐射和偏振角分布，通过包含偏振的辐射传输，获得气溶胶的散射相函数和偏振相函数。最后利用谱光学厚度、散射相函数和偏振相函数通过约束线性反演同时得到粒子谱分布、复折射指数的实部和虚部(图 4-1)。表 4-1 给出了其中涉及的各参数的含义。

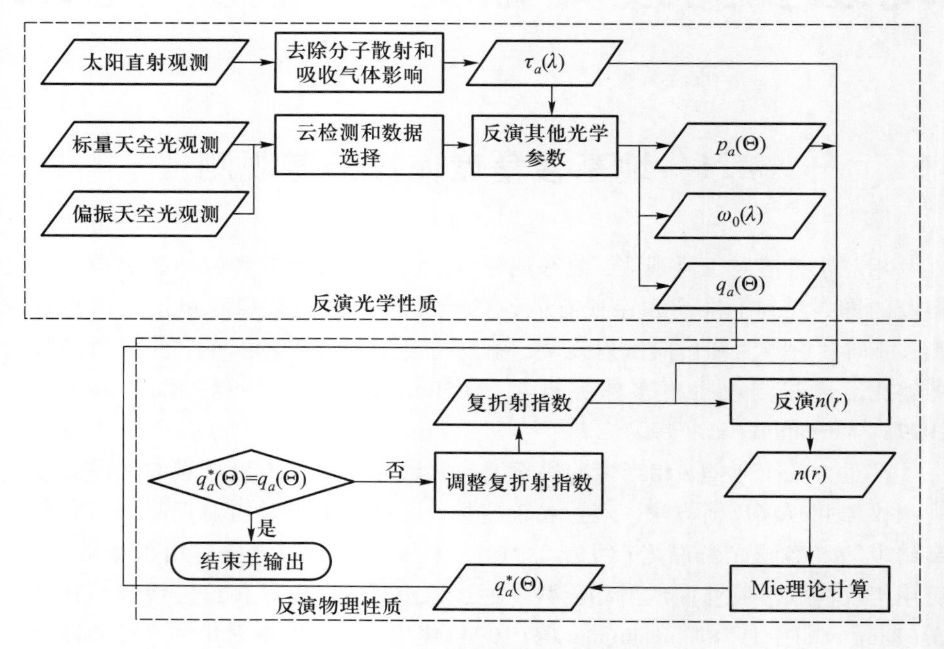

图 4-1 多角度偏振算法反演方案

表 4-1 各参数含义

参数	含义	参数	含义
$\tau_a(\lambda)$	气溶胶光学厚度	$q_a(\Theta)$	偏振相函数
$\omega_0(\lambda)$	单次散射反照率	$q_a^*(\Theta)$	用 Mie 理论计算的偏振相函数
$p_a(\Theta)$	散射相函数	n_r	折射指数实部
$n(r)$	粒子谱分布	n_i	折射指数虚部

4.1.1 观测技术和设备

(1) 全自动太阳-天空辐射光度计 CE318

① 简介。CE318 是法国 CIMEL 公司制造的一种自动跟踪扫描太阳辐射计。该仪器在可见光-近红外波段设有 10 个观测通道(1020 nm、1640 nm、870 nm、670 nm、440 nm、500 nm、1020i nm、936 nm、380 nm、340 nm),带宽均为 10 nm。它不仅能自动跟踪太阳进行太阳直接辐射测量,而且可以进行太阳等高度角天空扫描、太阳主平面扫描和极化通道天空扫描。CE318 从早晨大气质量数为 6(太阳高度角约为 9°)时开始自动工作,到下午大气质量数为 6(日落)时结束观测,并自动回到原点位置。湿度传感器控制仪器在有降水时停止工作。仪器安装、调试后,自动进行数据采集。CE318 各通道太阳直射辐射测量和天空散射测量信号值,可用来反演气溶胶的光学参数和微物理特性参数,如气溶胶光学厚度、单次散射反照率、偏振相函数、粒子谱分布和复折射指数等。

仪器主体的主要部件包括:

- 双轴步进马达系统:控制仪器天顶向和方位向的转动;
- 光学头和进光筒:光学头部包括滤光片和四象限仪;
- 控制盒:仪器参数设置,包括经纬度、增益系数、数据传输设置等;
- 粗缆线:控制滤光片轮的转动和数据传输。

② 测量原理。

- 大气光学厚度:地面测得的直射太阳辐射 E(W/m^2)在特定波长上根据 Bouguer 定律,有

$$E = E_0 R^{-2} \exp(-m\tau) T_g \tag{4-1}$$

其中,E_0 是在一个天文单位(AU)距离上的大气外界的太阳辐照度;R 是测量时刻的日地距离(AU);m 是大气质量数;τ 为大气总的垂直光学厚度;T_g 为吸收气体透过率。若仪器输出电压 V 与 E 成正比,则公式可写成

$$V = V_0 R^{-2} \exp(-m\tau) T_g \tag{4-2}$$

其中,V_0 是定标常数,在大气相对稳定条件下,进行不同太阳天顶角情况下的太阳直射辐射测量,仪器输出电压 V 是 m 的函数,V_0 是从一系列观测值外插到 m 为 0 时的电压值 V。由 $\ln V+\ln R^2$ 与 m 画直线,直线的斜率就是垂直光学厚度$-\tau$,截距就是太阳光度计在大气外界测得的电压信号 V_0,这就是常说的 Langley 法。大气总的消光光学厚度 τ 由瑞利分子散射、气体吸收消光(如臭氧和水汽)和气溶胶散射三部分组成:

$$\tau = \tau_r + \tau_\alpha + \tau_g \tag{4-3}$$

其中，瑞利光学厚度 τ_r 由地面气压测值计算出来，在可见光近红外波段气体吸收主要是臭氧和水汽的吸收。在没有气体吸收的通道，等式右边的第三项可以忽略，从总的光学厚度减去瑞利光学厚度，气溶胶的光学厚度就计算出来。

● 气溶胶参数：对于气溶胶光学厚度，假定气溶胶粒子谱分布遵循容格(Junge)分布，垂直大气柱气溶胶粒子尺度谱分布如下：

$$n(r)=\frac{\mathrm{d}N(r)}{\mathrm{d}r}=c(z)r^{-(v+1)} \tag{4-4}$$

其中，r 是球形粒子的半径；$N(r)$ 为单位面积上气溶胶粒子总数；v 是 Junge 参数；因子 $c(z)$ 与高度 z 有关，正比于气溶胶的浓度。在 Junge 气溶胶谱类型和气溶胶复折射指数与波长无关条件下，气溶胶光学厚度与波长的关系满足如下公式

$$\tau_a(\lambda)=k\lambda^{-v+2} \tag{4-5}$$

其中，k 为 Ångström 大气浑浊度系数，是波长 1 μm 处大气气溶胶光学厚度。由式(4-5)可知，我们可以通过测量气溶胶光学厚度的谱分布就能求出 v 和 k，利用 v 和 k 继而可以求出其他波长上的气溶胶光学厚度。

● 改进 Langley 法：在地面测得的直射太阳辐射信号在 940 nm 附近水汽吸收带不符合 Bouguer 定律，Bouguer 指数消光定律是对单色辐射而言。Bruegge 等(1992)指出，水汽透过率这时用两个参数表达式来模拟：

$$T_w=\exp(-aw^b) \tag{4-6}$$

其中，T_w 是通道上的水汽吸收透过率；w 是大气路径水汽总量；a 和 b 是常数，在给定的大气条件下，它们与太阳光度计 940 nm 通道滤光片的波长位置、宽度和形状有关，还与大气中的温压递减率和水汽的垂直分布有关。a 和 b 由辐射传输方程模拟来确定。为了在各种大气条件下能有效利用太阳光度计反演水汽量，有必要研究 a 和 b 对这些条件的灵敏度。

在 940 nm 水汽吸收带，太阳光度计对太阳直射辐照度的响应可表示为

$$V=V_0R^{-2}\exp(-m\tau)T_w \tag{4-7}$$

其中，τ 是瑞利散射和气溶胶散射光学厚度，它们相互独立。气溶胶光学厚度通过其他通道(如 870 nm 和 1020 nm)内插得到。斜程的水汽量 $w=m*PW$，PW 为垂直水汽柱总量。将式(4-6)代入并两边取对数，得

$$\ln V+m\tau=\ln(V_0R^{-2})-am^bPW^b \tag{4-8}$$

在稳定和无云大气条件下，以 mb 值为 X 轴，以上式左边为 Y 轴画直线，直线的斜率为 $-aPW^b$，Y 轴截距为 $\ln(V_0R^{-2})$。这就是通常所说的改进 Langley 法。

③ 观测方式。为了通过天空扫描的方式获得不同散射角下的天空辐亮度，共设计了两种扫描方式：太阳主平面扫描（solar principle plan，SPP）和平纬圈扫描（almucantar，ALM）（图 4-2）。SPP 固定观测方位角 ϕ_v 在太阳主平面内，通过改变观测天顶角 θ_v 来进行天空扫描；ALM 则固定观测天顶角 θ_v 等于太阳天顶角 θ_0，并旋转 ϕ_v 来观测天空。

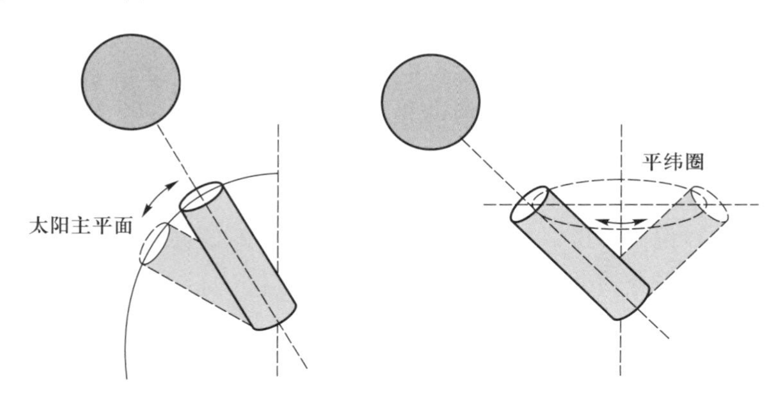

图 4-2 CE318 SPP 与 ALM 扫描方式示意图

SPP 扫描时的散射角为

$$\Theta=\begin{cases}|\theta_v-\theta_0| & \varphi_v-\varphi_0=0^\circ\\ \theta_v+\theta_0 & \varphi_v-\varphi_0=180^\circ\end{cases}\tag{4-9}$$

可获得的散射角范围为 $0^\circ\leqslant\Theta\leqslant\theta+90^\circ$。

ALM 扫描时的散射角为

$$\cos\Theta=\cos^2\theta_0+\sin^2\theta_0\cos(\phi-\phi_0)\tag{4-10}$$

可获得的散射角范围为 $0^\circ\leqslant\Theta\leqslant2\theta_0$。

可以看出，对于通常能够进行测量的最大天顶角 $\theta_0=70^\circ$而言，SPP 可获得最大 160°的散射角，而 ALM 只能达到 140°，另外 SPP 在 θ_0 较小时（如正午前后）仍能获得较大的散射角，而此时通常不使用 ALM，因其能达到的散射角只有几十度。ALM 测量方式的优势在于，假设大气水平分层的话，平纬圈扫描受大气水平不均匀的影响可能较小，并有利于利用对称性测量判断云污染，而主平面垂直扫描的 SPP 则可能受大气不均匀性影响较大；但是考虑地面影响时，情况又反过来，地面双向反射特性（bidiretional reflectance distribution function，BRDF）对 ALM 的影响比对 SPP 的影响要大。

（2）FUBISS-POLAR 仪器

FUBISS-POLAR（Freie Universität Berlin Integrated Spectrographic Systempolarization)是德国柏林自由大学开发的用来测量气溶胶光学性质的仪器(Boesche and Stammes，2006)。FUBISS-POLAR 分别在可见光波段(400～700 nm)和近红外波段(700～900 nm)用中、高光谱分辨率来测量天空散射光的线性偏振程度。FUBISS-POLAR 的光学前段有两个相同的入射装置：一个入射装置通过光学纤维与宽波段光谱仪相连接，测量可见光波段(光谱分辨率为7 nm)；另一个入射装置与近红外的高分辨率光谱仪连接(光谱分辨率2.4 nm)。每一个入射光学装置包括4个入射通道，每个通道包括一个Glan-Thompson 偏振棱镜，各自具有不同的偏振轴方位(0°、45°、90°、135°)和减轻光压力的挡板。这样的设计能够使上层大气的任何位置的入射光进入。可能测量的几何学对象是主平面和高度方位仪。FUBISS-POLAR 偏振光谱仪的技术参数见表4-2。在偏振棱镜轴方位角为 α 的位置测得的偏振测量强度 I_α 和 Stoke 参数 I、Q、U 的关系如下

$$I_\alpha=\frac{1}{2}[I+Q\cos 2(\gamma+\alpha)+U\sin 2(\gamma+\alpha)] \tag{4-11}$$

其中，γ 是主平面上偏振棱镜角的初始位置，可以在不降低普遍性的情况下设为0。

为计算 Stoke 参数 I、Q 和 U，只需要在不同的偏振棱镜角测量三个强度变量。然而，第四个变量会导致过多因素决定的方程式系统和允许粗误差估计的冗余。FUBISS-POLAR 偏振棱镜的横轴方位角是0°、45°、90°和135°。光学前端也包括一个四象限二极管以跟踪太阳位置。另外，还可以连续或者在特定方向观测天空扫描光。FUBISS-POLAR 能够根据积分时间每分扫描主平面或者地平纬圈，所以太阳的相对位置变化微小。因为 FUBISS-POLAR 同时测量强度 $I_{0°}$、$I_{45°}$、$I_{90°}$、$I_{135°}$，可用来测量临时变量对象。与其他偏振测量仪器相比较，该仪器具有明显优势。从随机误差、系统误差、光学电缆误差、仪器偏振和偏振棱镜精确度的调查来看，绝对偏振精确度为1%，线性误差为0.5°。

表4-2 FUBISS-POLAR 偏振光谱仪的技术参数

特征	MCS-VISNIR	MMS-UVVIS
光谱仪数	4	4
通道数	512	256
光谱范围/nm	674～1082	248～790
信噪比	<8100	<10000
波长精度/nm	<0.6	0.3

续表

特征	MCS-VISNIR	MMS-UVVIS
分辨率/nm	2.4	7
视场角/(°)	4	—
太阳线性跟踪精度/(°)	0.07	—
几何测量	主平面、高度方位仪、最高点	—

4.1.2 观测仪器偏振定标

偏振观测在大气成分遥感中具有很多优势，包括高精度的观测值、测量环境中温度变化的稳定性以及光谱和强度测量值非相关性信息(Sekera, 1957; Hansen and Travis, 1974)，然而偏振定标要比辐射定标复杂并且在操作中更加困难。CE318 广泛应用于大气气溶胶的遥感观测，并且其中一部分仪器还具有偏振观测能力，用于提供独特的偏振观测。PHOTONS 发展了基于实验设备的定标系统—POLBOX，一种将积分球作为光源利用平行镜片设备产生参照偏振光的装置。但是，这种 POLBOX 定标方法在对新型带偏振观测的太阳光度计 CE318-DP(波段范围扩展至 340～1640 nm)定标时，无法对紫外波段进行定标。此外，在全球气溶胶自动观测网(AERONET)外有很多带有偏振观测的太阳光度缺少偏振定标的方法，如中国气溶胶遥感监测网(CARSNET)，这些事实反映了发展一种新型可靠便捷的偏振定标技术的紧迫性。Li 等(2010)提出一种基于自然光的可替代定标方法。这种方法可以提供紫外到近红外波段偏振度定标，可以用于野外定标并且不需要任何特别实验设备。

光的线偏振度可以通过 Stokes 参数(I, Q, U, V)定义成$(Q^2+U^2)^{1/2}/I$，这些参数具有同样的单位，I 被定义为净单色能量。为了实现偏振定标，需要已知偏振状态下的参照偏振光作为入射光。这里我们使用光滑表面的反射的自然状态下的太阳光作为定标参照。

利用菲涅尔公式和斯涅耳定律，可以得到空气中反射的太阳光的线偏振度：

$$P=\frac{2n\cos\ \theta_0\ \sin^2\theta_0\sqrt{1-n^2\ \sin^2\theta_0}}{n^2\ \sin^4\theta_0+\cos^2\theta_0(1-n^2\ \sin^2\theta_0)} \tag{4-12}$$

其中，θ_0 是太阳天顶角；$n=n_{air}/n_{ref}$，n_{air}是空气的复折射指数，n_{ref}是相应的反射介质的复折射指数。

空气的复折射指数可以通过以下公式近似计算：

$$n_{\text{air}}=1+\left(8342.13+\frac{2406030}{130-\lambda^{2}}+\frac{15997}{38.9-\lambda^{-2}}\right)\times\frac{1.04126\times10^{-5}}{3671T-2733.65}p \tag{4-13}$$

这里我们忽略二氧化碳和水蒸气的影响(340~1640 nm 波段的不确定性为 2×10^{-6})。对于水的复折射指数，可以通过以下公式计算：

$$\frac{n_{\text{water}}^{2}-1}{(n_{\text{water}}^{2}+2)\rho'}=a_0+a_1\rho'+a_2T'+a_3(\lambda')^2T'+\frac{a_4}{(\lambda')^2}+\frac{a_5}{(\lambda')^2-(\lambda'_{\text{UV}})^2}+\frac{a_6}{(\lambda')^2-(\lambda'_{\text{IR}})^2}+a_7(\rho')^2 \tag{4-14}$$

其中，$T'=T/273.15$，T 是热力学绝对温度；$\lambda'=\lambda/0.589$，λ 是波长。公式适用于波长范围为 0.2~1.9 μm 的波段，其误差不超过 0.001。此外，水的质量密度可以近似的通过以下公式计算

$$\rho=1000\times\left[1-\frac{T+15.7914}{508929.2\times(T-205.02037)}\times(T-277.1363)^2\right] \tag{4-15}$$

利用天文学公式，太阳的天顶角可以通过时间以及经纬度得到。

我们可以从理论上估算水面反射太阳光的线偏振度(这里假设的气压范围为 600~1013.5 hPa，温度范围为 0~40 ℃，波长范围为 0.34~1.64 μm)。通过误差传播定律，可以获得每项的不确定度的估计值，并绘制出线偏振度的不确定值(图 4-3)。

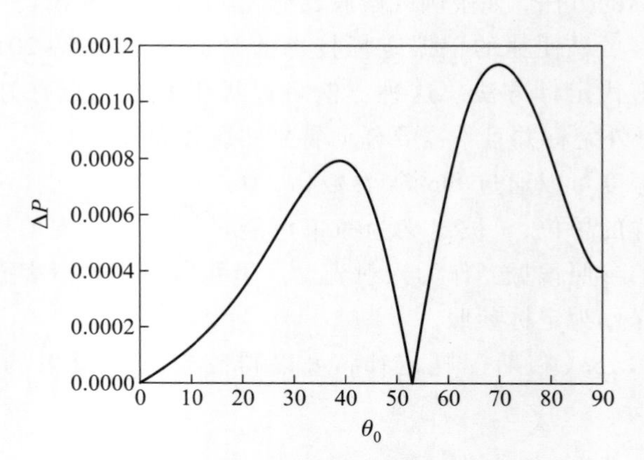

图 4-3 线偏振度的不确定性

(1) 通道配准

天空光产生偏振一般是由于大气中的气溶胶粒子和分子的散射导致，任何偏振光都可以看作由自然光(非偏振)和完全偏振光组成。在两个相互正交的方向 q、r 上可以确定线偏振度：

$$P=\frac{q-r}{q+r} \tag{4-16}$$

通过衰减器测得的偏振强度为

$$L_{\mathrm{p}}=\frac{T}{2}(I^{\mathrm{in}}+PQ^{\mathrm{in}}\cos 2\psi+PU^{\mathrm{in}}\sin 2\psi) \tag{4-17}$$

其中，上标 in 表示入射光；T 表示总透射度；ψ 表示与起偏器偏振方向的夹角。一种普遍获得入射光强度的方法是测量不同 ψ 角度下的 L_{p} 值，并通过一系列的联立方程反演$(Q^2+U^2)^{1/2}/I$。其中用到了 CE318 的三个偏振通道（通道之间起偏器的夹角角度为 60°），通过三个通道的连续观测，可以获得线偏振度：

$$\begin{aligned}P&=\frac{\sqrt{Q^2+U^2}}{I}\\&=\frac{\sqrt{\left(\frac{P_2+P_3}{T_1w}L_{\mathrm{p}1}-\frac{P_3}{T_2w}L_{\mathrm{p}2}-\frac{P_2}{T_3w}L_{\mathrm{p}3}\right)^2+\frac{1}{3}\left(\frac{P_2-P_3}{T_1w}L_{\mathrm{p}1}+\frac{P_3+2P_1}{T_2w}L_{\mathrm{p}2}-\frac{P_2+2P_1}{T_3w}L_{\mathrm{p}3}\right)^2}}{\frac{P_2P_3}{T_1w}L_{\mathrm{p}1}+\frac{P_1P_3}{T_2w}L_{\mathrm{p}2}+\frac{P_1P_2}{T_3w}L_{\mathrm{p}3}}\end{aligned} \tag{4-18}$$

$L_{\mathrm{p}k}(k=1,2,3)$是测得的偏振强度，$w=P_1P_2+P_2P_3+P_1P_3$，考虑到三个起偏器具有同样的特性，可以设定 $P_1=P_2=P_3=1/\eta$。此外入射强度 $L_{\mathrm{p}k}(k=1,2,3)$ 正比于初始信号 $S_k(k=1,2,3)$，式(4-18)可以变为如下形式

$$P=\frac{2\eta\sqrt{S_1^2+R_{12}^2S_3^2+R_{13}^2S_3^2-R_{12}S_1S_2-R_{13}S_1S_3-R_{12}R_{13}S_2S_3}}{S_1+R_{12}S_2+R_{12}S_3}=\eta P_{\mathrm{meas}} \tag{4-19}$$

$R_{12}=T_1/T_2$，$R_{13}=T_1/T_3$。线偏振度定标可以通过以下两个步骤实现：① 为了纠正三个通道强度相应之间的差异，要对 R_{12}、R_{13}进行定标。② 纠正与偏振效率有关的 P_{meas} 中的系统偏差。

R_{12}、R_{13}在实验室中的定标一般是通过测量积分球的非偏振光来描述不同起偏器之间的透射度差异。对于 CE318 而言，可以获得非偏振的直射太阳光束，因此可以对这两个参数利用直射太阳光定标：

$$R_{12}=T_1/T_2=V_1^*/V_2^*,\ R_{13}=T_1/T_3=V_1^*/V_3^* \tag{4-20}$$

其中，V_1^*、V_2^*、V_3^* 表示测量非偏振光时得到的原始信号。

R_{12}、R_{13}的不确定度主要由仪器本身的精度确定，实际仪器的精度主要由接收信号的光度计设计标准决定。对于 CE318，其不确定度为 0.3%；考虑到误差传播定律，R_{12}、R_{13}的不确定度为 0.4%。在确定 R_{12}、R_{13}的不确定度以后，可

以估计 P_{meas} 的不确定度。对于 CE318 仪器，其不确定度如图 4-4 所示。

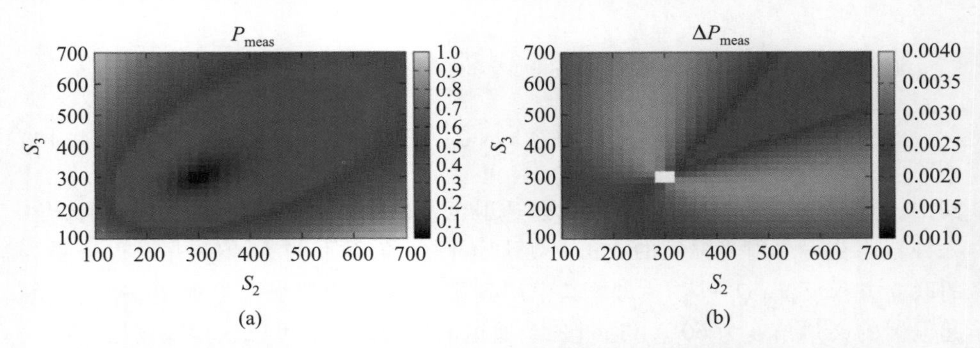

图 4-4 偏振太阳-天空辐射光度计线偏振度模拟结果(a)和相应的不确定度(b)

在此次模拟中，通过场分布获得一系列 S_k 值(通过 DN 值表示)。由图 4-4(b)可知，经过定标的 P_{meas} 平均不确定度为 0.0025(最大值为 0.004)。

(2) 绝对定标

在对通道定标完成后，可以通过对比参照入射太阳光获得定标系数 η(通常需要进行一系列尽可能多的线偏振度观测)。根据 $P=\eta P_{meas}$，如图 4-5(a)所示，可以从理论上得到 $\Delta\eta$ 的不确定性。

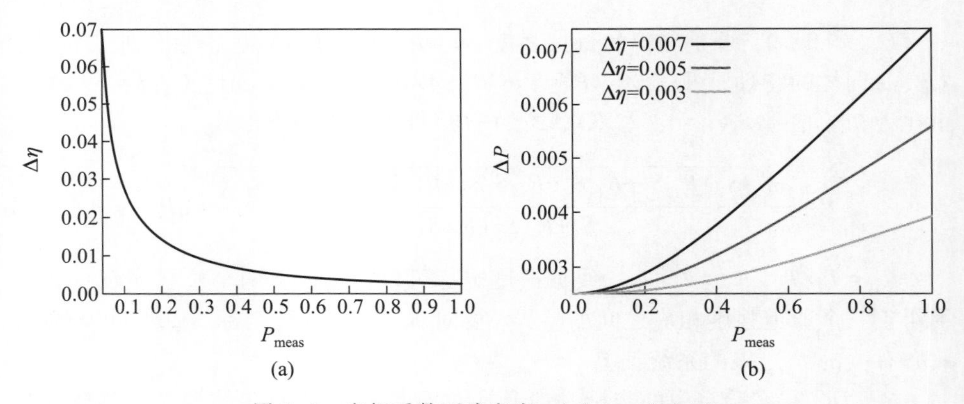

图 4-5 定标系数不确定度：(a) $\Delta\eta$；(b) ΔP

可以看到，$\Delta\eta$ 在 P_{meas} 小于 0.2 时有明显的增加。这说明应尽量避免应用较小的线偏振度对 η 进行定标。经过粗略地估计，如果定标后的 η 落在 0.4~0.8 范围内，$\Delta\eta$ 的平均值应该为 0.005。

线偏振度的最终不确定度可以根据 $P=\eta P_{meas}$ 进行计算：

$$\Delta P=\sqrt{P_{meas}^2(\Delta\eta)^2+\eta^2(\Delta P_{meas})^2} \tag{4-21}$$

图 4-5(b)所示为得到模拟 ΔP 值。可以看出，如果 $\Delta\eta=0.005$，最终的

ΔP 的范围为 0.0025~0.0055，并且 ΔP 值随着 P_{meas} 增加而增加。然而，由于观测的 P_{meas} 往往小于 0.6，最大 ΔP 值应为 0.004。

带偏振的 CE318 太阳光度计利用太阳主平面偏振观测(SPPP)获得天空光的线偏振度分布。它有两个分开的光学通道：一个是硅探测器，另一个是 InGaS(铟镓砷)探测器。硅探测器覆盖的 8 个波段的中心通道为 340 nm、380 nm、440 nm、500 nm、675 nm、870 nm、936 nm 和 1020 nm，而 InGaS 探测器提供的是 1020 nm 和 1640 nm 两个近红外通道。除了 340 nm 和 380 nm 波段的带宽为 2 nm、1640 nm 波段的带宽为 25 nm 外，其余波段的带宽均为 10 nm。图 4-6 显示的是利用太阳光进行定标与实验室积分球方法定标获得的 R_{12}、R_{13} 进行对比验证。

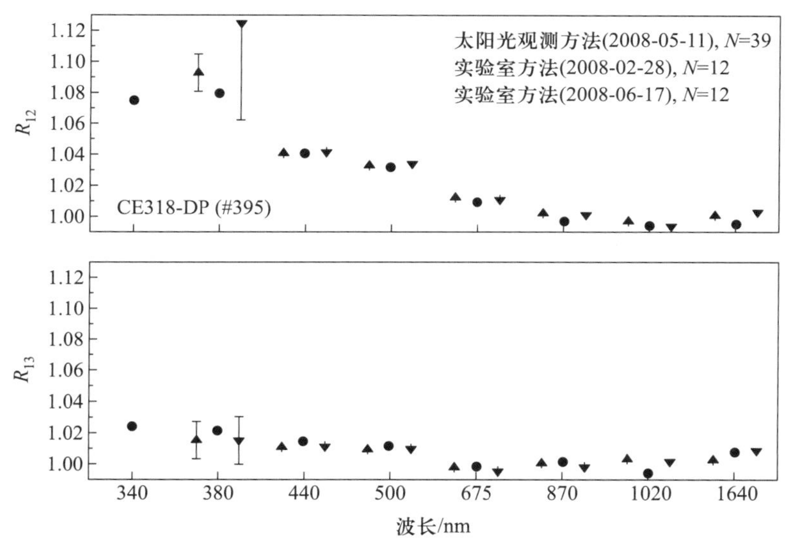

图 4-6 积分球定标方法与天空光方法定标比较

可以看到，① 太阳光观测的方法与实验室积分球方法保持很好的一致性，并且不确定性保持在±0.4%。R_{12} 的 1640 nm 波段和 R_{13} 的 1020 nm 波段误差较大可能是由于不正确的暗电流信号导致。② 紫外波段信号更好，相应的太阳光观测方法比实验室积分球方法更加适合。③ 时间序列变化在三次通道定标中的影响很小，因此可以考虑利用长时间观测手段进行定标。

获得系数以后，可以利用反射太阳光的方法进行线偏振度定标。此次定标实验时间为 2008 年 6 月 10 日，地点在法国里尔。为了降低风对水面的影响，实验是在室内进行的，并且使用黑色塑料器皿来减少底部的二次反射。利用 CE318 的 BCLSUN 功能，可以自动跟踪观测水面反射的太阳光。首先，在天顶角为 28°~42°范围内计算反射太阳光的线偏振度，水和空气的折射指数是通过波长、气压以及温度(通过 CE318 本身记录得到的,实验温度范围为(33±1.3)℃)得到。根据 $P=\eta P_{meas}$ 利用线性拟合的方法对 η 反演。

4.1.3 观测结果及分析

通过观测得到2011年2月22日到2011年3月4日的线偏振度①,3月2日和3月4日440 nm、500 nm、670 nm、870 nm、1020 nm波段的线偏振度要比2月22日高,这是由于气溶胶中存在的细粒子较多,而线偏振度对气溶胶中的细粒子较为敏感。

4.2 地基多角度偏振遥感反演气溶胶光学参数

气溶胶光学参数包括光学厚度、单次散射反照率、散射相函数、偏振相函数等,对大气中辐射传输过程影响重大。Wang 和 Gordon(1993)最早提出一个综合利用地面多光谱、多角度和偏振信息反演气溶胶光学参数的方案,核心算法是利用天空散射反演气溶胶单次散射反照率 ω_0,该算法仅用来反演海洋上空气溶胶。后来 Devaux 等(1998)在考虑地表影响的基础上发展了针对陆地上空气溶胶的反演算法,Vermeulen 等(2000)则提出在反演单次散射反照率的基础上能够同时反演气溶胶相函数和偏振相函数。

Li(2004)在这些工作的基础上,设计了一个利用太阳辐射计观测数据同时反演 $\omega_0(\lambda)$, $p_a(\Theta,\lambda)$ 和 $q_a(\Theta,\lambda)$ 的方案。首先在反演算法中考虑了光谱信息[Devaux 等(1998)和 Vermeulen 等(2000)仅使用单波长],并通过预先估计气溶胶类型来提高极端情况下的反演精度;接着利用接近实测的双模谱气溶胶模型,通过数值试验验证了反演方案;然后结合典型测量不确定性对反演误差进行了估计;最后在天空云污染判识和数据预处理的基础上,基于全球太阳辐射计观测网数据集实现了反演方案。

4.2.1 建立光学特性反演模型

模型的建立基于一个假设的气溶胶参数、计算达到地面的散射辐射和偏振,并将模拟值与测量值互相关联起来。此外,还要考虑地面影响和多次散射的影响。

(1) 辐射传输模型

逐次散射近似法(successive order of scattering, SOS)能够模拟到达地面的散

---

① 陈澄(2011),天空光线偏振度的观测、模拟及其与空气质量相关性分析.中南大学学士学位论文.

射辐射。通过输入气溶胶光学厚度、散射矩阵、单次散射反照率等大气参数，以及指定的太阳和观测者的几何位置，SOS 代码能够计算一阶(单次)散射、高阶(多次)散射以及地面影响并把它们加起来，给出总的散射辐射。图 4-7 所示为 SOS 的输入、输出参数及基本内部过程。

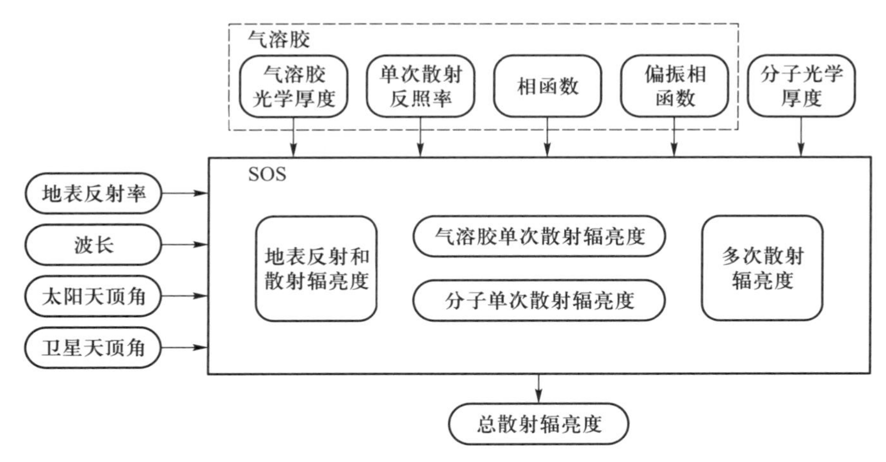

图 4-7 SOS 基本处理过程

(2) 气溶胶和分子散射模型

计算中使用如图 4-8 所示的气溶胶散射相函数 $p_a(\Theta)$ 和偏振散射相函数 $q_a(\Theta)$ 模型，即散射矩阵的前两个元素 P_{11} 和 $-P_{12}$。$p_a(\Theta)$ 和 $q_a(\Theta)$ 是使用 $v=3.6$的 Junge 谱及折射指数 $m=1.4$ 计算的。

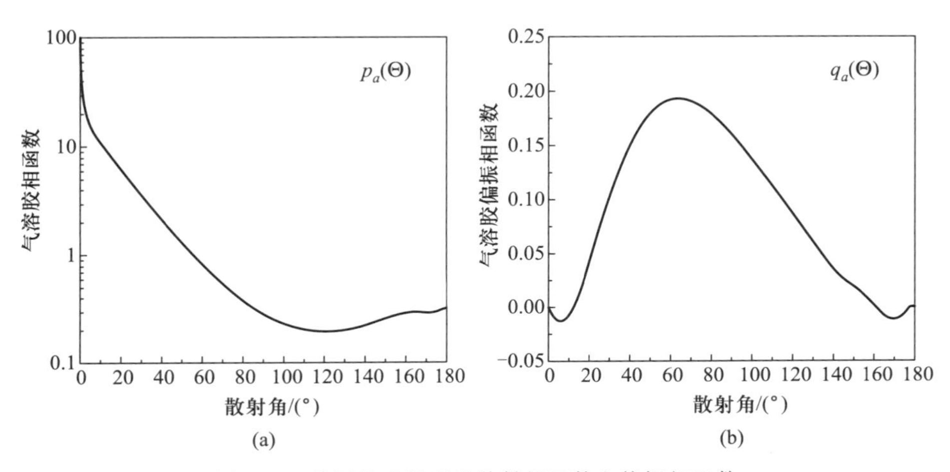

图 4-8 利用模型得到的散射相函数和偏振相函数

瑞利散射光学厚度使用 Hansen 和 Travis(1974)的近似表达式

$$\tau_{R}=0.008524\lambda^{-4}(1+0.0113\lambda^{-2}+0.00013\lambda^{-4})\frac{p}{1013.25}e^{-0.000125H} \tag{4-22}$$

计算中取太阳天顶角 $\theta_0=180°$，观测在太阳主平面进行，即保持观测方位角与太阳方位角相等或差 180°，改变观测天顶角以获得不同的散射角。

(3) 地面影响

地面反射的太阳辐射，经大气散射后再次成为向下天空散射光的一部分，被探测器接收到，此过程可以通过模拟计算衡量其大小并进行订正。图 4-9 使用气溶胶单次散射反照率 $\omega_0=0.85$，并结合气溶胶和瑞利模型计算了归一化辐亮度 L 和偏振辐亮度 L_p：

$$L=\frac{\pi L'}{F_0} \tag{4-23}$$

其中，L'是天空辐亮度，F_0 是大气外界太阳辐照度。图中实线使用地面反照率 $\rho_g=0.2$ 计算，虚线使用 $\rho_g=0$(地表无反射，即无地面影响)计算。可见辐亮度受地表的影响较大，在后向散射时其影响可超过总辐射的 20%，与此同时，偏振辐亮度基本不受地面反射率的影响。

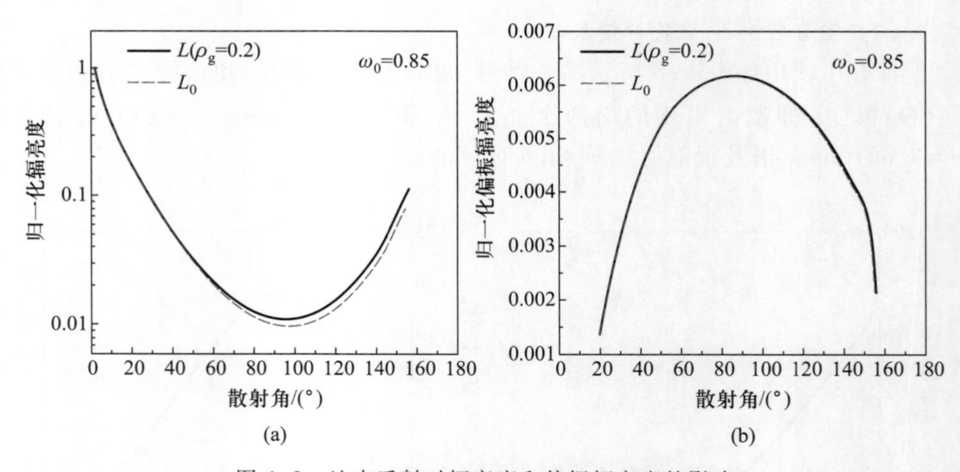

图 4-9 地表反射对辐亮度和偏振辐亮度的影响

图 4-10 显示了在不同 ω_0 下地面的影响[$L(\rho_g=0.2)-L_0$]。这些结果说明，对于从总散射中获取气溶胶单次散射信息而言，必须考虑地面对辐亮度造成的影响，可以使用 $\Delta L_0=L-L_0$ 表示地面对总散射辐射 L 的影响，L_0 表示在辐射传输计算中取地面反射率为 0。

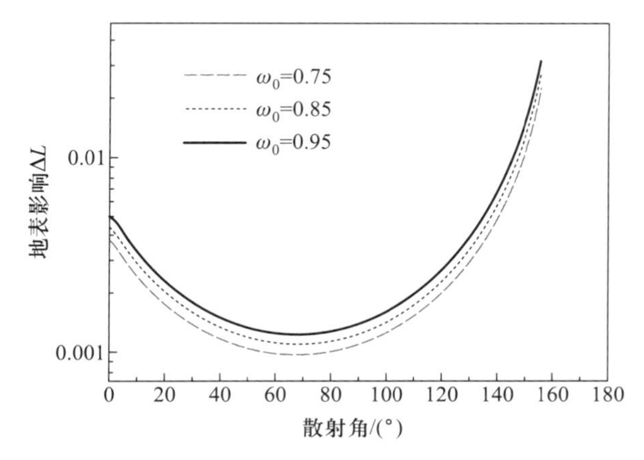

图 4-10 不同气溶胶单次反射率下的地表影响

(4) 分子散射影响

去除地面影响后的总散射 L_0 是气溶胶和大气分子散射的结果，图 4-11 显示的是气溶胶和大气分子散射在其中各占的比重，L_0(气溶胶)表示仅由气溶胶产生的散射，L_0(分子)表示仅由分子产生的散射。相比较于气溶胶较大的前向散射，分子散射在散射角比较小时对辐亮度的影响很小，但对于大的散射角，分子瑞利散射的影响不能忽略。对于偏振辐亮度而言，分子散射成分在后向散射时大于气溶胶散射，需要精确估计分子偏振散射的影响。

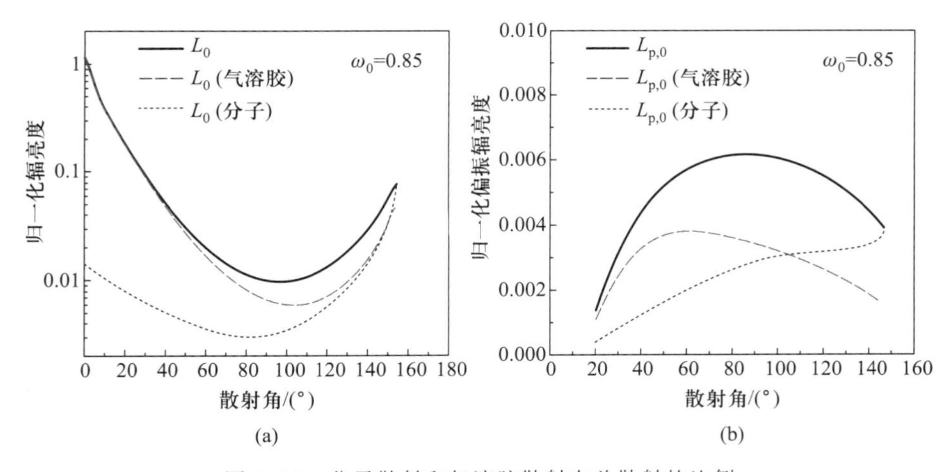

图 4-11 分子散射和气溶胶散射在总散射的比例

(5) 多次散射影响

当光学厚度较小时(例如 0.1)，到达地面的单次散射辐射可做进一步近似(并归一化)

$$L^{(1)}(\Theta) \propto \frac{\omega_0 \tau_a p_a(\Theta) + \tau_m p_m(\Theta)}{4\cos\theta_v} \tag{4-24}$$

$$L_p^{(1)}(\Theta) \propto \frac{\omega_0 \tau_a q_a(\Theta) + \tau_m q_m(\Theta)}{4\cos\theta_v} \tag{4-25}$$

图 4-12 显示了单次散射与多次散射的比值，其中 L_0、$L_{p,0}$分别是扣除地面影响后的多次散射和偏振辐射，可见多次散射在总散射中的影响都应仔细考虑。多次散射的影响与 ω_0 有关(图 4-13)。

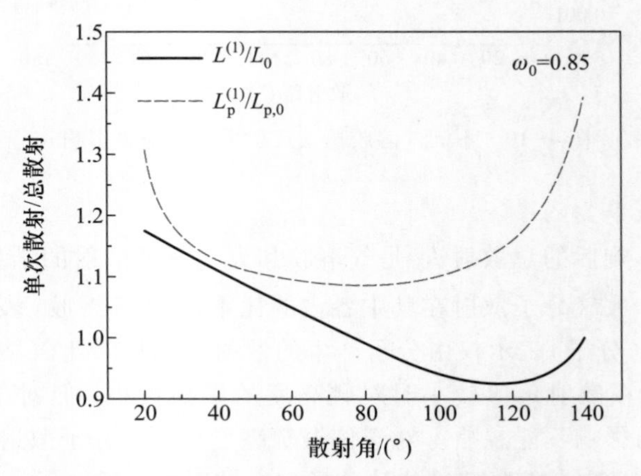

图 4-12 单次散射与总散射比值(去除地面影响)

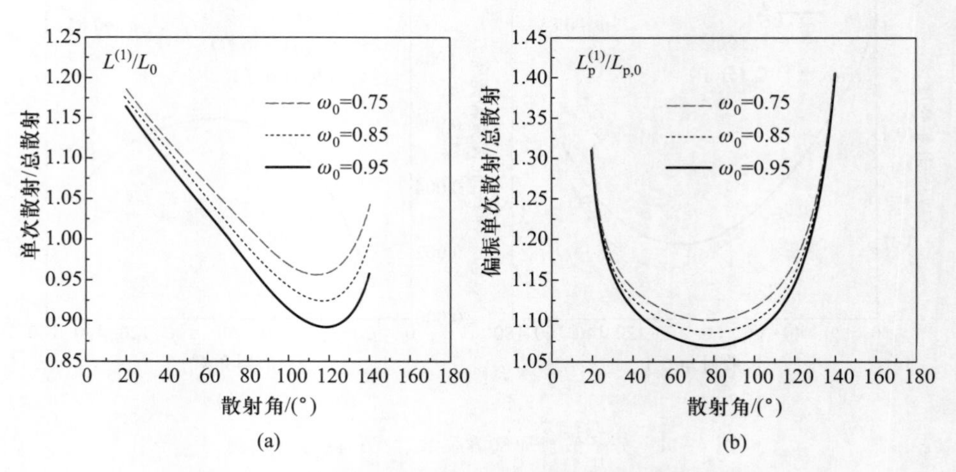

图 4-13 不同单次反射率下多次散射在总散射中的影响

多次散射的影响用比值 $L^{(1)}/L_0$ 表示：

$$\frac{L^{(1)}}{L_0}=\frac{(\omega_0\tau_a p_a+\tau_m p_m)/4\cos\theta_v}{L-\Delta L_0} \tag{4-26}$$

$$\frac{L_p^{(1)}}{L_{p,0}}=\frac{(\omega_0\tau_a q_a+\tau_m q_m)/4\cos\theta_v}{L_p} \tag{4-27}$$

(6) 建立光学参数反演模型

根据相函数的归一化，乘以 $\omega_0(\lambda)$ 可以得到

$$\int_0^{\pi}[\omega_0(\lambda)p_a(\Theta;\lambda)]\sin\Theta\mathrm{d}\Theta=2\omega_0(\lambda) \tag{4-28}$$

计算之前，需要做一系列合理的假设。地面反射和天空多重散射的贡献可以通过 SOS 计算得到，这些贡献是由气溶胶光学厚度和地表反射率决定的。然而，计算结果对于精确的气溶胶散射矩阵不是很敏感。因此可以假定气溶胶的光学厚度已被反演并且地表反射率是已知的，分别用 τ_A^* 和 ρ_g^* 表示，并利用假设模型计算散射相函数 P_A^*。最后，设定一个假设的 ω_0^* 用于反演。

根据假定的 ρ_g^* 和 τ_A^*，以及 ω_0^* 和 P_A^*，通过 SOS 计算得到相应的辐亮度 $L^*=L^*(\tau_A^*,\omega_0^*,P_A^*,\rho_g^*)$ 和 $L_0^*=L_0^*(\tau_A^*,\omega_0^*,P_A^*,0)$，对于实际大气的地面影响订正可以近似为

$$\Delta L^*=L^*-L_0^* \tag{4-29}$$

Devaux 等(1998)指出在模拟计算的基础上，当假设的气溶胶光学参数 $(\tau_A^*,\omega_0^*,P_A^*,\rho_g^*)$ 与实际大气的气溶胶光学参数 $(\tau_A,\omega_0,P_A,\rho_g)$ 接近时，它们的[单次散射/总散射(去除地面影响)]的比值显然也应近似相等。

$$\frac{(\omega_0^*\tau_A^*p_A^*+\tau_M p_M)/4\cos\theta_v}{L_0^*}=\frac{(\omega_0\tau_A p_A+\tau_M p_M)/4\cos\theta_v}{L-\Delta L^*} \tag{4-30}$$

(7) 气溶胶模型

双峰对数正态谱能够很好地模拟实际大气中气溶胶的双峰分布，它由两个 Log-normal 谱叠加而成：

$$\frac{\mathrm{d}N}{\mathrm{d}r}=\sum_i^2\frac{C_i}{\sqrt{2\pi}\sigma_i r}\exp\left[-\frac{(\ln r-\ln r_{\mathrm{mean},i})^2}{2\sigma_i^2}\right] \tag{4-31}$$

数值大小由 τ 来决定。利用实测数据拟合，获得几种典型气溶胶的 Log-normal 谱参数(图 4-14)。

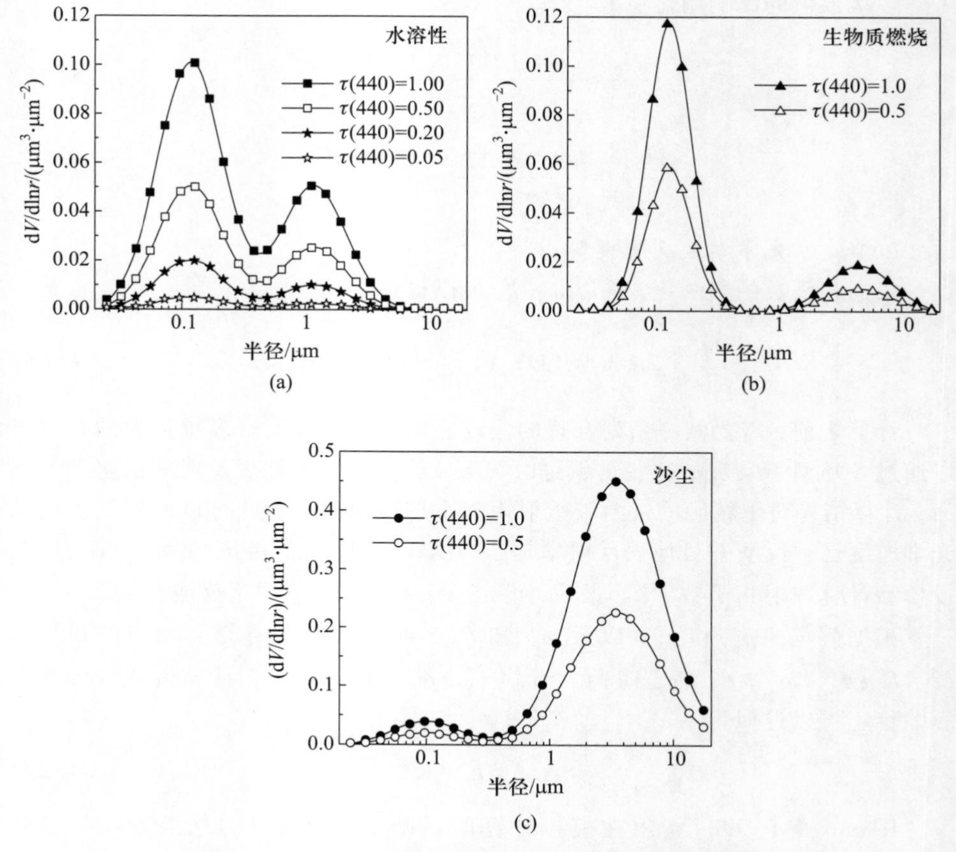

图 4-14 水溶性气溶胶、生物质燃烧气溶胶、沙尘气溶胶在不同光学厚度下的体积谱分布

4.2.2 ω_0 计算方法

利用假设气溶胶的单次散射/总散射的比值与真实气溶胶单次散射/总散射的比值建立的等式经过变换得到

$$\omega_0\tau_A p_A=\frac{L-\Delta L^*}{L_0^*}\omega_0^*\tau_A^* p_A^*+\frac{L-L^*}{L_0^*}\tau_M p_M \tag{4-32}$$

气溶胶光学厚度测量的精度较高，在这里可以认为测量值等于真值，在假设气溶胶模型时可直接将测量值 τ_A 设为 τ_A^*，即

$$\frac{\omega_0}{\omega_0^*}p_A=\frac{L-\Delta L^*}{L_0^*}p_A^*+\frac{L-L^*}{L_0^*}\frac{\tau_M}{\omega_0^*\tau_A^*}p_M \tag{4-33}$$

根据相函数归一化公式得到

$$\frac{2\omega_0}{\omega_0^*}=\int_0^{\pi}\left[\frac{L-\Delta L^*}{L_0^*}p_A^*+\frac{L-L^*}{L_0^*}\ \frac{\tau_M}{\omega_0^*\tau_A^*}p_M\right]\sin\Theta d\Theta \tag{4-34}$$

利用假设的 ω_0^* 和初始气溶胶模型的 p_A^* 通过辐射传输模型计算 L^* 和 L_0^*，然后结合测量辐亮度 L 可计算式右部的积分。通过改变 ω_0^* 值，当右部的积分等于 2 时，ω_0^* 将等于真值 ω_0，此即反演得到的单次散射反照率(图 4-15)。

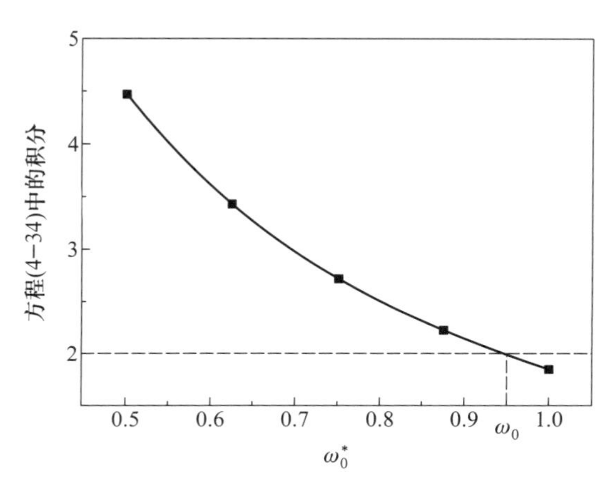

图 4-15 利用迭代得到反演结果

利用计算得到的 ω_0 可以获得真实散射相函数

$$p_A=\frac{L-\Delta L^*(\omega_0)}{L_0^*(\omega_0)}p_A^*+\frac{L-L^*(\omega_0)}{L_0^*(\omega_0)}\ \frac{\tau_M}{\omega_0\tau_A^*}\ p_M \tag{4-35}$$

同样方法可以获得偏振相函数

$$q_A=\frac{L_p}{L_p^*(\omega_0)}q_A^*+\frac{L_p-L_p^*(\omega_0)}{L_p^*(\omega_0)}\ \frac{\tau_M}{\omega_0\tau_A^*}q_M \tag{4-36}$$

4.2.3 反演结果

通过辐射传输计算，先反演气溶胶单次散射反照率 $\omega_0(\lambda)$，然后利用测量的天空辐亮度、偏振辐亮度和 SOS 代码计算得到气溶胶散射相函数 $p_A(\Theta)$ 和偏振相函数 $q_A(\Theta)$。

Li(2004)用 2003 年北京实测数据反演了气溶胶光学参数。测量数据来自 AERONET，观测地点在中科院大气物理所楼顶，观测时间从 2003 年 1 月 1 日到 2003 年 12 月 1 日，观测仪器是带偏振观测的 CE318 自动太阳光度计，观测数据先用 AERONET 标准程序进行了定标，并从直射测量中获得了四个波长的气溶胶光学厚度 $\tau_A(\lambda)$，以及用 τ_A(440 nm)和 τ_A(870 nm)计算的 Ångström 参数 α。

气溶胶光学厚度有很大的变化，值从0.12到0.77，平均值为0.39；参数α变化范围从0.9到1.47，平均值为1.21。反演的870 nm的ω_0从0.76变化至0.94，冬季较小，春夏季较大，平均值为0.85。相对较低的ω_0值往往是存在大量人类来源气溶胶的标志，因为主要由人类活动产生的黑碳和有机碳粒子具有较大的吸收性。

4.3 地基多角度偏振遥感反演气溶胶物理参数

气溶胶光学性质是其物理性质的外在表现，在已知气溶胶物理性质（粒子谱分布和复折射指数）的前提下，通过粒子散射理论（例如针对球形粒子的Mie散射理论，或非球形粒子散射理论）就可以计算气溶胶与特定波长的辐射相互作用时所表现出来的光学性质，例如单次散射反照率、散射相函数、偏振相函数、光学厚度等；反之，从气溶胶的光学表现，通过反演的方法能够推断其物理性质。

在气溶胶反演应用中碰到的主要问题是解第一类Fredholm积分方程（Twomey，1963），这类方程可以用经典的直接线性反演方法求解。但实际测量总是存在误差，直接线性反演方法的解常常不稳定。Phillips（1962）和Twomey（1963）在考虑存在数值积分误差、计算截断误差和测量误差的前提下，导出了约束线性反演的解，为解决遥感应用中的反演问题提供了数学基础（Twomey，1977）。King等（1978）采用Phillips和Twomey的数学方法，使用在多个波段上测量的直射消光（谱光学厚度）反演气溶胶粒子谱分布，是这个领域中具有代表性的工作之一。他假设粒子为球形，首先将光学厚度表示为Mie散射效率和谱分布的积分，然后将谱分布写为快变函数和慢变函数的组合，并由此把问题表述成了第一类Fredholm积分方程的标准形式，然后可以使用Phillips和Twomey的约束线性反演方法反演出粒子谱分布。

约束线性反演方法的反演效果与Fredholm积分方程中核函数的性质密切相关，核函数中元素的个数及其有效信息含量决定了反演是否收敛及反演精度。气溶胶散射相函数能很好地表达谱分布信息，根据模拟计算，相函数中大散射角的部分主要由半径小于0.5 μm的粒子贡献，强的前向散射部分则基本上由大于0.8 μm的大粒子产生，利用散射相函数的这个性质，把散射相函数和谱光学厚度同时加入核函数，然后利用偏振相函数对气溶胶折射指数敏感的特性，在反演粒子谱分布的同时，可以决定折射指数的实部和虚部。

4.3.1 基本原理

使用在870 nm反演的气溶胶散射相函数、偏振相函数以及四个波段

(440 nm、670 nm、870 nm 和 1020 nm)上的气溶胶光学厚度来反演粒子谱分布和复折射指数。先利用相函数和谱光学厚度反演谱分布，然后根据偏振相函数对复折射指数敏感的特性，通过迭代来反演折射指数。

通过对太阳光直射通量观测，根据 Mie 理论，可以获得相应波段的光学厚度。假定气溶胶为球形粒子，可以建立气溶胶光学厚度与谱分布之间的积分方程：

$$\tau_a(\lambda)=\int_0^\infty\int_0^\infty \pi r^2 Q_{\text{ext}}(r,\lambda,m)n(r,z)\mathrm{d}z\mathrm{d}r \tag{4-37}$$

这里假定气溶胶粒子是非分散均质的球形粒子，通过对高度积分，可以得到

$$\tau_a(\lambda)=\int_0^\infty \pi r^2 Q_{\text{ext}}(r,\lambda,m)n_{\text{c}}(r)\mathrm{d}r \tag{4-38}$$

$n_{\text{c}}(r)$是柱气溶胶光学厚度，将其分成认为值在上述的每个粒子半径小区间里保持不变的慢变函数$f(r)$和快变函数$h(r)=r^{-(v^*+1)}$，其定义为如下形式(King et al., 1978)：

$$n_{\text{c}}(r)=h(r)f(r) \tag{4-39}$$

因此有

$$\tau_a(\lambda)=\int_0^\infty \pi r^2 Q_{\text{ext}}(r,\lambda,m)h(r)f(r)\mathrm{d}r \tag{4-40}$$

在实际测量中，$\tau_a(\lambda)$和$p_a(\Theta)$都是离散化的，假设$\tau_a(\lambda)$在N个分离波长上测得，将整个积分区间表示为

$$\sum_{i=1}^{L}\left[r_i-\Delta r_i/2,\ r_i+\Delta r_i/2\right] \tag{4-41}$$

r_i 是半径区间的中心半径，Δr_i 是半径区间宽度。这样便有

$$\tau_a(\lambda_u)=\sum_{i=1}^{L}f(r_i)\int_{r_i-\Delta r_i/2}^{r_i+\Delta r_i/2}Q_{\text{ext}}(r,\lambda_u,m)h(r)\mathrm{d}r,\ u=1,N \tag{4-42}$$

$$p_a(\Theta_v)=\sum_{i=1}^{L}f(r_i)\int_{r_i-\Delta r_i/2}^{r_i+\Delta r_i/2}p(\Theta_v,r,\lambda,m)Q_{\text{ext}}(r,\lambda,m)h(r)\mathrm{d}r,\ v=1,M \tag{4-43}$$

合并两式得

$$g_j=\sum_{i=1}^{L}(r_i)\int_{r_i-\Delta r_i/2}^{r_i+\Delta r_i/2}K_j h(r)\mathrm{d}r=\sum_{i=1}^{L}A_{ji}f(r_i) \tag{4-44}$$

反演核 K_j 包括了散射和消光两种信息

$$K_j=\begin{cases}\pi r^2 Q_{\text{ext}}(r,\lambda,m), & j=1,N\\ \pi r^2 Q_{\text{sca}}(r,\lambda,m)p(\Theta_j,r,\lambda,m), & j=1,N\end{cases} \tag{4-45}$$

观测量 g_j 也是两种测量的组合

$$g_j=\begin{cases}\tau_a(\lambda_j), & j=1,N\\ p_a(\Theta_j), & j=N+1,N+M\end{cases} \tag{4-46}$$

写成矩阵形式就是

$$\boldsymbol{g}=\boldsymbol{A}f \tag{4-47}$$

4.3.2 反演方案

对于谱分布反演，考虑到存在测量误差的情况，f 的解已经由 Phillips (1962)和 Twomey(1963)给出，按 King 等(1978)给出的形式写为

$$f=(\boldsymbol{A}^{\mathrm{T}}\boldsymbol{C}^{-1}\boldsymbol{A}+\gamma\boldsymbol{H})^{-1}\boldsymbol{A}^{\mathrm{T}}\boldsymbol{C}^{-1}\boldsymbol{g} \tag{4-48}$$

拉格朗日乘数 γ 是个非负的平滑因子，在迭代中起约束作用。$\boldsymbol{C}$ 是测量协方差矩阵，若假设测量误差相等并且无关联的话，$\boldsymbol{C}$ 可用 $s^2\boldsymbol{I}$ 代替，$\boldsymbol{I}$ 是单位矩阵，常数 s 代表测量的均方根误差。平滑矩阵 $\boldsymbol{H}$ 由 Twomey(1963)给出。

$$\boldsymbol{H}=\begin{pmatrix}1 & -2 & 1 & 0 & & & & & \\ -2 & 5 & -4 & 1 & 0 & & & & \\ 1 & -4 & 6 & -4 & 1 & 0 & & & \\ 0 & 1 & -4 & 6 & -4 & 1 & 0 & & \\ & & & & \ddots & & & & \\ & & & & 0 & 1 & -4 & 5 & -2\\ & & & & & 0 & 1 & -2 & 1\end{pmatrix} \tag{4-49}$$

最后设计迭代方案。把第 p 次迭代、第 i 个半径区间内的谱分布记作 $n^{(p)}(r_i)$，在这个半径区间内快变函数 $h(r_i)$ 取 Junge 谱的形式(Vermeulen et al., 2000)

$$h(r_i)=C_i^{(p)}r^{-v_i^{(p)}} \tag{4-50}$$

通过调整两个参数 C 和 v，使 $h(r_i)=n^{(p)}(r_i)$。有了 $h(r)$ 后，就可以计算矩阵 $\boldsymbol{A}$，并反演出 $f(r_i)$，随后谱分布可以得到升阶：

$$n^{(p+1)}(r_i)=n^{(p)}(r_i)f^{(p)}(r_i) \tag{4-51}$$

零阶谱分布使用 Ångström 参数 α 估计

$$n^{(0)} r = Cr^{-(\alpha+3)} \tag{4-52}$$

当然，迭代出的 $n(r)$ 是归一化的，最后还要通过式(4-37)将其还原，以满足测量的光学厚度。迭代以测量值与反演值的均方根残差最小为停止条件

$$\delta = \left[\frac{1}{N+M} \sum_{j=1}^{N+M} \left(\frac{g_j - g_j^{\mathrm{ret}}}{g_j} \right)^2 \right]^{\frac{1}{2}} \tag{4-53}$$

对于复折射指数反演，李正强(2004)给出了不同折射指数实部和虚部组合产生的偏振相函数，其在最大值、最大值位置、曲线轮廓上都有显著差异，利用这种独特的偏振优势，可以在反演谱分布的同时迭代确定折射指数实部和虚部的方案。

对于每一组设定的折射指数实部和虚部组合，通过反演得到的粒子谱分布，然后利用 Mie 理论计算偏振相函数 $q_a^{\mathrm{calc}}(\Theta)$，并通过反演出来的 $q_a(\Theta)$ 的均方根偏差来选择最优的复折射指数。

$$\delta_a = \left[\frac{1}{S} \sum_{j=1}^{S} \left(\frac{q_a(\Theta_j) - q_a^{\mathrm{calc}}(\Theta_j)}{q_a(\Theta_j)} \right)^2 \right]^{\frac{1}{2}} \tag{4-54}$$

4.3.3 反演结果及验证

Li 等(2006)利用 AERONET 历史数据对北京、北非的佛得角、白俄罗斯的明斯克三个代表性区域进行了反演。对于北京地区，气溶胶表现出较强的吸收性质，单次散射反照率较小，主要源于人为气溶胶，并且与水溶性气溶胶性质相似。对于明斯克地区，存在大量的小粒子，具有较小的前向散射，气溶胶类型主要为由于森林大火产生的生物质燃烧气溶胶，其复折射指数虚部(-0.02)较大，说明具有较强的吸收性。佛得角位于北非地区，大部分时间受内陆沙尘的影响，气溶胶粒子主要为沙尘型粒子，具有较大的单次散射反照率以及较强的前向散射，并且单次散射反照率随波长增加而增大。

4.4 处理系统

根据 4.1-4.3 的理论基础，设计了一种基于多角度偏振观测的气溶胶处理系统(结果参见图 4-16)。

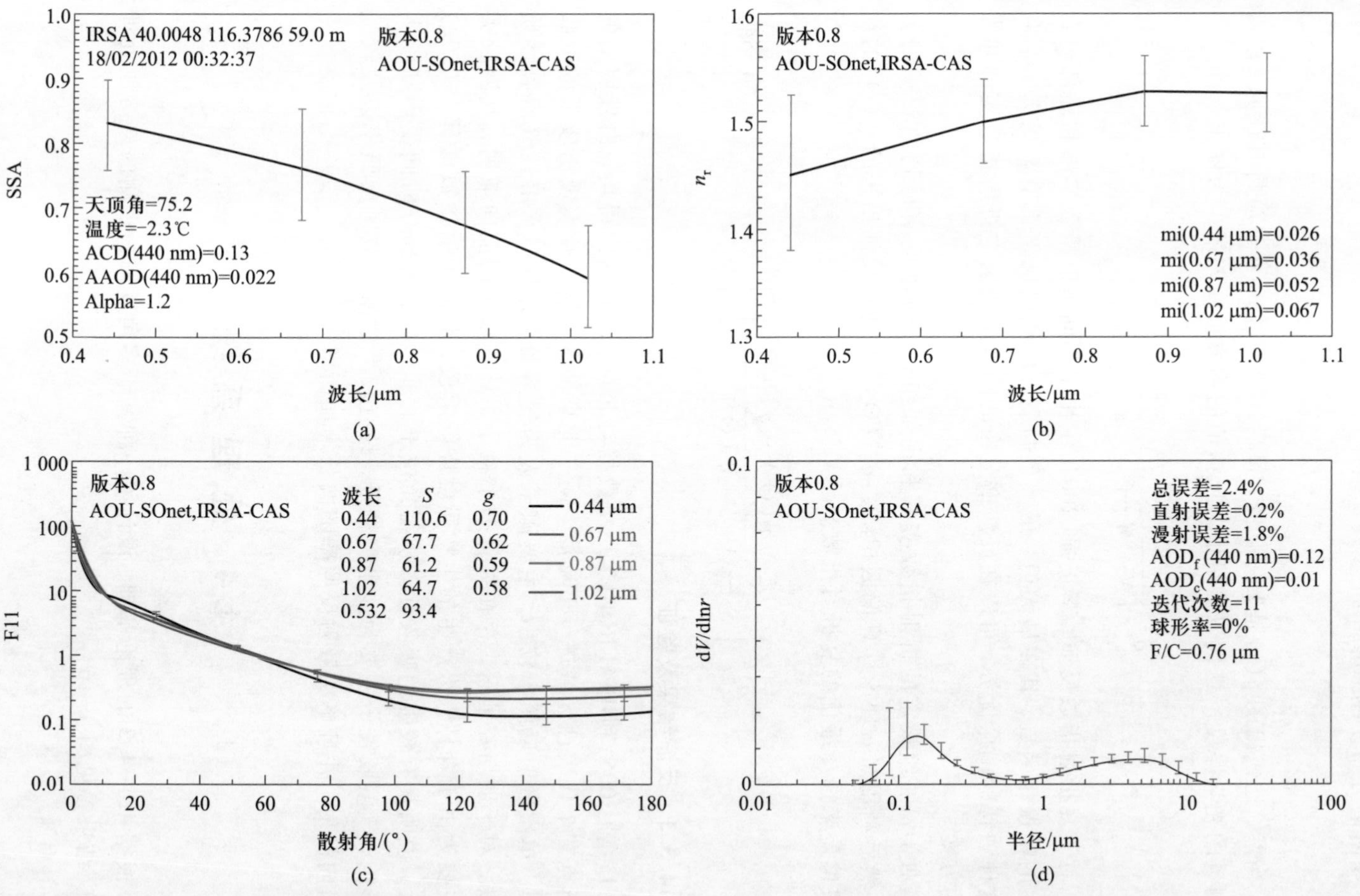

图 4-16 系统反演的随波段变化的单次散射反照率、复折射指数、不同波段的散射相函数以及粒子谱分布

以某次浮尘天气为例，由图 4-17 可以看到 Ångström 指数有明显的减小趋势，说明气溶胶中含较多的粗粒子。由图 4-18 可以看到，4 月 29 日气溶胶中的主要粒子为粒子粒径较大的沙尘粒子。图 4-19 为系统反演 5 波段的线偏振度结果。

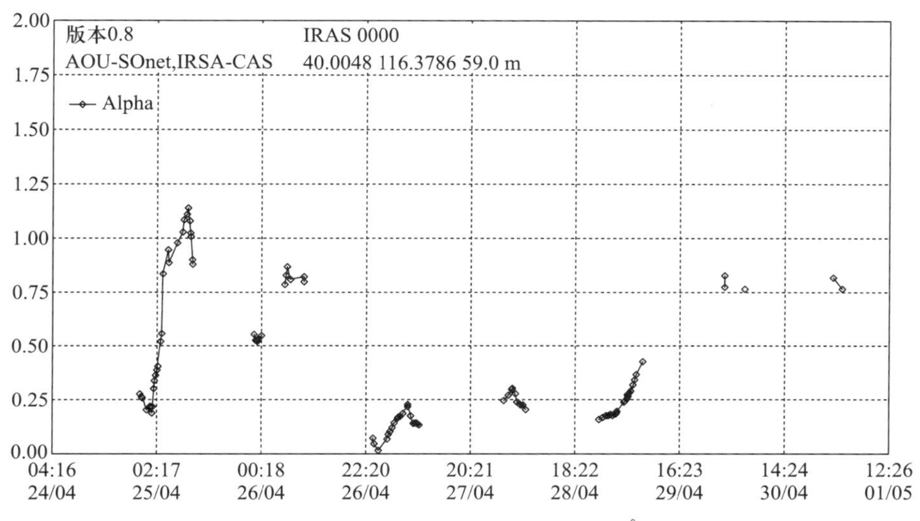

图 4-17 利用 440 nm 与 870 nm 波段反演的 Ångström 指数

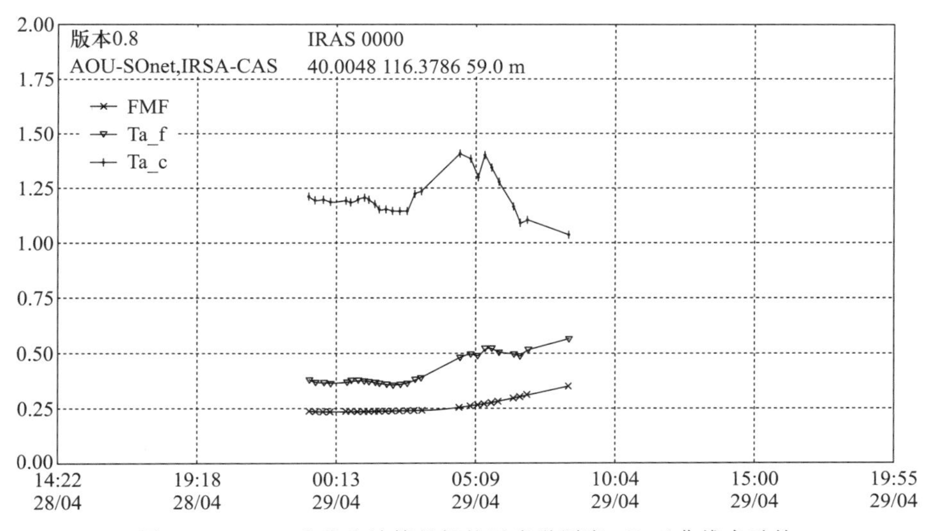

图 4-18 Ta_c 曲线为计算的粗粒子光学厚度，Ta_f 曲线表示的为细粒子光学厚度，FMF 曲线则为细粒子比例

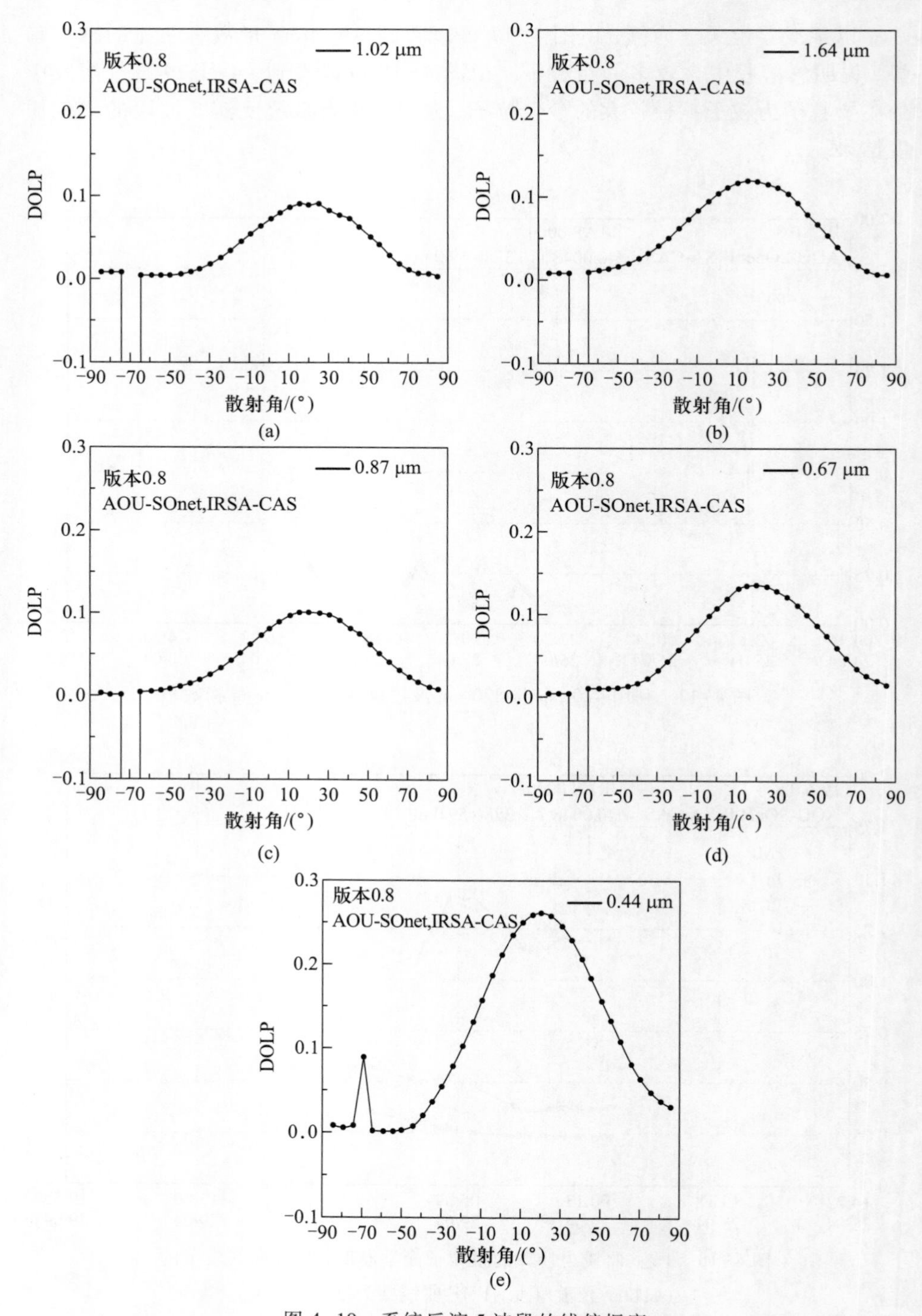

图 4-19 系统反演 5 波段的线偏振度

第5章

天基多角度偏振观测大气气溶胶特性

5.1 反演原理

如图5-1，传感器从地球接收的辐射信息包括三个部分：气体分子对太阳光的反射(可以用瑞利散射来描述)贡献；气溶胶对太阳光的反射贡献；地表反射贡献。气溶胶光学厚度反演的原理就是将气溶胶贡献从实际测量值中分离出来，并计算其对光学厚度的贡献。其中，气体分子和气溶胶分布在大气中，可以合并为大气的贡献。因此气溶胶反演方案一般包括两种基本算法：大气反射(分子和气溶胶)计算算法和地表反射处理算法。

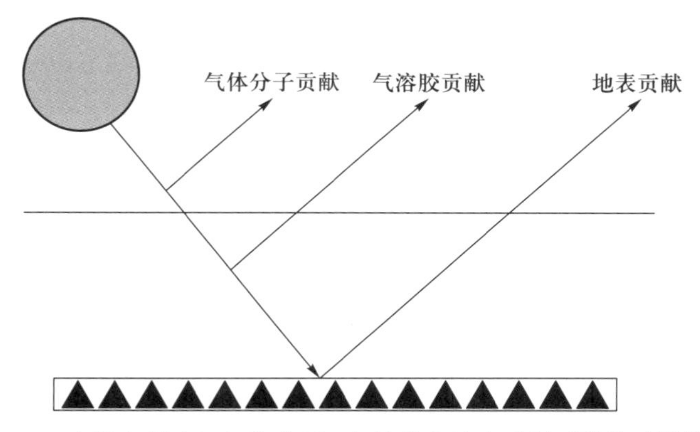

图5-1　太阳入射光经气体分子、气溶胶和地表反射后被传感器捕获

由于气体分子在大气中的组成稳定，分布均匀，因此可以根据瑞利散射的公式来直接计算气体分子的贡献。大气中的气溶胶对大气层顶的辐射贡献一般基于查找表来实现。查找表可以用辐射传输软件来生成，其中存储了不同光学厚度、不同几何条件和不同气溶胶模式下的太阳被大气反射后的反射率值。传统的辐射传输软件只能计算标量信息（即辐射量），无法计算矢量信息（即偏振信息），如6S、DISTORT等。矢量辐射传输软件则可以同时计算所有的Stokes参数，如基于倍加累加法的RT3，以及基于逐次散射方法的6SV等。具体反演时将不同光学厚度对应查找表值代入公式，计算出拟合误差，误差最小的光学厚度就是反演结果。由于查找表中存储的气溶胶模式有限，因此如何选择具有代表性，与实际气溶胶分布相似的气溶胶模式是反演的一个关键问题。

地表反射计算算法的目的是准确地计算出地表对大气层顶的辐射贡献。为了减少地表反射率对陆地上空气溶胶反演的影响，在不同的气溶胶算法中，都根据不同的传感器载荷特点提出了地表反射率的计算方法。其中MODIS暗目标法（Kaufman et al., 1997b; Remer et al., 2005; Levy et al., 2013），MISR多角度反演算法（Martonchik et al., 1998; Diner et al., 2005b），以及基于偏振的POLDER反演算法（Deuzé et al., 2001）是几种具有代表性的方法。由于不同地物的地表反射率不同，相同地物的反射率随时间空间变化也会出现明显地变化，因此如何来分离地表的贡献是气溶胶反演中最困难，也是对精度影响最大的问题。

大多数的气溶胶源都来自陆地，但是从大气层顶观测中分离气溶胶和地表的贡献很难（Diner et al., 2005a; Hauser et al., 2005; Kokhanovsky et al., 2007, 2010; Mishchenko and Geogdzhayev, 2007），卫星反演的陆地上空的细模式组分气溶胶结果并不被认为是可靠的（Anderson et al., 2005, 2006）。多角度偏振观测为陆地上空气溶胶研究提供了一种稳健的替代性方法（Deuzé et al., 2001; Chowdhary et al., 2005; Hasekamp and Landgraf, 2005, 2007; Cheng et al., 2011）。地表偏振贡献小于或相当于大气贡献（Waquet et al., 2009b; Litvinov et al., 2010）。而且，各种试验和理论研究已经表明偏振观测对气溶胶特性高度敏感（Mishchenko and Travis, 1997; Cheng et al., 2010），因此可以利用地表和气溶胶特性的不同角度和偏振反射率特征，基于多角度、多光谱偏振观测反演气溶胶特性（Deuzé et al., 2001; Waquet et al., 2007, 2009a; Litvinov et al., 2011）。Deuzé等（2001）为了快速业务化处理得到气溶胶特性，发展了仅使用两个可见光通道的POLDER反演算法。Dubovik等（2011）发展了基于多角度偏振光谱观测，并使用统计优化的POLDER反演算法。该算法强调统计优化，但费时且难以实现。Hasekamp等（2011）基于PARASOL观测同时反演了海洋上空气溶胶性质和海洋参数。

5.2 地表反射处理算法

由于陆地地表类型复杂，而且会随着地域和季节的变化而发生变化，因此在气溶胶反演中，如何定量计算地表对大气层顶的反射率贡献是一个非常复杂的问题。Kaufman 等(1997b)针对 MODIS 数据的特点提出的暗目标法是一种应用广泛的地表反射率计算算法，该算法联合多个波段数据，利用 0.46 μm、0.66 μm 和 2.13 μm 波段反射率之间的经验关系来获得了蓝波段和绿波段的反射率值。MISR 利用多波段多角度反射率数据形状相似的特点，采用经验正交函数来计算亮地表的反射率(Martonchik et al., 1998)。相比反射率来说，地表偏振反射率一般较低，而且不随波段的变化而变化，因此特别适合用来进行气溶胶反演。POLDER 的陆地气溶胶反演算法(Deuzé et al., 2001)中只使用偏振数据来进行反演，二向性偏振反射分布模型为 Nadal 提出的 BPDF 模型。为了解决相同地表不同 NDVI 对偏振反射率的影响，BPDF 算法将 NDVI 分为三个不同的区间(Nadal and Bréon, 1999)，由于沙漠比较特殊，只考虑两个区间。

根据第 3 章中地表二向性偏振反射率特性分析可知，不同地表的偏振反射率存在明显的区别，越是平坦的地表其偏振反射率越大。地表的偏振反射率随着散射角的变大而变小，随着 NDVI 的变大而变小。NDVI 变化导致偏振反射率变化的程度与地表类型有关，而其中森林类型的变化最小。典型气溶胶对大气层顶的偏振贡献(665 nm 和 865 nm 波段)一般要大于森林类型，与城市、灌木类型大致相当，略小于道路类型。粗粒子类型的气溶胶的偏振贡献小于所有的地物类型。纯物理 BPDF 模型的拟合精度一般较低，半经验的 Nadal 和单参数模型的拟合精度较高。490 nm 波段的所有地表的偏振反射率贡献都要高于气溶胶的贡献。地表的偏振反射率与波长无关，但是由于光学厚度随着波长的增加而降低，其透过率随着波长的增加而变小，导致同类型地表的偏振反射率贡献随着波长的增加而增加。粗粒子为主的气溶胶的偏振贡献要小于地表的偏振贡献。

同样根据前面的地表二向性反射特性分析可知：典型地表的反射率一般较高，反射率最低的是植被类型在 490 nm 波段的反射率，其不同观测角度的反射率均值也达到 5%，远大于偏振反射率。遥感反演中经常使用的三个半经验 BRDF(Bidirectional Reflectance Distribution Function)模型的公式中都没有考虑 NDVI 对地表反射率的影响，因此半经验 BRDF 模型无法自动反映地表(特别是植被)随季节变化而出现的反射率变化。不同波段的地表反射率值差别较大，但是反射率随散射角的变化形状相似。地表反射率随着散射角的变大而变大，这与偏振反射率随散射角的变化规律相反。

5.3 传统气溶胶多角度偏振遥感反演算法

目前，在利用多角度偏振卫星数据对陆地气溶胶进行研究时多采用单次散射近似的方法。对于陆地气溶胶，可以用简化的途径模拟偏振光辐射传输过程，只考虑气溶胶单次散射、分子单次散射、表面直接反射。大气层顶偏振辐亮度使用下式计算：

$$L_{pol}=L_{pol}^{aer}+L_{pol}^{ray}+L_{pol}^{surf} \tag{5-1}$$

其中，L_{pol}^{ray}是分子贡献，与波长和气压或海拔有关；L_{pol}^{surf}是地表贡献，与地表类型有关；L_{pol}^{aer}是气溶胶贡献，这是提取气溶胶属性的部分。

对于地表来说，大部分偏振来自于镜面反射。地表的偏振反射模型采用Nadal 和 Bréon(1999)的半经验模型：

$$R_p(\theta_v,\ \theta_s,\ \varphi)=\rho\left[1-\exp\left(-\beta\frac{F_p(\alpha)}{\mu_s+\mu_v}\right)\right] \tag{5-2}$$

其中，F_p 为地物的菲涅尔反射系数；ρ 和 β 要随着地表类型[国际地圈-生物圈计划(International Geosphere-Biosphere Programme, IGBP)分类的地表类型]和NDVI 调整。

根据前面的分析，大气分子散射可以用单次散射来近似表示：

$$L_{pol}^{ray}(\Theta)=\tau^m q_\lambda^m(\Theta)/4\cos\theta_v \tag{5-3}$$

其中，τ^m 为大气分子光学厚度；$q_\lambda^m(\Theta)$为分子偏振相函数；θ_v 为观测角。

由于分子微粒的半径很小，根据 Mie 理论，偏振相函数可以表示为

$$q_\lambda^m(\Theta)=\frac{3}{4}(\cos^2\Theta-1) \tag{5-4}$$

去除地表和分子散射的贡献之后，我们得到气溶胶的偏振辐亮度，它同样可以用单次散射来近似表示：

$$L_{pol}^{aer}(\Theta)=\tau^a q_\lambda^a(\Theta)/4\cos\theta_v \tag{5-5}$$

比较 n 个不同偏振通道 m 个有效角度数的偏振辐亮度和一组基本气溶胶模式预先计算的偏振相函数 q^*，代入上式，求取光学厚度。对每个基本气溶胶模式来说，有 $n\times m$ 个光学厚度，所反演的气溶胶模式将是离差最小的值，从而

得到气溶胶光学厚度、气溶胶模式折射指数、气溶胶模式 Ångström 系数和气溶胶指数等气溶胶参数。

5.4 反射率和偏振反射率的联合处理算法

POLDER 陆地上空的气溶胶反演算法只用了两个波段(670 nm 和 865 nm)的偏振信息，没有使用任何非偏(反射率)信息。其原因之一是地表的反射率要远大于偏振反射率，因此地表反射率的变化对气溶胶反演的精度影响也较大。以多角度偏振探测仪 DPC 获取的植被多角度反射数据为例，最小的 490 nm 波段的反射率，其平均反射率也达到 5%。而同一植被地表的偏振反射率平均仅为 0.5%，两者相差达到 10 倍。原因之二是 POLDER 没有类似 MODIS 的 2.13 μm波段，所以无法采用暗目标法来计算地表蓝、绿波段的反射率值。由于偏振只对气溶胶中的细粒子敏感，因此 POLDER 算法只能获取细粒子的光学厚度。由于气溶胶中粗粒子的退偏效应，仅靠偏振数据无法精确地反演粗粒子为主的气溶胶。不同类型的气溶胶相函数比较相似，因此反射率数据可以用来反演粗粒子为主的气溶胶。根据上述分析以及前面对偏振反射率和反射率处理的特性分析，本节对 POLDER 陆地上空气溶胶算法中的地表反射处理算法进行改进，内容包括：

① 采用反射率(490 nm)和偏振反射率都较小的植被类型来进行气溶胶光学厚度的反演。

② 地表反射率的模拟不采用半经验 BRDF 模型，而是采用考虑了 NDVI 的植被和裸土的线性组合模型。

③ BPDF 模型采用精度较高，而且考虑了 NDVI 和粗糙度影响的单参数模型。偏振反射率与波段无关，但是蓝波段(490 nm)的气体分子偏振贡献远大于气溶胶贡献，气溶胶偏振贡献小于地表贡献，因此 490 nm 波段不参与反演。665 nm 和 865 nm 波段的气体分子偏振贡献相对较小，而气溶胶偏振贡献较大，因此可以用来进行气溶胶光学厚度反演。散射角小于 130°时的偏振反射率较低，不参与反演。

④ 考虑到地表反射率没有偏振反射率稳定，采用两步法来使用地表反射数据：首先基于 490 nm 的反射率数据来进行气溶胶光学厚度的粗搜索；然后在粗搜索的基础上基于 665 nm 和 865 nm 地表偏振反射率来进行光学厚度的精细搜索。

⑤ 气溶胶模式决定了反演后的气溶胶光学属性，因此直接影响到反演的气溶胶光学厚度值。目前，陆地上空基于多角度偏振数据的气溶胶光学厚度反演

的代表算法，是法国 POLDER 研究小组提出的基于单峰细粒子模式的反演算法，该算法可以计算全球气溶胶细粒子的光学厚度。大量研究表明，实际的气溶胶可以用双峰正态谱分布来表达，因此在反演中采用更接近实际情况的气溶胶模式可以提高反演的精度。本节基于 AERONET 研究了东亚地区的气溶胶分布特点，采用6种具有代表性的气溶胶模式来建立查找表(Lee et al., 2010)。

5.4.1 东亚区域气溶胶反演算法

陆地表面上空的 PARASOL 气溶胶运行算法使用 670 nm 和 865 nm 通道的偏振观测(Deuzé et al., 2001)。不同于总辐射量，地表的偏振反射率更小，在相当程度上光谱独立(Nadal and Bréon, 1999; Maignan et al., 2009)，且大气贡献大于地表偏振反射率。正如 Deuzé 等(2001)所讨论，只使用偏振观测可以获取气溶胶特性，并且可以避免从总反射率中分离地表和气溶胶贡献的困难。陆地气溶胶运行算法基于积累模态下建立的模拟卫星信号的查找表，通过对 670 nm 和 865 nm 通道的偏振观测的最佳拟合，可以对卫星影像进行快速运行处理。

陆地运行算法中使用的气溶胶模式主要考虑积累模态(细模态)气溶胶，而粗模态气溶胶的贡献被忽略了。更大的气溶胶粒子(如沙漠沙尘)，几乎不对太阳光发生偏振效应，因此很难通过偏振观测监测到，但是粗模态对偏振的贡献可能导致对反演 AOD 的错误理解。其中，复折射指数取 1.47-i0.01，其对应生物质燃烧或污染事件中的气溶胶性质平均值(Dubovik et al., 2002)。地表贡献取决于地表类型—裸土或植被覆盖区域，其按照主要 IGBP 生物类型和 NDVI 校正过的经验关系进行估计。

基于 POLDER 观测，PARASOL 运行算法已成功地提供了气溶胶反演产品。然而，运行化的陆表反演算法只考虑了积累模态(细模态)气溶胶，却忽略了粗模态的贡献。这可能导致对反演 AOD 的错误理解，因其只反演细粒子 AOD，而不是总 AOD，也不是细粒子比例。为避免此问题发生，本节的反演算法利用了东亚区域 AERONET 太阳光度计观测得到的细模态和粗模态气溶胶模式构建的最佳组合 LUT。本节聚焦于区域气溶胶模式的改进及其与反演算法的整合，并利用 POLDER 观测同时反演两个主要气溶胶参数——AOD 和粗细粒子比 FMF(fraction of fine mode aerosol)。

本节利用 670 nm 和 865 nm 的总辐射量和偏振辐射量，并假设谱分布服从细模态和粗模态两个对数正态气溶胶谱分布的组合。利用了多角度、多光谱、总辐射观测和偏振辐射观测的重要优势，同时反演了 AOD 和 FMF。

地-气系统被假定为平面平行，大气和地表光学特性只依赖于垂直尺度(Hansen and Travis, 1974)。本节使用了给定 AOD、其他气溶胶光学性质(单次散射反照率和不对称因子)和相应几何姿态(θ_s, θ_v, φ)的矢量辐射传输模型。

采用 RT3 矢量辐射传输模式(Evans and Stephens, 1991),模拟陆地系统中假定平面平行大气条件时的辐射场。

本节采用了查找表方法反演 AOD 和 FMF, 并在对 AERONET 太阳光度计观测(Holben et al., 1998)获得的气溶胶光学性质进行大量分析的基础上构建了查找表。

本节假定服从对数正态分布的细模态和粗模态气溶胶能以适当的权重组合来表示环境气溶胶特性(Remer et al., 2005)。共采用了 6 种细模态和 6 种粗模态。为了改进气溶胶遥感反演的精度,在对 AERONET 太阳光度计观测(Dubovik and King, 2000)获得气溶胶光学性质进行大量分析的基础上,确定细气溶胶模态和粗气溶胶模态谱分布。

在 36 种细气溶胶模式、粗气溶胶模式和其相对光学贡献的组合中,选择能最好的模拟天顶光谱偏振观测的一种组合进行反演。每种模态的总反射率和偏振反射率关系表示如下(Wang and Gordon, 1994):

$$R^{\text{LUT}}(\tau, \theta_s, \theta_v, \varphi_r) = \text{FMF} \cdot R^{\text{fine}}(\tau, \theta_s, \theta_v, \varphi_r) + (1-\text{FMF}) \cdot R^{\text{coarse}}(\tau, \theta_s, \theta_v, \varphi_r) \tag{5-6}$$

其中,$R^{\text{LUT}}(\tau, \theta_s, \theta_v, \varphi_r)$是纯细模态、纯粗模态条件下的总大气反射率和偏振大气反射率权重平均后的值,上述两种模态采用了相同的光学厚度值。

图 5-2 是同时反演气溶胶光学属性的 PARASOL 算法流程图。由于云的信号很强,气溶胶特性反演的精度直接受制于云掩膜过程,因此该算法首先探测

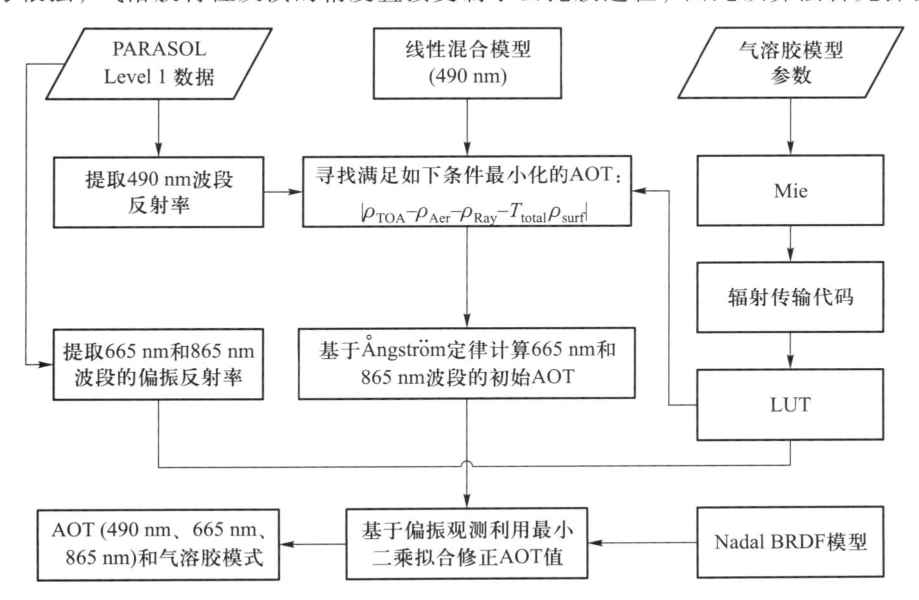

图 5-2 陆地上空气溶胶光学厚度反演算法流程

并掩膜掉云像元。为得到晴空像元和厚的气溶胶烟尘，我们采用了 POLDER 晴空鉴别方法(Bréon and Colzy, 1999)滤除云像元，该方法使用了松弛阈值和3×3像元技术进行云检测。

根据总反射率、490 nm 处的天顶反射率和地表反射率贡献的查找表，利用最小二乘拟合方法反演初始总 AOD。然后，利用初始 AOD、偏振反射率查找表、675 nm 和 870 nm 处的天顶偏振反射率和地表偏振反射率贡献，反演粗细模式组合总 AOD 的 FMF。

反演算法基于最小二乘拟合方法，利用一系列数值迭代过程，寻找与总反射率和偏振反射率观测最匹配的计算的总反射率和偏振反射率。残差项定义为

$$
\begin{aligned}
\chi_1 &= \sum_{n=1}^{16}\left[R_{\mathrm{comp}}^{490\ \mathrm{nm}}(\lambda,\mathrm{AOD},\mathrm{FMF},\mu_s,\mu_v,\Delta\phi) - R_{\mathrm{mea}}^{490\ \mathrm{nm}}(\lambda,\mathrm{AOD},\mathrm{FMF},\mu_s,\mu_v,\Delta\phi)\right]^2 \\
\chi_2 &= \sum_{\omega=1}^{2}\sum_{n=1}^{16}\left[R_{\mathrm{comp}}^{\mathrm{p}}(\lambda_{\mathrm{W}},\mathrm{AOD},\mathrm{FMF},\mu_s,\mu_v,\Delta\phi) - R_{\mathrm{mea}}^{p}(\lambda_{\mathrm{W}},\mathrm{AOD},\mathrm{FMF},\mu_s,\mu_v,\Delta\phi)\right]^2
\end{aligned}
\tag{5-7}
$$

其中，ω 是光谱波段的个数；n 是每个像元的散射角观测；$R_{\mathrm{comp}}^{490\ \mathrm{nm}}$ 和 $R_{\mathrm{mea}}^{490\ \mathrm{nm}}$ 分别是 490 nm 处的计算总反射率和观测总反射率；$R_{\mathrm{comp}}^{\mathrm{p}}$ 和 $R_{\mathrm{mea}}^{\mathrm{p}}$ 分别是 675 nm 和 870 nm处的计算偏振反射率和观测偏振反射率；μ_s 是太阳观测角余弦；μ_v 是观测天顶角余弦；$\Delta\phi$ 是相对方位角；算法利用植被和裸土光谱的线性混合模型(von Hoyningen-Huene et al., 2003)估计地表反射率，并使用 Nadal 和 Bréon 于 1999 年提出的模型估计偏振反射率。

5.4.2 敏感性分析

为了检测反演算法，基于数值模拟研究了 675 nm 和 870 nm 处的偏振反射率的关系(图 5-3)。太阳天顶角为 50°，卫星天顶角为 30°，相对方位角为 180°，实线表示恒定的 FMF(从 0.0 到 1.0)，实线中的符号表示不同的 AOD 值(0.0~2.0)。地表类型设置为黑暗地表，因此地表对于反射率和偏振反射率的贡献可以忽略。

根据图 5-3，注意到当 AOD 给定时，675 nm 和 870 nm 处的偏振反射率的组合对 FMF 有很强的敏感性。当 AOD 减小时，对 FMF 的敏感性减小；当 870 nm处 AOD 小于 0.1 时，反演的 FMF 精度很低。当 FMF 给定时，尤其是 FMF 高时(细气溶胶模态)，675 nm 和 870 nm 处偏振反射率的组合对 AOD 也有很强的敏感性，且当 AOD 增加时，对 AOD 的敏感性减小。这意味着当 870 nm处的 AOD 大于 1.5 时，很难准确地探测到 AOD。由于对 FMF 的敏感性大于 AOD 的敏感性，因此可以利用初始状态的总 AOD 反演 FMF，然后利用

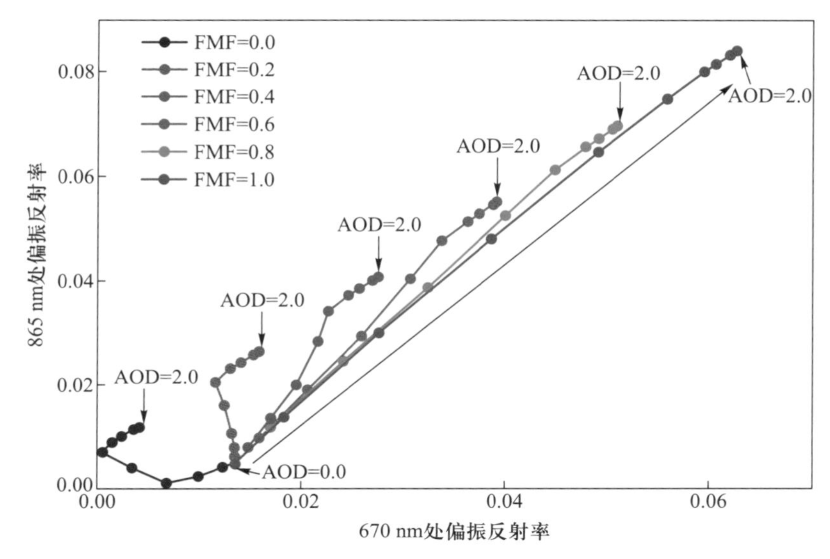

图 5-3 偏振反射率关于 FMF(0.0, 0.2, 0.4, 0.6, 0.8, 1.0)和 AOD(0.0, 0.1, 0.2, 0.3, 0.5, 0.8, 1.0, 1.2, 1.5, 2.0)的二维相关图(Cheng et al., 2012)

波长为 675 nm 和 870 nm, 太阳天顶角为 50°, 卫星天顶角为 30°, 相对方位角为 180°, 地表类型为黑色表面

FMF 反演校正后的总 AOD。当 870 nm 处的 AOD 大于 0.1 时, FMF 精度在可容许的范围内。且当 870 nm 处的 AOD 大于 1.5 时, 无法准确探测 AOD。

5.4.3 东亚气溶胶模式分析

目前, 基于卫星的气溶胶反演方法一般都会用到查找表, 查找表中预存了典型气溶胶模式对应的程辐射值, 反演时将卫星获取的 TOA 值与查找表中的值进行比较, 误差最小的光学厚度就是反演值。因此基于查找表的反演方法的精度依赖于事先设定的气溶胶模式。气溶胶模式可以从全球气候学的一些研究结果中来获得, 但这些模式比较粗略。更精确的气溶胶模式来源于 AERONET 太阳光度计网络的观测以及业务反演算法(Dubovik and King, 2000)。Omar 等(2005)基于统计的方法对 AERONET 全球的数据进行聚类分析, 得到了 6 种具有代表性的气溶胶模式, 通过对这些模式来源区域的地理环境的分析, 发现这 6 种气溶胶模式分别对应了沙尘、生物燃烧、乡村、工业污染、海洋污染和重度污染。

东亚地区是全球气溶胶分布最为强烈、气溶胶模式变化最为复杂的区域之一。受来自蒙古沙尘以及工业污染、汽车尾气排放等自然和人为因素的影响, 东亚地区的气溶胶不但类型多样, 而且随时间和空间的变化剧烈。以北京为例, 其位于中国华北地区, 是京津冀经济区域的重要组成部分, 周围有大量的工业分布。北京春季易受来自北方的沙尘影响，夏季雨水较多，秋冬干燥。同时北京还是一个拥有2000多万人口的大型都市，机动车保有量在五百万量以上，一年四季都会有大量来自人为活动的气溶胶产生。北京的气溶胶组成不但复杂，而且一年四季的气溶胶模式变化非常明显。对东亚地区的气溶胶模式的研究，将极大地丰富我们对气溶胶模式的认知。Lee等(2010)通过对东亚地区AERONET站点观测数据的分析，聚类得到6种典型的气溶胶模式，并基于这些模式用MODIS反演得到了气溶胶光学厚度以及气溶胶的类型。实验证明利用这种方式反演得到的光学厚度好于MODIS业务算法的结果，与AERONET反演的产品有较好的相关性。本文的气溶胶反演将基于这6种聚类模式来进行，见表5-1。

表5-1 东亚地区6种典型气溶胶模式(Lee et al., 2010)

参数	1	2	3	4	5	6
C_f	0.153	0.269	0.079	0.070	0.062	0.130
R_f	0.219	0.257	0.192	0.177	0.162	0.208
S_f	0.531	0.535	0.504	0.474	0.538	0.619
C_c	0.131	0.192	0.075	0.091	0.346	1.039
R_c	2.724	2.580	2.915	2.265	2.286	2.241
S_c	0.583	0.568	0.618	0.656	0.594	0.531
m_{r490}	1.468	1.478	1.441	1.454	1.508	1.549
m_{r665}	1.480	1.483	1.458	1.472	1.535	1.549
m_{r865}	1.485	1.483	1.468	1.482	1.536	1.537
m_{i490}	0.0119	0.0099	0.0127	0.0122	0.0070	0.0049
m_{i665}	0.0086	0.0074	0.0100	0.0088	0.0037	0.0024
m_{i865}	0.0088	0.0078	0.0102	0.0090	0.0036	0.0023
SSA_{490}	0.915	0.929	0.904	0.905	0.890	0.905
SSA_{665}	0.930	0.943	0.911	0.912	0.931	0.950
SSA_{865}	0.919	0.935	0.895	0.899	0.933	0.953

注：下标490、665、865分别表示490 nm、665 nm、865 nm波长。f和c分别表示细模态和粗模态。m_r、m_i分别表示复折射指数的实部和虚部。谱分布假定为双峰对数正态分布，其中参数C为体积浓度、R为中值半径、S为标准差。SSA为单次散射反照率。

5.4.4 查找表建立

查找表的建立过程实质上就是解算矢量辐射传输方程，通过输入不同的波段和几何条件、改变光学厚度以及气溶胶模式，来得到各种不同波段和光学厚度、观测条件下的气溶胶模式的程辐射值。在建立查找表以及进行反演时，不可能将所有可能影响程辐射值的情况输入矢量辐射传输方程来进行解算，这样不但查找表的规模庞大，而且需要耗费大量的时间。一般的做法是将所有可能变化的参数进行离散化，每隔一定的间隔来计算一次。比如太阳天顶角和相对方位角每隔 5°计算一次，观测天顶角每隔 4°来计算一次，光学厚度则选取具有代表性的一些值。建立查找表的具体参数情况如表 5-2。

表 5-2 查找表的构造元素

变量名称	输入数目	输入
波长	3	490 nm, 665 nm, 865 nm
太阳天顶角	15	0, 5, 10, …, 70
卫星天顶角	20	0, 4, 8, …, 76
相对方位角	37	0, 5, 10, …, 180
气溶胶光学厚度	12	0.0, 0.1, 0.2, 0.3, 0.5, 0.8, 1.0, 1.2, 1.5, 2.0, 3.6, 5.0

查找表考虑了 PARASOL 的三个偏振波段，即 490 nm、665 nm 和 865 nm，分别建立这三个波段的 6 种气溶胶模式的查找表，因此共需要建立 18 个独立的查找表。由于自然界中圆偏振很少，因此 Stokes 参数的 V 分量可以不考虑，在进行辐射传输计算时，只计算 I、Q、U 三个分量。每个查找表所包含的记录数量为：$15\times20\times37\times12=133200$，假设每条记录存放的元素为反射率和偏振反射率，并且都为浮点型(8 字节)，那么按照二进制的方式来进行存储时，每个查找表的容量为 $133200\times8\times2/1024/1024\cong2.03$ MB。

5.4.5 地表反射率处理

对地表反射辐射(包括偏振辐射)的准确估计是陆地气溶胶特性遥感的关键。Deuzé 等(2001)提出的陆地气溶胶反演运行算法只依赖于 PARASOL 偏振反射率观测，并不考虑陆地地表总反射的方向散射特性。

为适应新发展的 POLDER/PARASOL 反演，修正了对陆地地表反射率的建模。采用如下的植被和裸土线性组合模型(von Hoyningen-Huene et al., 2003)估计地表反射率：

$$\rho_{surf}(\lambda)=\omega[\mathrm{NDVI}\cdot\rho_{Veg}(\lambda)+(1-\mathrm{NDVI})\cdot\rho_{Soil}(\lambda)] \tag{5-8}$$

其中，λ 是波长；$\rho_{Veg}(\lambda)$ 和 $\rho_{Soil}(\lambda)$ 分别是“绿色植被”和“裸土”的光谱反射率；ω 是 660 nm 处的地表反射率经验权重系数，用于调节光谱地表反射率。

由于该方法考虑了地表反射率对植被组分和散射角的依赖性，该方法可用于地表反射率估计。因此我们基于该方法探测陆地上空的 AOD，进而探明区域浑浊度情况和气溶胶来源，如大城市、大火灾产生的烟尘、霾、小规模动态事件和薄卷云等。

许多实验研究表明地表偏振反射主要由远离地表碎片的单次反射产生。大多数针对观测 BRDF 近似的理论模型是基于地表光反射的菲涅尔方程。例如，Nadal 和 Bréon(1999)为描述基于陆地地表 POLDER 观测的大气气溶胶性质，提出了简单的菲涅尔反射双参数非线性函数，并发展了不同植被覆盖和裸土的双向极化反射率分布函数(BRDF)。

由于陆地地表具有各种各样的建筑和辐射特性，因此 BPDF 模型的选择很重要。Nadal 和 Bréon(1999)提出的基于 NDVI 分类的实验模型用于估计研究区域的偏振反射率。基于收集的 1996 年 11 月和 1997 年 6 月的 POLDER 观测数据，Nadal 和 Bréon 发展了地表偏振反射率半经验模型[公式(5-2)]。表 5-3 为对应具体地表类型的 Nadal 和 Bréon 模型参数。

表 5-3 Nadal 和 Bréon 模型的具体参数

地表类型	NDVI	$\alpha\times100$	β
森林	0~0.15	0.70	120
	0.15~0.3	0.75	125
	≥0.3	0.65	120
灌丛	0~0.15	1.50	90
	0.15~0.3	0.95	120
	≥0.3	0.70	140
低矮植被	0~0.15	1.30	90
	0.15~0.3	0.95	90
	≥0.3	0.75	130
沙漠	0~0.15	2.5	45
	≥0.15	2.5	45

但仍需指出，本算法中 BRDF 和 BPDF 初始模型所采用的 von Hoyningen-Huene 等(2003)和 Nadal 和 Bréon(1999)提出的公式精度不高(如 Litvinov et al., 2010, 2011)。例如，von Hoyningen-Huene 等(2003)方法使用的是天顶反射率计算的 NDVI，因而受到气溶胶的影响。当气溶胶含量很大时，NDVI 减小，裸土组分因此增大。为了提高 von Hoyningen-Huene 等(2003)方法的精度，计算得到 30 天晴空条件下的 PARASOL 观测的 NDVI 值。

5.4.6 反演结果

为了评估本节的算法，我们选择了三种不同的气溶胶案例，并基于天顶多角度、多光谱和总辐射以及偏振辐射的观测，反演了气溶胶光学厚度 AOD 和细粒子比例 FMF。图 5-4～图 5-6 为 PARASOL 卫星搭载的 POLDER 传感器真彩色影像以及本算法反演的 AOD 和 FMF，时间分别是 2010 年 3 月 20 日、2010 年 10 月 6 日和 2010 年 10 月 25 日(Cheng et al., 2012)。

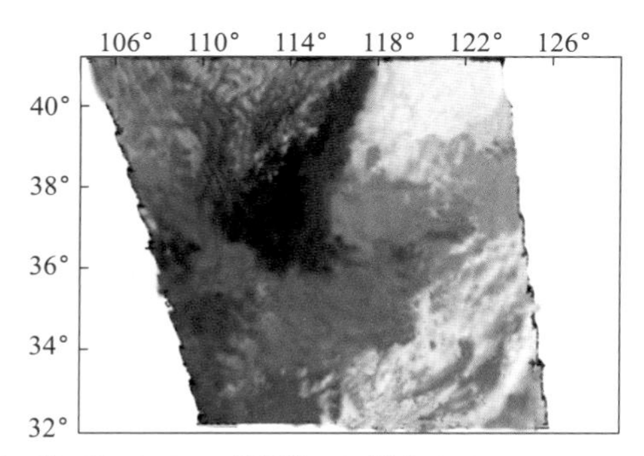

2010年3月20日POLDER观测的RGB影像 (440 nm、565 nm和675 nm)

(a)

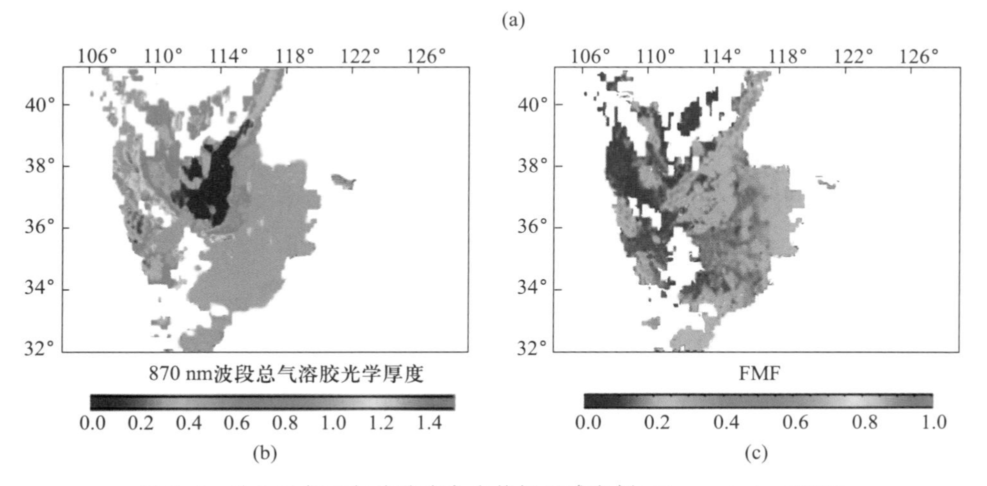

图 5-4 沙尘天气下气溶胶多角度偏振遥感实例(Cheng et al., 2012)

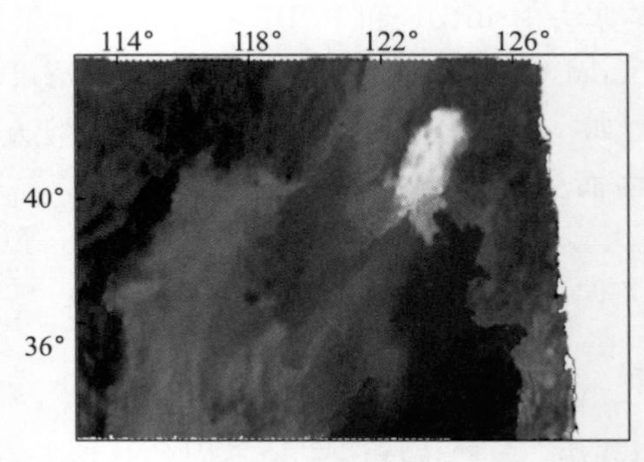

2010年10月6日POLDER观测的RGB影像 (440 nm、565 nm和675 nm)

(a)

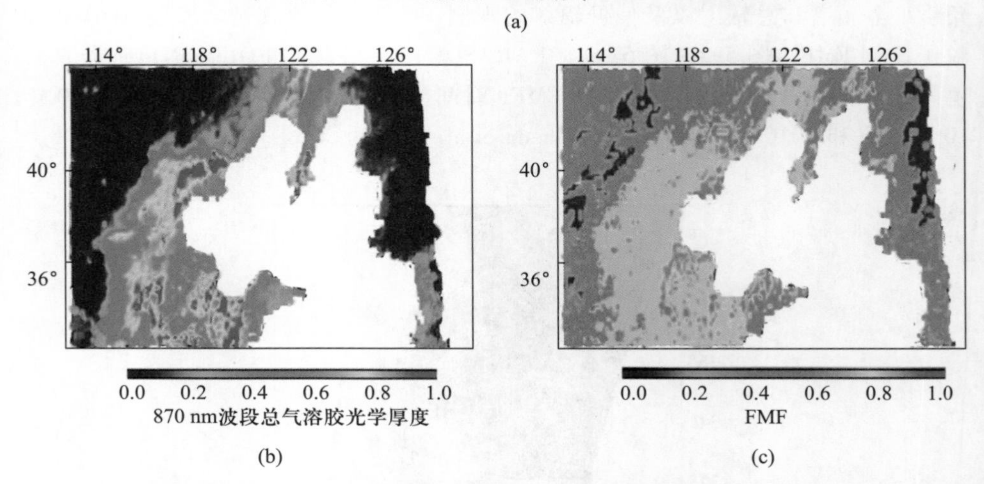

(b) (c)

图 5-5 灰霾天气下气溶胶多角度偏振遥感实例(Cheng et al., 2012)

图 5-4 显示了 2010 年 3 月 20 日的沙尘案例，从真彩色影像中可以看出较厚的黄色气溶胶层。870 nm 处的 AOD 增加至 1.0 以上，FMF 分布从 0.2 至 0.3，表示了以粗模态为主的混合状态。图 5-5 真彩色影像中的中国华北平原上空的灰色和棕色气团为厚的气溶胶层，其 AOD 大于 1.0。FMF 分布从 0.6 至 0.9，显示其以细模态为主。图 5-6 为薄气溶胶层，AOD 约为 0.2，FMF 约为 0.6，表示为混合状态。从图 5-4～图 5-6 可以看出，中国北部地区三种不同案例的空间异质性分布。

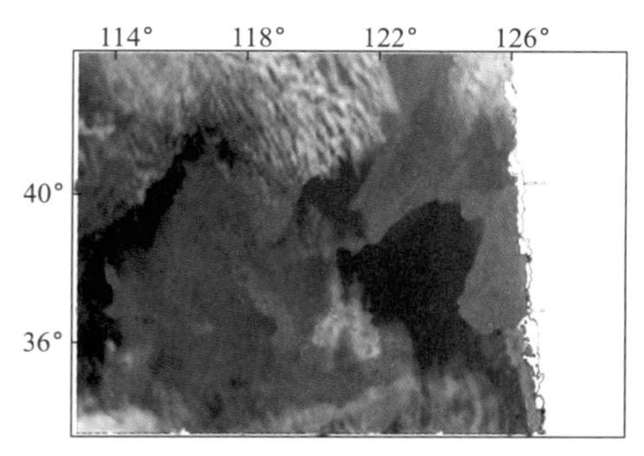

2010年10月25日POLDER观测的RGB影像 (440 nm、565 nm和675 nm)

(a)

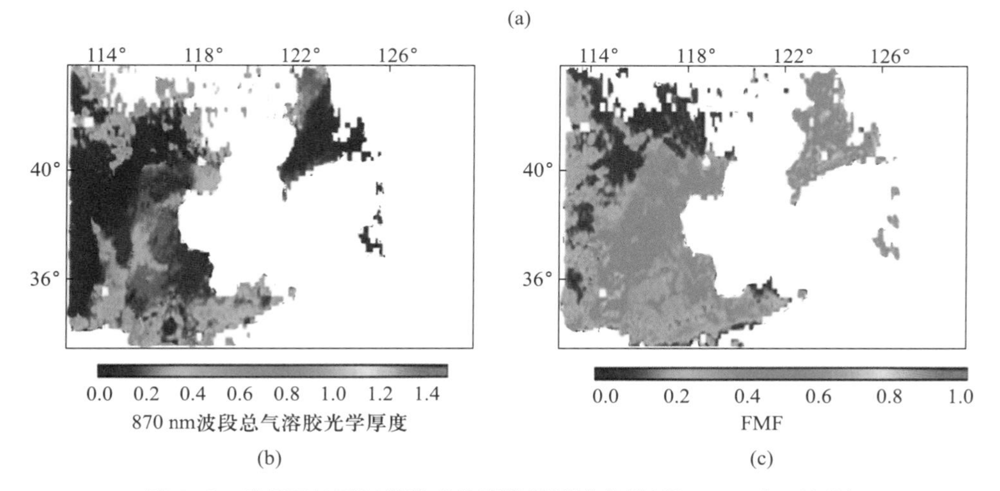

图 5-6 晴朗天气下气溶胶多角度偏振遥感实例(Cheng et al., 2012)

5.4.7 分析和验证

对卫星遥感得到的气溶胶光学特性进行评价，需要得到高精度的地基观测数据。本节将总 AOD 和 FMF 的结果与地基北京站和香河站的 AERONET 太阳光度计观测进行了对比验证。

满足如下条件的地基观测可用于对比验证：卫星观测和太阳光度计观测时间近乎相同(传感器过境 30 分钟前后)，无云情况下太阳光度计数据质量较好。本节对比验证了该算法空间平均后的总 AOD 和 FMF 与 AERONET 观测得到的时间平均后的总 AOD 和 FMF。AOD 的验证结果表明北京站和香河站的线性斜率分别为 0.939 和 0.850，相关系数 R^2 分别为 0.8025 和 0.9291。FMF 的验证结果表明北京站和香河站的线性斜率分别为 0.5277 和 0.6086，R^2 分别为 0.5607 和 0.6360(图 5-7)。尽管初步验证结果较好，但用于验证的案例不多，因此需要进行更多验证。

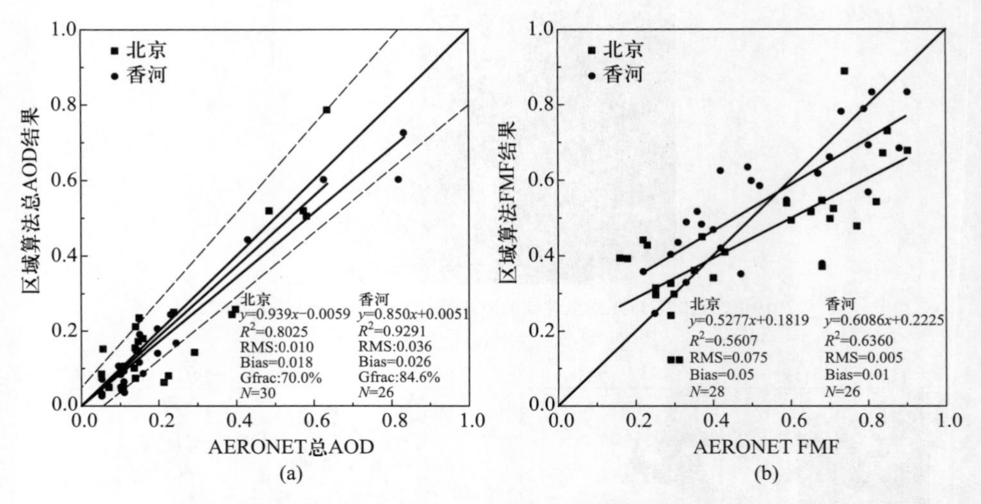

图 5-7 2010 年 9—12 月总 AOD 和 FMF 反演结果与北京站和香河站的 AERONET 观测值对比(Cheng et al., 2012)

为了对比该算法结果与 PARASOL 官方算法的产品(细粒子 AOD),我们根据总 AOD 和 FMF 反演了本算法结果的细粒子 AOD。图 5-8 分别对比了三种气溶胶案例(晴朗、污染和沙尘)时的细粒子 AOD 空间分布(左列为区域算法;右列为官方算法)。相比官方算法,我们的算法结果提供了更多的细节分布。可能由于气溶胶模式和地表反射率的不确定性,官方算法的细粒子 AOD 值更低。

此外,对比了北京和香河站的本节算法的细粒子 AOD、官方算法的细粒子 AOD 和 AERONET 观测的细粒子 AOD(图 5-9 和图 5-10)。本节算法的对比结果:线性斜率 0.948,R^2 为 0.853(北京站);线性斜率 1.228,R^2 为 0.973(香河站)。官方算法的对比结果:线性斜率 0.588,R^2 为 0.928(北京站);线性斜率 0.555,R^2 为 0.878(香河站)。

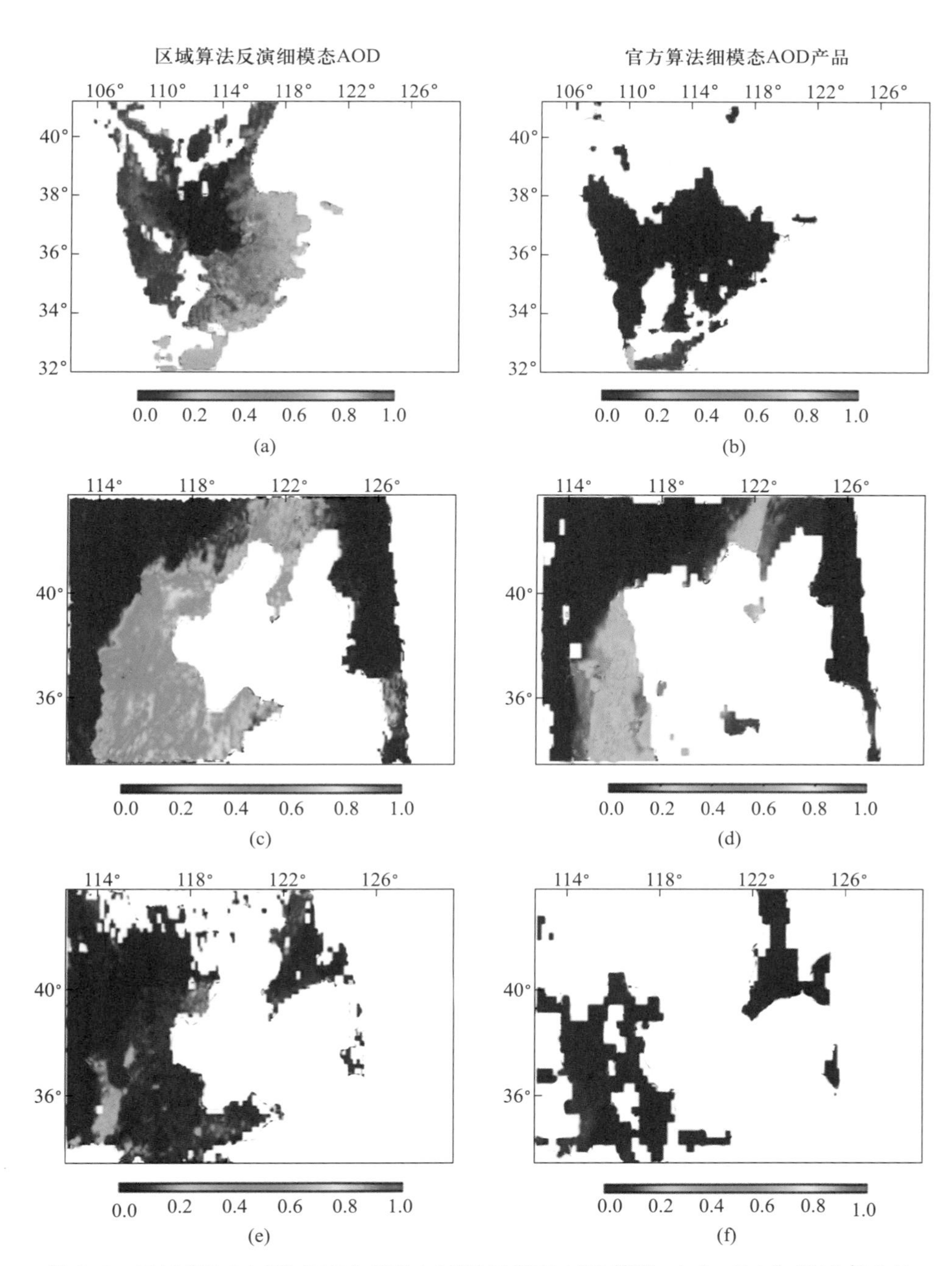

图 5-8 区域算法(左列)和官方算法(右列)细模态 AOD 结果:(a)、(b)为 2010 年 3 月 20 日的亚洲沙尘案例;(c)、(d)为 2010 年 10 月 6 日的污染案例;(e)、(f)为 2010 年 10 月 25 日的晴朗案例(Cheng et al., 2012)

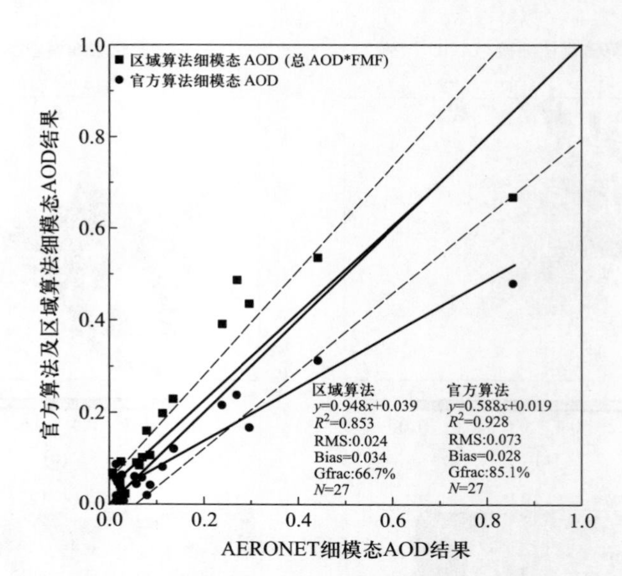

图 5-9 2010 年 9—12 月北京站细模态 AOD 反演结果、官方算法结果与 AERONET 结果对比(Cheng et al., 2012)

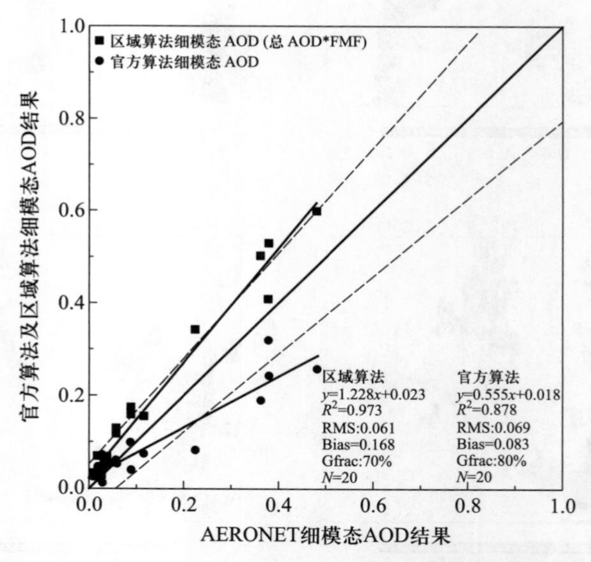

图 5-10 2010 年 9—12 月香河站细模态 AOD 反演结果和官方算法结果与 AERONET 结果对比(Cheng et al., 2012)

5.4.8 应用

考虑到东亚地区的气溶胶特性涵盖了细模态和粗模态，将本节算法应用于探测东亚地区的一次气溶胶污染事件，事件时间为2010年11月15—22日。基于PARASOL卫星搭载的POLDER传感器的天顶多角度总反射率和偏振反射率反演了AOD和FMF。

图5-11为2010年11月15—22日东亚地区上空的POLDER真彩色影像。中国华北平原和南部山区分布较厚的气溶胶棕色气团，其范围直至渤海和黄海。由于厚的气溶胶棕色气团的分布，导致卫星影像上华北平原的部分地区不可见。

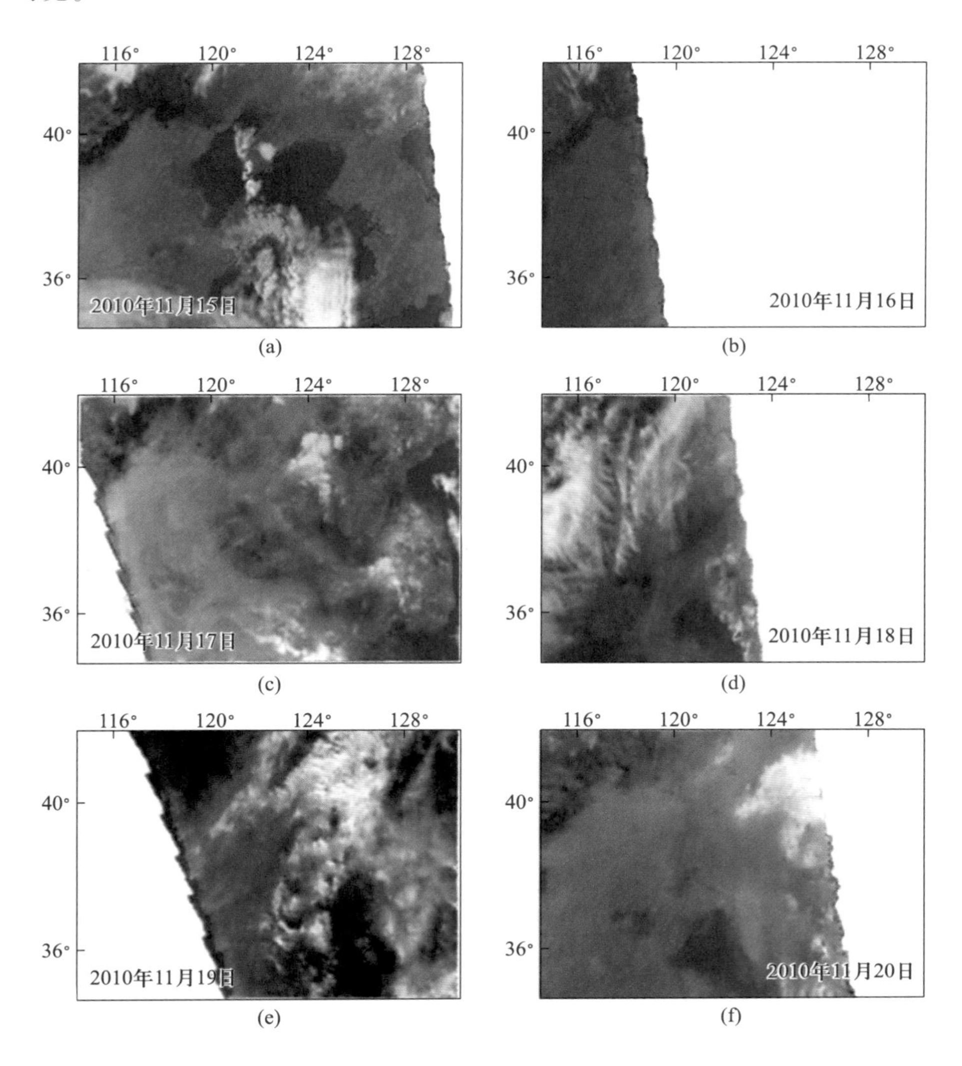

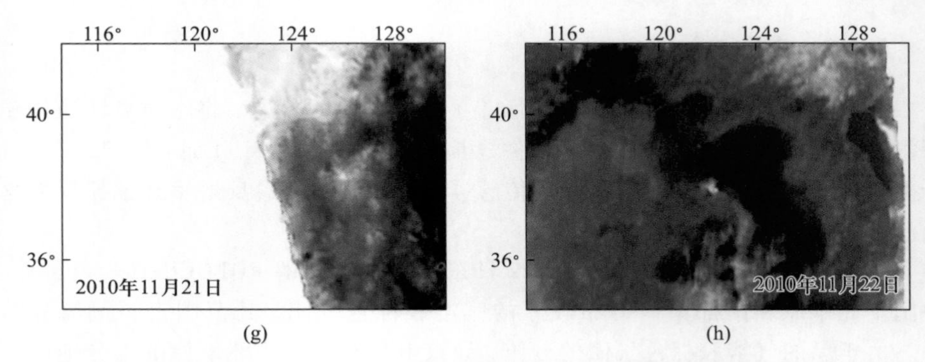

图 5-11 2010 年 11 月 15—22 日东亚地区 POLDER 真彩色影像（440 nm、565 nm、675 nm）(Cheng et al., 2012)

图 5-12 和图 5-13 为反演的细粒子 FMF 和 AOD。其中，2010 年 11 月 19 日和 21 日由于云污染导致没有结果。

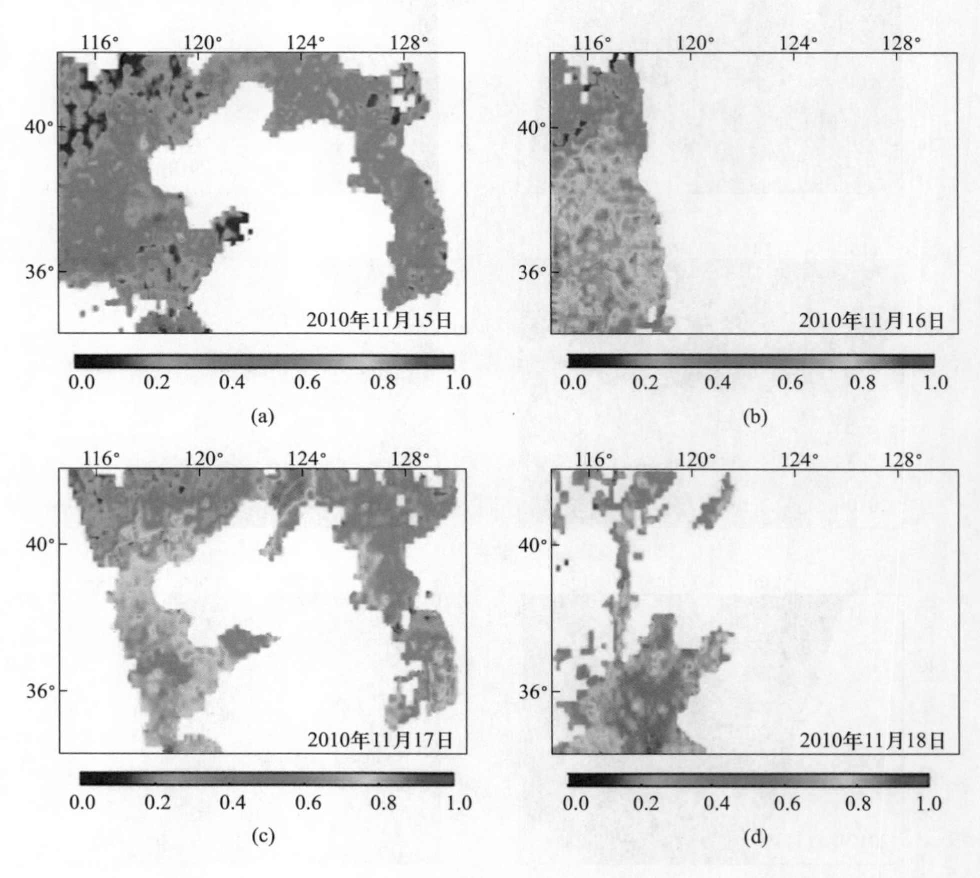

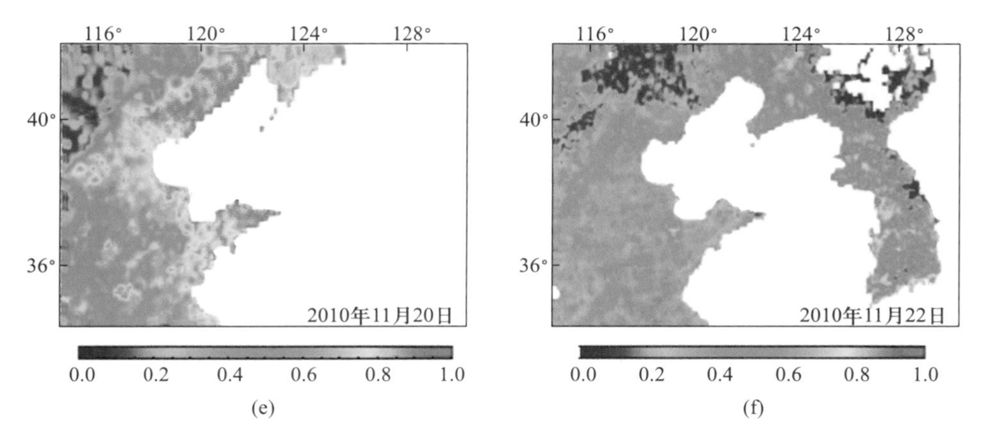

(e) (f)

图 5-12 2010 年 11 月 15—22 日东亚地区 FMF 结果(Cheng et al., 2012)

由于云污染, 11 月 19 日和 21 日结果缺失

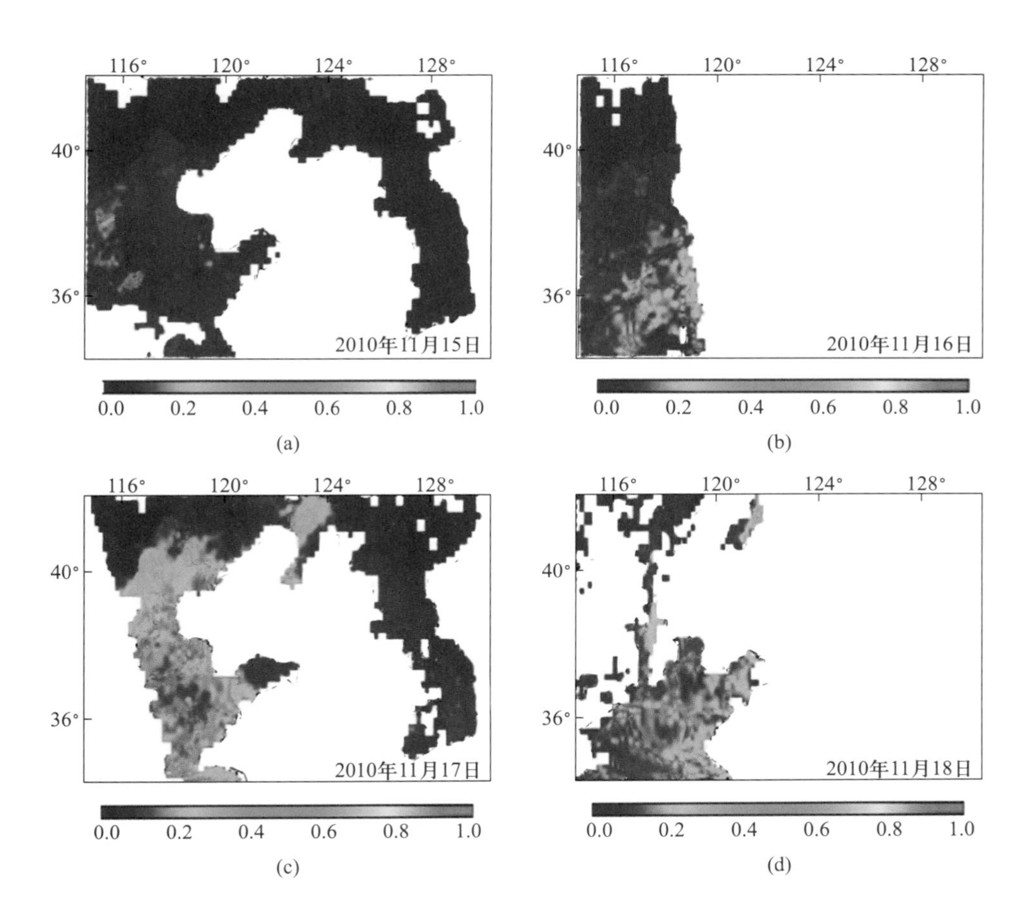

(a) (b)

(c) (d)

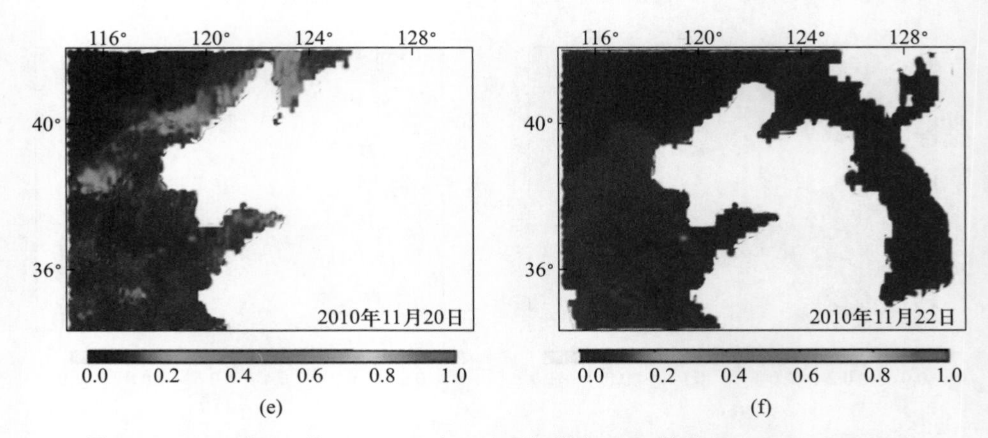

图 5-13 2010 年 11 月 15—22 日东亚地区细模态 AOD 结果(Cheng et al., 2012)
由于云污染, 19 日和 21 日结果缺失

从图 5-12 可以看出, FMF 从 2010 年 11 月 15 日的 0.4 增加至 11 月 18 日的 1.0, 然后减小至 11 月 20 日的 0.9, 直至 11 月 22 日的 0.4。从图 5-13 可以看出, 细粒子 AOD 从 2010 年 11 月 15 日的 0.1 增加至 11 月 18 日的 0.5, 然后减小至 11 月 20 日的 0.3, 直至 11 月 22 日的 0.1。图 5-12 和图 5-13 显示了 2010 年 11 月 15—22 日气溶胶污染事件的发展过程。

第 6 章

机载多角度偏振探测仪

6.1 多角度偏振探测仪简介

多角度偏振探测仪（Directional Polarimetric Camera，DPC）主要用于地球大气气溶胶和云探测，依据大气多角度多光谱偏振辐射数据可以获取全球大气气溶胶和云的时空分布及微物理特性信息，对全球气候变化研究、大气环境监测、遥感数据高精度大气校正等应用具有重要的作用。

为满足全球尺度日覆盖探测的要求，多角度偏振探测仪采用大视场光学系统，通过安装在转轮上的偏振片及滤光片旋转完成对入射辐射的光谱和偏振调制，采用大面阵 CCD 探测器满足覆盖宽度和空间分辨率的要求，实现大于 1400 km宽幅的大气多角度多光谱偏振辐射特性数据的获取。多角度偏振探测仪主体构型如图 6-1 所示。

多角度偏振探测仪在轨工作时，可以根据探测信号特点设置陆地模式、海洋模式和自定义模式，可以有效地进行不同下垫面目标大气偏振辐射信号探测。根据大气气溶胶、云时空分布及微物理特性参数反演算法要求，DPC 设置了 8 个通道（3 个偏振通道和 5 个非偏通道），采用偏振片/滤光片转轮旋转的顺序工作方式，每个偏振通道需要测量 3 次，每次测量的偏振片的偏振透光轴相互夹角为 60°。主要技术参数如表 6-1 所示。

根据偏振测量原理可知，为了获取（I，Q，U），需要三个角度的偏振片对同一个地物进行拍摄。DPC 的偏振片按照 0°、60°、120°的角度进行设计，偏振片和滤光片都安装在一个转轮上，称为偏振片/滤光片转轮（图 6-2）。整个转轮划分为 13 个扇区，其中一个扇区是起挡光作用（拍摄暗电流），其他 12 个扇区

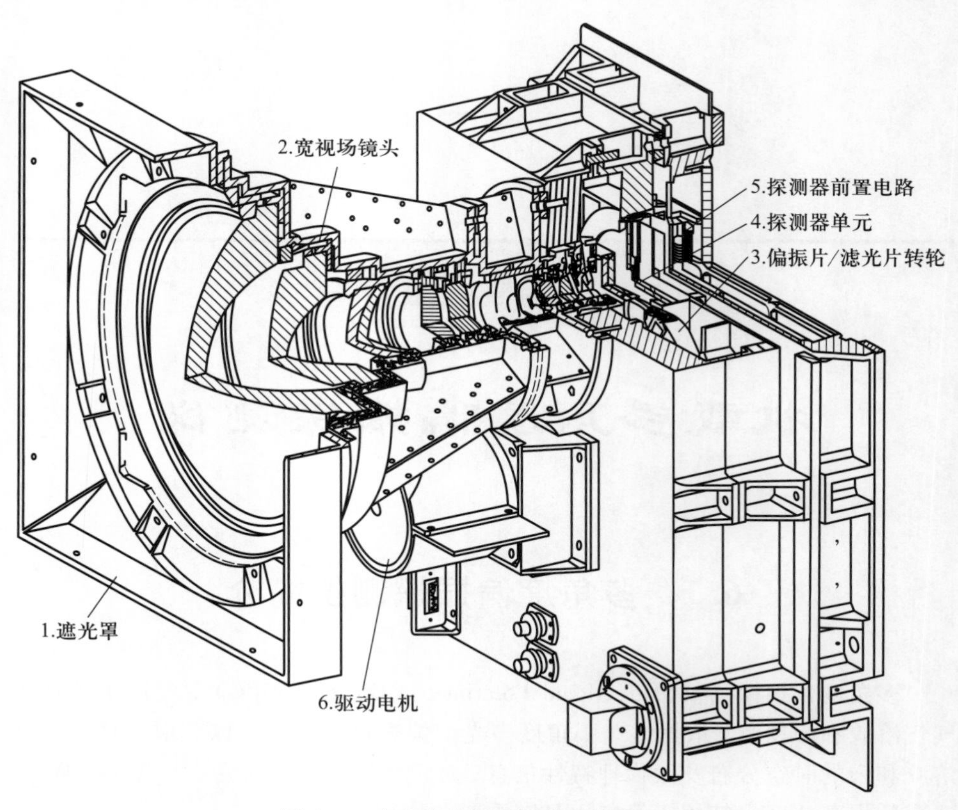

图 6-1 多角度偏振探测仪主体构型图

表 6-1 多角度偏振探测仪主要技术指标

技术参数	技术指标	
工作谱段/nm	433~453	480~500(P)
	555~575	660~680(P)
	758~768	745~785
	845~885(P)	900~920
偏振解析	线偏振，三方向 0°、60°、120°	
总视场	-50°~+50°	
多角度观测	沿轨大于 9 个角度	

分别由通光孔组成。每个非偏振通道的通光孔都安装了一个相应的滤光片，每个偏振通道的通光孔中分别安装偏振片和滤光片，并且保障每一个偏振波段对应的三个偏振片的主透射轴间隔 60°。

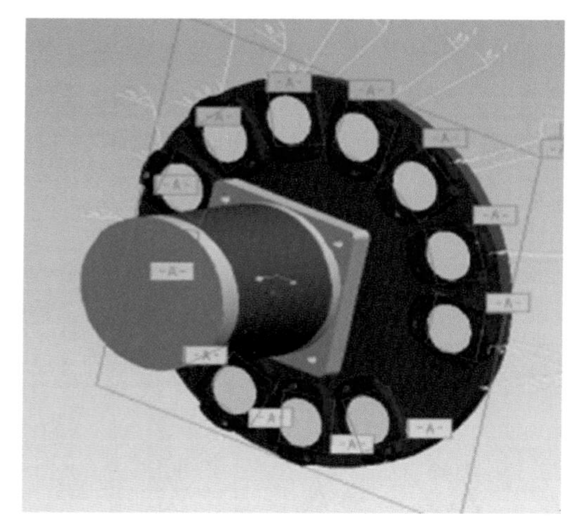

图 6-2 偏振片/滤光片转轮

进行拍摄时，每个偏振片需要进行一次拍摄，定标需要拍摄暗电流，全色波段拍摄三次。因此，每个成像周期拍摄的相片总数为 3×3+1+3=13。

CCD 相机采用 DALSA 公司生产的 TF 1M30 型科学级数字 CCD 相机，该相机探测器是帧转移体系结构，具有像元复位和反晕功能，无需快门，相机与采集之间的数据传输采用 Camera Link 标准。成像后的图像大小为 1024×1024 像素，图像数据为 12 bit，最大像元读出速率为 40 MHz。

6.2 多角度偏振数据预处理

在利用多角度反射率数据研究地表二向性反射特性和大气参数反演之前，必须对 DPC 获取的数据进行预处理。考虑 DPC 设计以及航空飞行的特点，预处理包括以下基本步骤：图像配准和采样变换、辐射定标、几何信息计算。图像配准和采样变换的目的是对齐不同偏振通道的图像，为辐射定标提供输入数据。辐射定标的目的是将图像的灰度值转换为反射率。通过利用几何信息计算太阳天顶角、观测天顶角和相对方位角，将从不同方向观测得到的反射率数据转换为具有物理意义的二向反射率。

6.2.1 图像配准和采样变换

DPC 在每个波段可以获得三个不同偏振通道的图像数据，DPC 没有加装飞行补偿装置，由于每张相片拍摄时的投影中心都不一样，导致了相同地物在不同图像中的位置不同，如图 6-3。根据偏振测量的原理可知，为了准确地计算 Stokes 参量，必须获得同一个地物在三个不同偏振滤光片的成像值。由于 DPC 是面阵成像，这就需要对不同图像进行配准，并基于配准结果来对图像进行采样变换，建立不同偏振滤光片成像图像之间重叠区域内每个像素之间的对应关系。

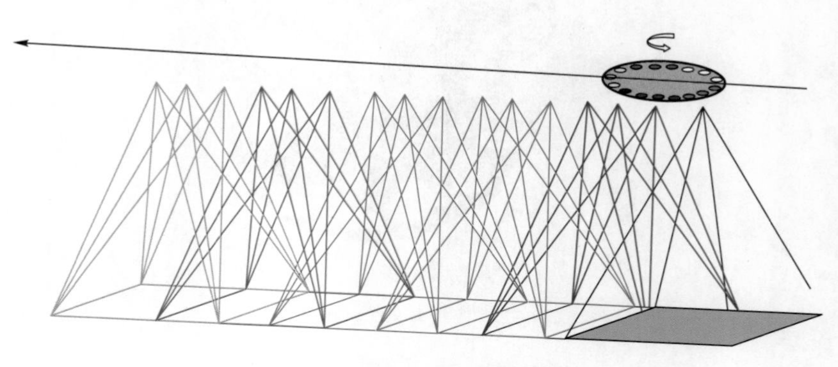

图 6-3 DPC 飞行测量示意图

(1) 图像配准常用方法

为了计算每个波段的 Stokes 参数，必须对同波段不同偏振通道的图像进行配准。匹配的方法很多，但一般都包括四个步骤(Zitová and Flusser, 2003)：特征提取、特征匹配、变形模型估算、图像重采样。

传统的图像自动配准可以分为两类：一类是直接法(Irani and Anandan, 1999; Szeliski and Kang, 1995)，另一类是基于特征的方法(Capel and Zisserman, 1998; Torr and Zisserman, 1999)。直接法利用重叠区域的灰度信息直接估计图像之间的变换关系，其优点是能利用所有的图像数据得到精确解。为了加快匹配的速度以及扩大匹配的范围，直接法常常会建立图像金字塔，然后由粗到精分级进行搜素(Quam, 1984; Anandan, 1989; Bergen et al., 1992)。基于特征的方法首先从图像中提取具有代表性的几何目标，如点、线或者其他形状的目标，然后建立这些几何目标的对应关系。这类方法中具有代表性的特征点提取方法是 Harris 角点探测法(Harris and Stephens, 1988)，该方法首先对图像分别进行 x、y 方向的差分，然后在一个区域内统计 Hessian 矩阵，最后根据 Hessian 矩阵的秩和矩阵迹，以及设定的阈值来判断一个像素点是否为特征点。当特征点提取出来后，常用的匹配方法是直接用特征点邻域内的图像纹理块来进行匹配，建立不同图像的特征点的对应关系。但这两种方法的缺点都是对图像尺度变化、灰度变化不鲁棒。

SIFT(scale invariant feature transform)是由 Lowe(2004)提出的一种特征点提取及配准算法，该算法不但能处理不同尺度的图像，而且对图像的亮度变化鲁棒，是目前公认的性能最优的特征点提取和配准算法。SIFT 特征点提取的核心是在高斯差分尺度空间中搜寻极值点，然后统计极值点邻域内的梯度方向的主方向以及直方图。由于利用梯度方向分布来描述点的特征，因此对图像的尺度变化以及明暗变化鲁棒。SIFT 特征点不仅可以从图像中提取特征点，还为每个特征点提供了特征描述，因此可以直接用于图像配准，甚至在图像识别中也得到了广泛应用。SIFT 运算比较耗时，但是基于 GPU 的 SIFT 加速算法可以极大地提高特征点的提取速度(Heymann et al., 2007)。

(2) Harris 算子

Harris 算法是由 Harris 和 Stephens 在 1988 年提出的一种混合的角点和边缘检测的方法，也称 Plessey 角点检测法。其基本思想是运用图像灰度的一阶导数来估算自相关矩阵，当某一像素点的自相关矩阵的特征值都非常大时，则认为该点为角点(即若某点向任一方向微小的变异都会引起灰度的很大变化，则该点是角点)(图 6-4)。

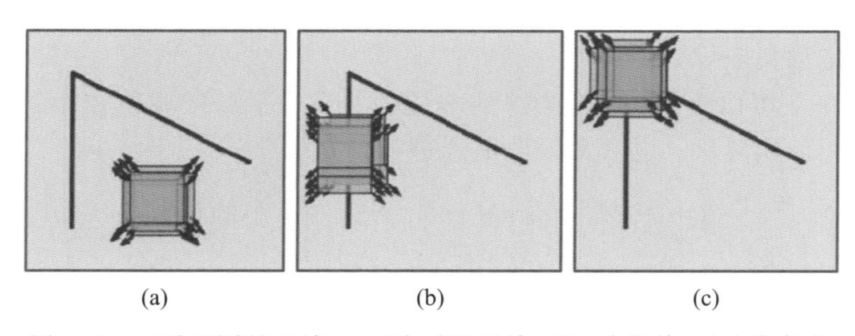

图 6-4 三种不同的区域：(a)为平坦区域，(b)为边缘，(c)为角点

记像素点(x, y)的灰度为 I，利用泰勒公式进行展开，图像的每个像素点(x, y)移动(u, v)的灰度强度变化表示为

$$E_{xy} = \sum_{u, v} \omega_{uv} [xI_x + yI_y + o(x^2 + y^2)]^2 \approx (x, y) \boldsymbol{M} (x, y)^{\mathrm{T}} \tag{6-1}$$

其中，ω_{uv} 为高斯窗口在(u, v)处的系数；I_x，I_y 分别为 x 方向和 y 方向上的一阶导数。如果忽略二阶导数的贡献，那么灰度强度的变化可以写为

$$\begin{aligned} E_{xy} &= \sum [xI_x + yI_y]^2 = \sum x^2 I_x^2 + 2xyI_xI_y + y^2 I_y^2 \\ &= [x \quad y] \sum \begin{bmatrix} I_x^2 & I_xI_y \\ I_xI_y & I_y^2 \end{bmatrix} \begin{bmatrix} x \\ y \end{bmatrix} \end{aligned} \tag{6-2}$$

$$\boldsymbol{M} = \begin{bmatrix} \left(\dfrac{\partial I}{\partial x}\right)^2 & \dfrac{\partial I}{\partial x}\dfrac{\partial I}{\partial y} \\ \dfrac{\partial I}{\partial x}\dfrac{\partial I}{\partial y} & \left(\dfrac{\partial I}{\partial y}\right)^2 \end{bmatrix} \tag{6-3}$$

称为像素点(x, y)的自相关矩阵。

提取角点的目的就是设计一个特征，该特征可以明显地将角点与平坦区域、边缘点(图6-5)进行区别。Harris的策略是为每个特征点设置一个邻域范围，然后计算该邻域范围内每个点在x方向和y方向上的一阶导数，根据一阶导数的分布规律来设计特征(图6-6)。

如果对上述一阶导数的集合进行主分量分析，就会发现平坦区域的两个特征值都较小，边缘部分的特征值一个较大一个较小，而角点的两个特征值都较大。根据这个规律，Harris算子计算各像素沿相同方向的平均灰度变化，选取最小值作为对应像素点的角点响应函数(corners response function，CRF)，其定义为

$$R=\det \boldsymbol{M}-k(trace\boldsymbol{M})^{2} \tag{6-4}$$

其中，$\det \boldsymbol{M}=\lambda_1\lambda_2$；$trace=\lambda_1+\lambda_2$，$\lambda_1$和$\lambda_2$为$\boldsymbol{M}$的特征值；$k$为经验值，通常取$k=0.04$。局部区域中对应角点响应函数的最大值的点，并且大于设定的阈值的点就被认定为角点。

从图6-7可以看出，线性边缘的响应值为负，平坦区域值较小，而角点的响应值较大。实际中，也常常采取下式进行判别：

$$R=\det \boldsymbol{M}/(trace\boldsymbol{M}+\varepsilon)\text{，}\varepsilon\text{为任意小的正数} \tag{6-5}$$

与Harris角点检测算子中的角点响应函数$R=\det \boldsymbol{M}-k(trace\boldsymbol{M})^{2}$相比，该角点响应函数避免了$k$的选取，减少了$k$选择的随机性，更具有实用性。

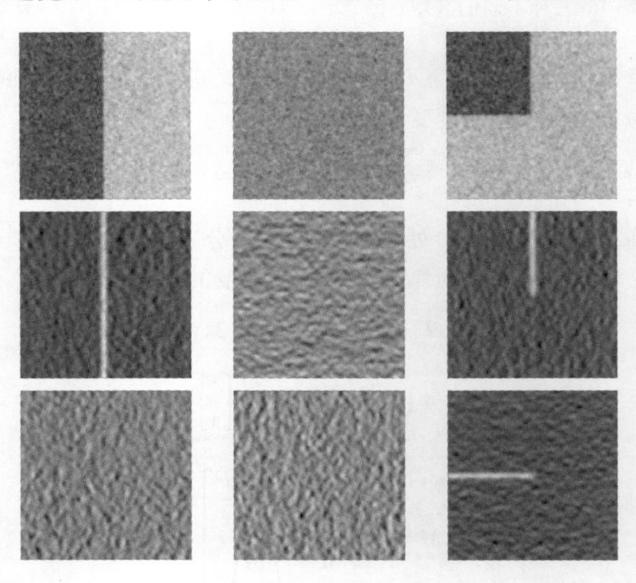

图6-5 三种不同区域的邻域特征(从左到右为边缘点、平坦点、角点)

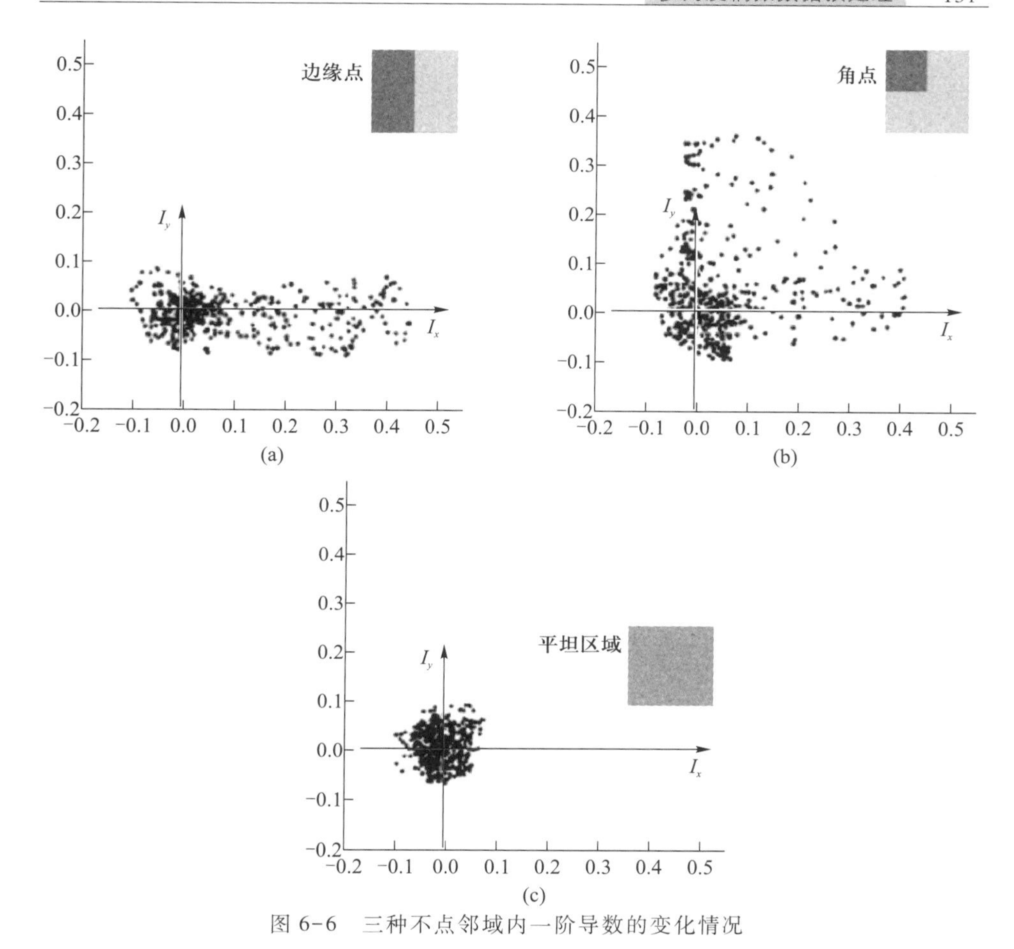

图 6-6 三种不点邻域内一阶导数的变化情况

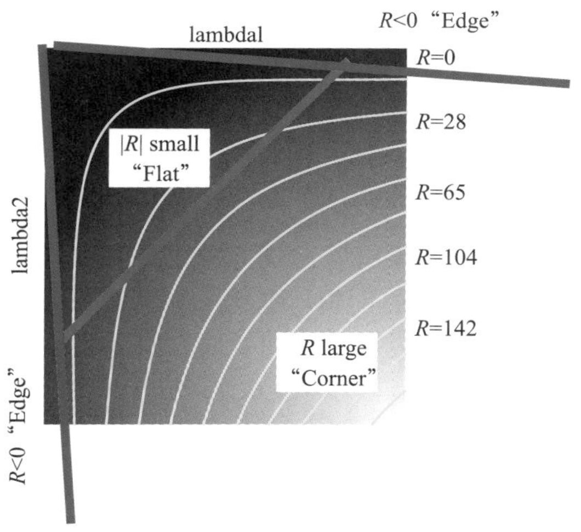

图 6-7 不同特征区域角点响应函数的变化规律

(3) SIFT 算子

SIFT 算法涉及了尺度空间的概念。尺度属于图像信息，其大小是指对同一景物分别进行近景(图像的细节特征)和远景(图像的概貌特征)拍摄，分别对应该景物的大尺度和小尺度。尺度空间理论最早出现于计算机视觉领域，目的是模拟图像数据的多尺度特征。Koenderink(1984)和 Lindeberg(1994)的成果可以证明实现尺度变换的唯一线性核是高斯卷积核。一幅二维图像的尺度空间定义为

$$L(x, y, s)=G(x, y, s) * I(x, y) \tag{6-6}$$

其中，$G(x, y, \sigma)$是尺度可变的二维高斯函数：

$$G(x, y, \sigma)=\frac{1}{2\pi\sigma^2}\mathrm{e}^{-(x^2+y^2)/2\sigma^2} \tag{6-7}$$

其中，(x, y)为图像的像素坐标；σ 为尺度空间因子(其值大小与该图像被平滑的程度成正比)。高斯差分尺度空间(difference-of-Gaussian, DoG)可由不同尺度的高斯差分核与图像卷积生成。DoG 算子是两个不同尺度的高斯核的差分，计算简单，是归一化 LoG(Laplacian-of-Gaussian)算子的近似：

$$\begin{aligned}D(x, y, \sigma)&=(G(x, y, k\sigma)-G(x, y, \sigma)) * I(x, y)\\&=L(x, y, k\sigma)-L(x, y, \sigma)\end{aligned} \tag{6-8}$$

一幅图像 SIFT 特征向量的生成算法总共包括以下 5 个步骤：

① 在尺度空间中初步检测关键点；

② 精确确定关键点；

③ 为关键点分配方向；

④ SIFT 特征向量的生成；

⑤ 特征点匹配。

根据 SIFT 算法检测特征点的过程，可以看出其具有以下特点。

① 稳定性强：对很多因素的变化都保持不变，如尺度放大与缩小、图像旋转、光照强弱变化、视角切换、仿射等。

② 信息量大：适用于在海量特征数据库中进行快速、准确的匹配。

③ 特征向量多：只要有明显的物体就能产生大量 SIFT 特征向量。

④ 提取特征向量速度快，经优化后可达到实时的匹配。

(4) 采样变换

从图像中提取的特征点一般有限，而且分布也不均匀。为了利用配准后的离散的特征点对来建立整幅影像之间的映射，需要使用变换模型。常用的变换模型包括相似变换模型、仿射变换模型、多项式模型、投影模型、薄板样条

(thin plate spline, TPS)模型和三角网格模型等。

相似变换模型公式为

$$\begin{bmatrix} x' \\ y' \end{bmatrix} = s\begin{bmatrix} \cos\theta & -\sin\theta \\ \sin\theta & \cos\theta \end{bmatrix}\begin{bmatrix} x \\ y \end{bmatrix} + \begin{bmatrix} a \\ b \end{bmatrix} \tag{6-9}$$

相似变换包括旋转、缩放和平移。相似变换有 4 个未知数，每对点可以列出两个方程，因此只要有两对点就可以解算所有未知数。相似变换可以保证平行和夹角不变。

仿射变换的公式为

$$\begin{bmatrix} x' \\ y' \end{bmatrix} = \begin{bmatrix} a & b \\ d & e \end{bmatrix}\begin{bmatrix} x \\ y \end{bmatrix} + \begin{bmatrix} c \\ f \end{bmatrix} \tag{6-10}$$

仿射变换包括 6 个未知数，利用三对点可以解算出所有的未知数。仿射变换能保证平行性不变。

投影模型是严格的成像模型，设第一张图像的投影公式为

$$\boldsymbol{x} = \boldsymbol{K}[I \quad 0]\boldsymbol{X} \tag{6-11}$$

展开为

$$\begin{bmatrix} x \\ y \\ 1 \end{bmatrix} = \lambda \boldsymbol{K}\begin{bmatrix} X \\ Y \\ Z \end{bmatrix} \tag{6-12}$$

根据 $\boldsymbol{K}$ 的表达式可以得到：$1=\lambda Z$，即 $\lambda=\frac{1}{Z}$，所以有

$$\begin{bmatrix} X \\ Y \\ Z \end{bmatrix} = Z\boldsymbol{K}^{-1}\begin{bmatrix} x \\ y \\ 1 \end{bmatrix} \tag{6-13}$$

设第二张图像的投影公式为

$$x' \cong \boldsymbol{K}'[R \quad t]\boldsymbol{X} \tag{6-14}$$

展开为

$$x' \cong \boldsymbol{K}'R\boldsymbol{X} + \boldsymbol{K}'t \tag{6-15}$$

将根据第一张图像计算得到的三维坐标代入上式公式，可以得到

$$\begin{bmatrix} x' \\ y' \\ 1 \end{bmatrix} \cong Z\boldsymbol{K}'R\boldsymbol{K}^{-1}\begin{bmatrix} x \\ y \\ 1 \end{bmatrix} + \boldsymbol{K}'t \tag{6-16}$$

由于公式两边存在一个比例因子，因此可以将公式右边乘上$\frac{1}{Z}$，得到

$$\begin{bmatrix} x' \\ y' \\ 1 \end{bmatrix} \cong \boldsymbol{K}'R\boldsymbol{K}^{-1}\begin{bmatrix} x \\ y \\ 1 \end{bmatrix} + \frac{\boldsymbol{K}'t}{Z} \tag{6-17}$$

$\boldsymbol{K}$、$\boldsymbol{K}'$是 DPC 的内方位元素矩阵，定标后为固定值。R、t 是两张图像之间的相对关系，只与两张图像的拍摄位置和姿态有关。但是不同的图像点对应的 Z 值是不相同的，因此只有 Z 值已知时，才能根据一张图像中的图像坐标来计算其在另外一张图像上的对应坐标。如果地面点位于同一个平面上，那么可以证明，不同图像同名点之间的映射关系为

$$x' = \frac{ax+by+c}{dx+ey+1} \tag{6-18}$$

$$y' = \frac{fx+gy+h}{dx+ey+1} \tag{6-19}$$

写为矩阵的形式为

$$\begin{bmatrix} x' \\ y' \\ 1 \end{bmatrix} = \begin{bmatrix} a & b & c \\ f & g & h \\ d & e & 1 \end{bmatrix}\begin{bmatrix} x \\ y \\ 1 \end{bmatrix} \tag{6-20}$$

设

$$\boldsymbol{H} = \begin{bmatrix} a & b & c \\ f & g & h \\ d & e & 1 \end{bmatrix} \tag{6-21}$$

$\boldsymbol{H}$ 矩阵也常被称为 Homography 矩阵。

薄板样条是一种常用的变换函数（Harder and Desmarais，1972；Goshtasby，1988），公式为

$$f(x,\ y) = a_1 + a_x x + a_y y + \sum_{i=1}^{n} \omega_i U(\| (x_i,\ y_i) - (x,\ y) \|) \tag{6-22}$$

TPS 可以看作一个仿射变换与局部修正的结合，可以在整体变形的同时考虑局部控制点的影响。可以通过解算线性方程的方式来计算 TPS 的所有参数，其矩阵形式为

$$\begin{pmatrix} K & P \\ P^{\mathrm{T}} & 0 \end{pmatrix}\begin{pmatrix} \boldsymbol{\omega} \\ a \end{pmatrix} = \begin{pmatrix} \boldsymbol{v} \\ 0 \end{pmatrix} \tag{6-23}$$

三角网格模型首先建立 Delaunay 三角剖分算法来根据离散点构造三角网格模型，然后利用三角网格来建立局部映射关系并进行变换。其优点是可以利用三角形来快速建立局部映射，但缺点是三角网覆盖区域外的部分变形较大。

（5）DPC 图像配准与重采样算法设计

同一个波段不同偏振通道的图像从总体上来看比较相似，可使用基于区域的相关系数来作为特征匹配时相似度判断的标准。DPC 的图像大小为 1024×1024，在原始大小上进行匹配的运算量较大，因此通过建立金字塔影像，分级搜索的方法提高匹配的速度。相同波段不同偏振片之间进行配准时，基准图像为第二个偏振片（60°）对应的图像，可以减少图像变形的程度。为了提高配准的精度，首先采用 SIFT 算子来进行精确的定位，并根据稀疏特征点来建立映射关系，然后基于映射关系来进行 Harris 密集匹配。

相关系数可以处理灰度的整体拉伸和简单的变形，但是无法处理严重的几何和颜色差异。DPC 获取的不同波段的图像之间的区别很大，采用相关系数无法获得大量稳定的特征点。研究采用著名的 SIFT 算子对不同波段的 DPC 图像进行匹配，可取得比相关系数更好的效果。不同波段进行配准时，为了减少变形程度，以 665 nm 波段的 60°偏振片作为基准图像，最后采用二次多项式模型对图像进行重采样。图 6-8 为 2009 年 12 月 4 日相同波段不同偏振片成像之间的配准结果。图 6-9 为不同波段配准后的假彩色合成效果。

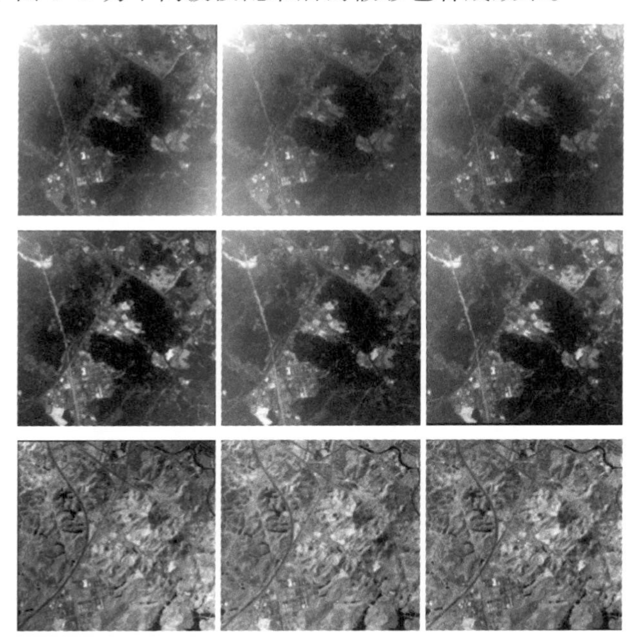

图 6-8 相同波段不同偏振片成像之间的配准结果

2009 年 12 月 4 日第 4 航带 32 拍摄周期

图 6-9 不同波段配准后的假彩色合成效果
绿光通道 865 nm，红光通道 665 nm，蓝光通道 490 nm

6.2.2 辐射定标

(1) 辐射定标原理

参考法国 POLDER 实验室定标(Hagolle et al., 1996, 1999)的思路，通过确定辐射模型参数实现遥感器自身的定标。根据航空偏振成像仪自身的特色，辐射模型略有一点变化(陈立刚等，2008)：

① 辐射模型不考虑 CCD 探测器相对增益系数、相对曝光时间、相对高频透光率；

② 辐射模型增加了 CCD 探测器的帧转移曝光效应(影响较小，可以不采用)；

③ 采用挡板信道(信道号 10)进行暗电流校正(曝光时间差异对暗电流影响很小)。

$$X_{l,p}^{k,a}=A^k \cdot T^{k,a} \cdot Z^k(l) \cdot P^{k,a}(l,p) \cdot [P_1^{k,a}(l,p) \cdot I_{l,p}^k + P_2^{k,a}(l,p) \cdot Q_{l,p}^k + P_3^{k,a}(l,p) \cdot U_{l,p}^k] + C_{l,p} \tag{6-24}$$

其中，k 代表不同波段；a 代表不同偏振方向；k 和 a 可一起代表一个偏振通道；$T^{k,a}$ 为检偏器和滤光片的相对透过率；$C_{l,p}$ 为暗电流系数；A^k 为绝对辐射定标系数；$P^{k,a}(l,p)$ 为低频部分的透过率；$P_1^{k,a}(l,p)$、$P_2^{k,a}(l,p)$ 和 $P_3^{k,a}(l,p)$ 为光学系统的偏振参数；$I_{l,p}^k$、$Q_{l,p}^k$、$U_{l,p}^k$ 为待求的三个 Stokes 参数。

CCD 探测器像素坐标号(l,p)与(θ,φ)可以相互转化

$$\theta = \arctan\left(\frac{\sqrt{(l-512.5)^2+(p-512.5)^2}\times 12}{10650}\right) \tag{6-25}$$

$$\varphi = \arctan\left(\frac{p-512.5}{l-512.5}\right) \tag{6-26}$$

计算时实际使用的公式为

$$\boldsymbol{G}\cdot\begin{bmatrix} I^k \\ Q^k \\ U^k \end{bmatrix} = \frac{1}{A^k}\begin{bmatrix} X_{l,p}^{k,1}-C_{l,p} \\ X_{l,p}^{k,2}-C_{l,p} \\ X_{l,p}^{k,3}-C_{l,p} \end{bmatrix} \tag{6-27}$$

由于低频透过率的拟合系数 $P^{k,a}(\theta)$ 和帧转移曝光效应 $Z(l)$ 都与 (l, p)、(θ, φ) 有关，程序计算时将两者合并为 $PZ_{l,p}^{k,a}(a=1, 2, 3)$

$$PZ_{l,p}^{k,a} = [x(1)\times\theta^2 + x(2)\times\theta + x(3)]\cdot\frac{x(4)+0.00273\cdot l}{x(4)+1.4} \tag{6-28}$$

其中，$x(1)$、$x(2)$、$x(3)$、$x(4)$ 参照上述 $P^{k,a}(\theta)$ 和 $Z(l)$ 的相关参数。

$\boldsymbol{G}$ 为 3×3 矩阵：

$$\begin{bmatrix} T^{k,1}\cdot PZ_{l,p}^{k,1}\cdot P_1^{k,1}(l,p) & T^{k,1}\cdot PZ_{l,p}^{k,1}\cdot P_2^{k,1}(l,p) & T^{k,1}\cdot PZ_{l,p}^{k,1}\cdot P_3^{k,1}(l,p) \\ T^{k,2}\cdot PZ_{l,p}^{k,2}\cdot P_1^{k,2}(l,p) & T^{k,2}\cdot PZ_{l,p}^{k,2}\cdot P_2^{k,2}(l,p) & T^{k,2}\cdot PZ_{l,p}^{k,2}\cdot P_3^{k,2}(l,p) \\ T^{k,3}\cdot PZ_{l,p}^{k,3}\cdot P_1^{k,3}(l,p) & T^{k,3}\cdot PZ_{l,p}^{k,3}\cdot P_2^{k,3}(l,p) & T^{k,3}\cdot PZ_{l,p}^{k,3}\cdot P_3^{k,3}(l,p) \end{bmatrix} \tag{6-29}$$

对于非偏振通道，基于 $P_1^k=1$，$P_2^k=0$，$P_3^k=0$ 的假设，实际使用的计算公式为

$$I^k = \frac{X_{l,p}^k - C_{l,p}}{A^k\cdot PZ^k},\ Q^k = U^k = 0 \tag{6-30}$$

绝对辐射定标系数参见表 6-2；相对透过率参见表 6-3；低频透过率的拟合系数参见表 6-4。

表 6-2 绝对辐射定标系数 A^k

[单位：$DN/(\mu W\cdot cm^{-2}\cdot sr^{-1}\cdot nm^{-1})$]

波段	通道号	绝对辐射定标系数
490 nm	1、2、3	390.2686
665 nm	4、5、6	695.8349
865 nm	7、8、9	160.8048

表 6-3 滤光片/偏振片转轮的相对透过率 $T^{k,a}$

波段	通道号	相对透过率
490 nm	1	0.8635
	2	1.0000
	3	0.9155
665 nm	4	0.9746
	5	1.0000
	6	0.9544
865 nm	7	1.0627
	8	1.0000
	9	1.0127

表 6-4 各波段的拟合系数

波段	通道号	$x(1)$	$x(2)$	$x(3)$	$x(4)$	$x(5)$	$x(6)$	$x(7)$	$x(8)$
490 nm	1	0	0	0	-0.8152	0.269	-0.02932	-0.04227	0.9835
	2	0	0	0	-0.8747	0.5024	-0.149	-0.01693	0.9959
	3	0	0	0	-1.543	1.18	-0.3986	0.02139	1.008
665 nm	4	0	0	0	-1.138	1.334	-0.9167	0.09717	0.9919
	5	0	0	0	-1.005	1.001	-0.6993	0.07841	0.9921
	6	0	0	0	-1.4	1.529	-0.9356	0.1185	1.005
865 nm	7	0	-19.59	34.73	-21.7	5.253	-0.5275	-0.1277	0.9984
	8	0	-21.46	37.43	-23.14	5.68	-0.6483	-0.08465	0.9965
	9	-97.79	206.3	-172.4	73.37	-17.35	2.062	-0.2195	0.9963

低频透过率的多项式拟合公式为

$$P(\theta)=x(1)\times\theta^7+x(2)\times\theta^6+x(3)\times\theta^5+x(4)\times\theta^4+x(5)\times\theta^3+x(6)\times\theta^2+x(7)\times\theta+x(8) \tag{6-31}$$

其中，θ 为弧度。

CCD 探测器像素坐标号(l, p)与(θ, φ)的关系如下：

视场角（假设航空偏振成像仪线性成像）

$$\theta=\arctan\left(\frac{\sqrt{(l-525)^2+(p-500)^2\times12}}{10650}\right) \tag{6-32}$$

坐标号为(l, p)的像素在CCD探测器坐标系中的角度为

$$\varphi=\begin{cases}\phi & (第一象限)\\ \phi+\pi & (第二、三象限)\\ \phi+2\pi & (第四象限)\end{cases} \tag{6-33}$$

其中，

$$\phi=\arctan\left(\frac{p-525}{l-500}\right) \tag{6-34}$$

光学系统偏振参数参见表6-5。

其中，

$$\varepsilon_i(\theta)=x(1)\times\theta^6+x(2)\times\theta^5+x(3)\times\theta^4+x(4)\times\theta^3+ x(5)\times\theta^2+x(6)\times\theta+x(7) \tag{6-35}$$

拟合系数见表6-6。

表6-5 光学系统偏振参数

波段	通道	$P_1^{k,a}(\theta, \varphi)$	$P_2^{k,a}(\theta, \varphi)$	$P_3^{k,a}(\theta, \varphi)$
490 nm	1	$1+\varepsilon_1(\theta)\cos(2\varphi-2.0395)$	$\varepsilon_1(\theta)\cos(2\varphi)+\cos(2.0395)$	$\varepsilon_1(\theta)\sin(2\varphi)+\sin(2.0395)$
	2	$1+\varepsilon_1(\theta)\cos(2\varphi)$	$\varepsilon_1(\theta)\cos(2\varphi)+1$	$\varepsilon_1(\theta)\sin(2\varphi)$
	3	$1+\varepsilon_1(\theta)\cos(2\varphi+2.2854)$	$\varepsilon_1(\theta)\cos(2\varphi)+\cos(2.2854)$	$\varepsilon_1(\theta)\sin(2\varphi)-\sin(2.2854)$
665 nm	4	$1+\varepsilon_2(\theta)\cos(2\varphi-2.0814)$	$\varepsilon_2(\theta)\cos(2\varphi)+\cos(2.0814)$	$\varepsilon_2(\theta)\sin(2\varphi)+\sin(2.0814)$
	5	$1+\varepsilon_2(\theta)\cos(2\varphi)$	$\varepsilon_2(\theta)\cos(2\varphi)+1$	$\varepsilon_2(\theta)\sin(2\varphi)$
	6	$1+\varepsilon_2(\theta)\cos(2\varphi+2.0970)$	$\varepsilon_2(\theta)\cos(2\varphi)+\cos(2.0970)$	$\varepsilon_2(\theta)\sin(2\varphi)-\sin(2.0970)$
865 nm	7	$1+\varepsilon_3(\theta)\cos(2\varphi-1.7099)$	$\varepsilon_3(\theta)\cos(2\varphi)+\cos(1.7099)$	$\varepsilon_3(\theta)\sin(2\varphi)+\sin(1.7099)$
	8	$1+\varepsilon_3(\theta)\cos(2\varphi+0.3915)$	$\varepsilon_3(\theta)\cos(2\varphi)+\cos(0.3915)$	$\varepsilon_3(\theta)\sin(2\varphi)-\sin(0.3915)$
	9	$1+\varepsilon_3(\theta)\cos(2\varphi+2.4231)$	$\varepsilon_3(\theta)\cos(2\varphi)+\cos(2.4231)$	$\varepsilon_3(\theta)\sin(2\varphi)-\sin(2.4231)$

表 6-6 拟合系数

偏振波段	x(1)	x(2)	x(3)	x(4)	x(5)	x(6)	x(7)
$i=1$	-9.145	20.36	-16.54	6.222	-1.021	0.07182	0.001345
$i=2$	0	3.942	-5.508	3.041	-0.6798	0.07617	-0.001772
$i=3$	0	4.529	-5.735	3	-0.5572	0.05583	0.003292
$i=4$	-5.197	13.22	-11.76	4.852	-0.8839	0.07539	0.001403
$i=5$	0	4.638	-6.27	3.41	-0.725	0.07811	0.002368
$i=6$	0	4.664	-6.186	3.329	-0.6834	0.07227	0.002664

(2) 辐射定标结果

我们以 2009 年 12 月 9 日第 4 航带 32 拍摄周期的图像为例，介绍辐射定标的结果。

图 6-10 为辐射定标后的结果，三个偏振通道的图像经过配准与重采样后，相同行列号的像素对应的同一个地物。将三个偏振通道的值代入辐射定标公式，可以得到三个线性方程组，解方程可以得到唯一的 I、Q、U 值。

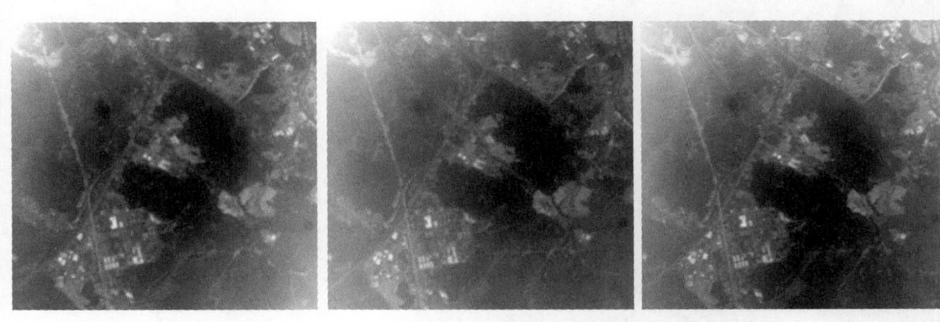

(a) 从左到右：三个偏振通道成像

(b) 从左到右：490 nm辐射定标后的I、Q、U值图像

图 6-10 490 nm 图像数据根据配准和采样变换后进行辐射定标的结果

6.2.3 几何信息计算

几何信息包括拍摄时每张相片的太阳天顶角以及每个像素对应地物点的观测天顶角、相对方位角。航飞时将 DPC 与航空定位定向系统(Position and Orientation System, POS)绑定在一起(图 6-11),可以实时获得拍摄每张相片时的仪器姿态和位置信息。

图 6-11 DPC 与 POS(IMU+GPS)绑定

IMU 表示惯性测量单位;GPS 为全球定位系统

(1) 几何信息处理流程和原理

每个航带都有一个记录 POS 对应的 GPS 时间的文件(POS 事件文件),命名为 POS+航带号,如第 4 航带对应的 POS 事件文件为 POS04,该文件中记录了每个图像拍摄时的 GPS 时间。在加载某个周期的文件时,会同时加载 POS 事件文件,并根据 raw 格式的文件名来分解出周期号。根据 GPS 时间可以查询 POS 数据值,所有的 GPS 时间和其对应的 POS 数据统一放在一个文件中,该文件需要提前加载。POS 数据处理流程见图 6-12。

根据 POS 提供的信息,可以计算出图像中每个像素对应的 WGS84 坐标,从而得到成像时传感器相对于每个大地点的观测天顶角,也可以计算出每个传感器相对于大地点的方位角。根据星下点的坐标可计算出太阳相应与星下点的方位角。从而得到传感器和太阳之间的相对方位角。

太阳天顶角为 θ_s;观测天顶角为 θ_v;相对方位角为 ϕ;散射角为 γ(常用 Θ 来表示)。为了计算观测天顶角,首先要计算每个像素点的大地坐标。利用 POS 数据,根据共线方程可以建立大地点到图像点的投影方程,由于共线方程只有两个方程,所以无法恢复三维点的信息。但如果我们假设地面点的高程已

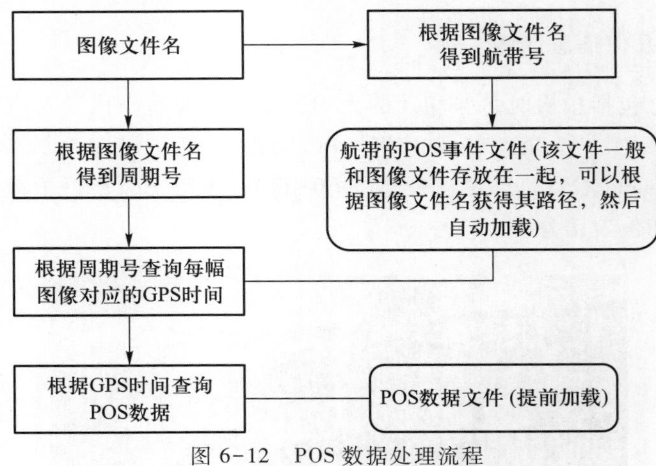

图 6-12 POS 数据处理流程

知，比如航飞区域的地表比较平坦时，可以假设所有地面点的高程为0，就可根据图像点来计算大地点的 X、Y 坐标。

共线方程(张祖勋和张剑清，2000)的公式为

$$\begin{cases} x=-f\dfrac{a_1(X-X_S)+b_1(Y-Y_S)+c_1(Z-Z_S)}{a_3(X-X_S)+b_3(Y-Y_S)+c_3(Z-Z_S)} \\ y=-f\dfrac{a_2(X-X_S)+b_2(Y-Y_S)+c_2(Z-Z_S)}{a_3(X-X_S)+b_3(Y-Y_S)+c_3(Z-Z_S)} \end{cases} \tag{6-36}$$

其中，f 为镜头焦距；$(X_S, Y_S, Z_S, \omega, \varphi, \kappa)$ 为外方位元素，由 POS 提供；$X-X_S$ 等同于上一步计算的每个点的相对地理坐标。计算出的(x, y)即为正射影像中每个点对应源图像的像平面坐标。散射角是入射的太阳光与反射后进入传感器的反射光线的夹角，散射角在地表二向性反射分布模型以及气溶胶反演中有着重要的作用，计算公式为

$$\Theta=\cos^{-1}(-\cos\theta_0\cos\theta+\sin\theta_0\sin\theta\cos\phi) \tag{6-37}$$

设 $\mu_0=\cos\theta_0$，$\mu=\cos\theta$，则散射角的计算公式可以写为

$$\Theta=\cos^{-1}(-\mu_0\mu+\sqrt{1-\mu_0^2}\sqrt{1-\mu^2}\cos\phi) \tag{6-38}$$

(2) DPC 数据几何处理结果

以 2009 年 12 月 4 日第 4 航带 32 拍摄周期拍摄的图片为例，POS 系统测量得到该周期中波段 665 nm 第二偏振通道成像时星下点的经纬度坐标为(22.524351° N, 113.491792° E)，DPC 投影中心的大地坐标为 X = 756306.128000，Y=2493003.115000，Z=4030.547000。三个姿态角度分别为 1.995390、1.159870、−19.136800。处理结果见图 6-13。

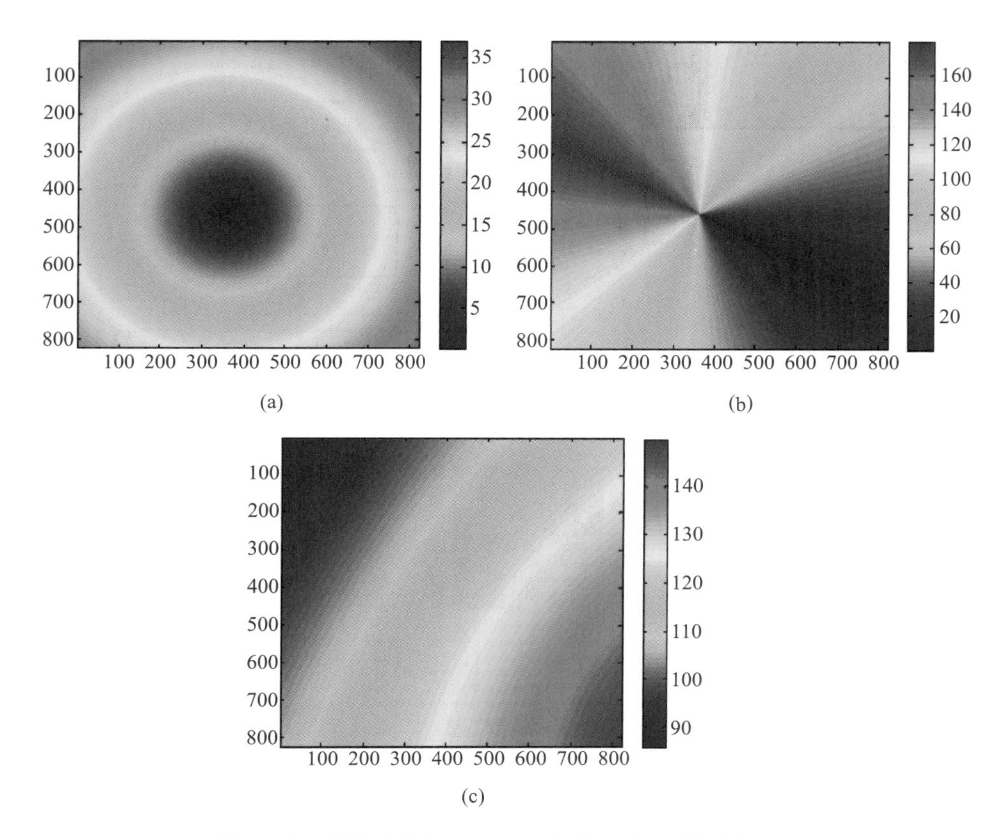

图 6-13 观测天顶角(a)、相对方位角(b)、散射角(c)

6.3 航空偏振气溶胶反演算法

6.3.1 反演原理和流程

传感器接收的辐射信息包括三个部分：气体分子对太阳光的反射(可以用瑞利散射来描述)贡献，气溶胶对太阳光的反射贡献，地表反射贡献。图6-14中的内容可采用下式描述：

$$Rp_{\lambda}^{\text{Meas}}(z, \theta_{\text{s}}, \theta_{\text{v}}, \varphi_r) = Rp_{\lambda}^{\text{Atm}}(z, \theta_{\text{s}}, \theta_{\text{v}}, \varphi_r) + Rp_{\lambda}^{\text{Surf}}(\theta_{\text{s}}, \theta_{\text{v}}, \varphi_r) T_{\lambda}^{\downarrow}(\theta_{\text{s}}) T_{\lambda}^{\uparrow}(\theta_{\text{v}}) \tag{6-39}$$

其中，$Rp_{\lambda}^{\text{Atm}}(z, \theta_{\text{s}}, \theta_{\text{v}}, \varphi_r)$代表黑体上空的大气偏振贡献(即偏振程辐射反射

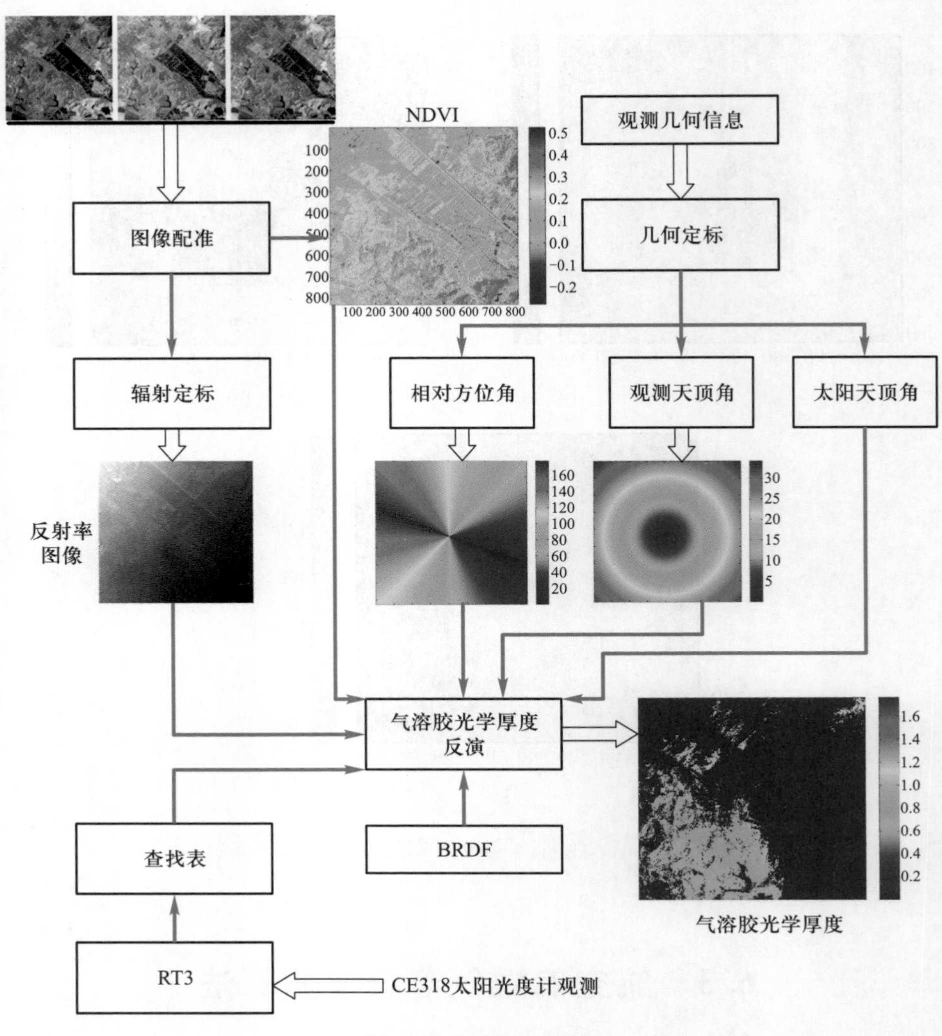

图 6-14 反演流程图

率)；$Rp_{\lambda}^{\text{Surf}}(\theta_s, \theta_v, \varphi_r)$为地表偏振二向反射率，即 BPDF；$\lambda$ 代表波长；θ_s 为太阳天顶角；θ_v 为观测天顶角；φ_r 为相对方位角；$T_{\lambda}^{\downarrow}(\theta_s)$和 $T_{\lambda}^{\uparrow}(\theta_v)$分别代表了向下和向上的透过率，可通过下面的方程计算：

$$T_{\lambda}^{\downarrow}(\theta_s)=\exp\left[-\left(\frac{\psi\delta_{0,\lambda}^{m}+\zeta\delta_{0,\lambda}^{a}}{\mu_s}\right)\right] \tag{6-40}$$

$$T_{\lambda}^{\uparrow}(z, \theta_v)=\exp\left[-\left(\frac{\psi\delta_{0,\lambda}^{m}(z)+\zeta\delta_{0,\lambda}^{a}(z)}{\mu_v}\right)\right] \tag{6-41}$$

本节采用 RT3 来计算大气反射贡献，气溶胶模式则采用 AERONET 反演得到的典型气溶胶模式，采用广泛使用的 Nadal BPDF 模型来计算偏振地表反射率。反演流程见图 6-14。

6.3.2 反演案例

在广东中山综合飞行试验中，我们在中山市莫泰酒店楼顶安置了 CE318 太阳光度计，用来精确测量气溶胶的光学属性。在飞行试验设计的 4 条航带中，第一条和第二条航线覆盖了 CE318 所在位置，考虑到要尽量多地获得多角度观测数据，选取第二条航带来进行反演。

Cheng 等(2011)给出了根据本节算法进行气溶胶反演的结果。为了保证反演精度，只对植被上空的气溶胶进行反演。从反演的效果来看，该算法能够得到比较均匀的光学厚度，个别区域出现较大值的原因是处于边缘比较强的位置，这些位置的图像配准误差导致定标结果不准确。

我们将本研究使用的算法反演的光学厚度与 CE318 的反演结果进行了比较，结果见表 6-7。2009 年 12 月 3 日的反演结果的误差为 3.1%左右，12 月 4 日反演结果稍差，误差为 9.7%左右。考虑到地表反射率误差以及定标精度的影响，采用本研究使用的算法可以获得较为准确的气溶胶光学厚度反演结果。

表 6-7 反演结果与 CE318 的对比

数据获取时间	方法	AOD(865 nm)	Ångström 指数
2009 年 12 月 3 日	CE318	0.4172(870 nm)	1.4900(0.674~0.870)
2009 年 12 月 3 日	DPC	0.4303	1.4001(0.665~0.865)
2009 年 12 月 4 日	CE318	0.4675(870 nm)	1.5652(0.674~0.870)
2009 年 12 月 4 日	DPC	0.4221	1.5877(0.665~0.865)

第 7 章

云特性偏振遥感

7.1 水云多角度辐射特性研究

7.1.1 水云多角度偏振辐射特性

水云粒子谱分布具有一定的特征形状，如果粒子群的有效半径和有效方差相同，水云粒子谱的具体形式不会影响单次散射相矩阵各分量随角度分布的形式，本文假设水云粒子谱为 Hansen_Γ 分布，即

$$n(r)=Cr^{\alpha}\exp(-\beta r^{\gamma}) \tag{7-1}$$

其中，

$$C=\frac{\gamma\beta^{(\alpha+1)/\gamma}}{\Gamma\left(\frac{\alpha+1}{\gamma}\right)},\ \gamma=1,\ \alpha=\frac{1-3v_{\mathrm{eff}}}{v_{\mathrm{eff}}},\ \beta=\frac{1}{r_{\mathrm{eff}}v_{\mathrm{eff}}},$$

r_{eff}为有效半径；v_{eff}为有效方差。

复折射指数反映水云粒子对散射和吸收的基本能力。以 865 nm 波长为例，该波长处的复折射指数（Bréon and Clozy，1999）为 $m=1.329-\mathrm{i}2.93\times10^{-7}$。$r_{\mathrm{eff}}$的全球平均值（Bréon et al.，1995）在海洋上空大约为 11 μm，陆地上空约为 8 μm，有效方差恒定为 0.1。采用 Mie 散射理论（Buriez et al.，2001）求解得到水云的单次散射性质，即水云的消光系数、单次散射反照率、不对称因子和散射相函数。

由矢量辐射传输方程可知，特定波长的辐射强度和偏振辐射强度是水云单

次散射特性、水云光学厚度、地表反照率和成像几何条件的函数。本节采用基于倍加累加法的辐射传输模式RT3，耦合水云的单次散射特性，模拟研究光学厚度为10时的水云多角度偏振特性。模拟条件：入射波长为865 nm、20个观测天顶角，取值范围为[0°，90°]，16个相对方位角，取值范围为[0°，180°]，太阳天顶角为20°。程天海等(2009)给出了模拟的水云多角度辐射特性，所绘图为极坐标系。极径和极角分别为观测天顶角和相对方位角，颜色表示模拟的水云归一化辐射强度和偏振辐射强度。

由水云的归一化辐射强度的极化图(程天海，2009)可知，水云的BRDF主要有两部分亮区：上部亮区对应散射角为80°附近，这是因为水云粒子具有强的前向散射特征；下部亮区呈现圆环形，经计算，圆环对应散射角$\Theta=140°$附近，这是因为水云在散射角$\Theta=140°$附近处有峰值，是众所周知的虹特征(Buriez et al.，1997)，且峰值的大小随着相对方位角的增大而增大。圆环中心有一亮区，对应散射角为180°附近，这是因为水云模型的后向散射中有峰值。相对于水云的归一化辐射强度分布，水云的BPDF只有一个亮的圆环，且圆环的亮度随着相对方位角的增大而增大，对应于散射角为140°附近，即偏振信息使水云的虹特征更加明显、易于探测。

7.1.2 辐射矢量敏感性分析

矢量辐射传输软件RT3可用于水云单次散射特性、光学厚度和地表反照率等参数对天顶辐照度和偏振辐照度的影响的模拟，以分析各参数对天顶辐照度与偏振辐照度的敏感性。由于成像几何条件的影响体现在辐射强度和偏振辐射强度的多角度信息上，不单独进行分析研究。利用RT3进行辐射矢量模拟时采用δ-M方法以提高矢量辐射传输方程计算的速度和精度。

(1) 水云的单次散射特性对辐射矢量的影响

水云的单次散射特性与水云粒子的大小、粒子谱分布和水云粒子的复折射指数有关，865 nm波长处水云的单次散射特性主要与水云粒子群的有效半径有关。

在光学厚度和地表反照率恒定的条件下，只考虑水云粒子群的不同有效半径，利用RT3矢量辐射传输软件模拟865 nm的辐射强度与偏振辐射强度。模拟条件：水云光学厚度为10；太阳天顶角$\theta_s=20°$；观测天顶角为17个，取值范围为[0°，75°]；相对方位角取0°、45°、90°、135°和180°；地面反照率为0.02；考虑有效方差恒定为0.1；有效半径分别为5 μm、10 μm和15 μm。

由程天海等(2009)的研究可知，随着水云粒子有效半径的增大，水云的归一化辐射强度递减，但有效半径的影响较小，特别是有效半径为10 μm与15 μm之间，影响可以忽略。当相对方位角为135°和180°时，在后向散射方向上相同的散射角对应不同的辐射强度，这主要是因为相同的散射角是由不同的观测几何条件造成的。

水云的虹特征更加明显，且虹特征的具体位置较有效半径相比有一定的差异，即随着有效半径的增大，虹特征的具体位置向左偏移。在散射角为90°~130°的范围内，水云的偏振辐射强度随着水云有效半径的增大而增大，且随着相对方位角的增大，增大趋势变小，即当相对方位角为0°时，偏振辐射强度最能体现有效半径的变化，最有利于反演水云的有效半径。

在水云的光学厚度为10，地表反照率为0.02时，有效半径变化对辐射强度的影响较少，可以忽略，而偏振辐射强度体现了水云粒子群有效半径的变化信息，可以用来反演水云粒子群的有效半径。

(2) 水云不同光学厚度对辐射矢量的影响

在水云粒子群的有效半径和地表反照率恒定的条件下，考虑水云光学厚度对辐射的影响。有效半径取11 μm，有效方差为0.1，模拟归一化辐射强度时，光学厚度分别取1、5、10、20、30、40，模拟归一化偏振辐射强度时，光学厚度分别取1、2、3、3.5、4、4.5、5。

由程天海等(2009)的研究可知，归一化辐射强度随着水云光学厚度的增加而增大，当水云的光学厚度增大到20之后，变化趋势明显减小，即归一化辐射强度包含了水云光学厚度变化的信息。由于水云粒子群的有效半径的变化对归一化辐射强度影响较小，可以忽略，故归一化辐射强度在地表反照率恒定时，可以近似表示为水云光学厚度的函数，因此在各像元地表反照率已知时，多角度辐射强度信息可以反演水云的光学厚度。

在散射角为80°~120°范围内，偏振辐射强度随着水云光学厚度的增加而减少。这主要是由于在散射角为80°~120°范围内，薄水云对偏振辐射强度的贡献小于水云层下方气溶胶粒子层的贡献。当水云的光学厚度小于3.5时，模拟的偏振辐射强度来自分子层、云层和气溶胶层，且随着相对方位角的增大，变化趋势明显变小。当水云的光学厚度增大到一定程度(3.5附近)，偏振信息不能穿透水云层，故模拟的偏振辐射强度主要来自云层和云层上方的分子层。散射角为80°到120°范围内的偏振信息包含了分子层、气溶胶层和薄水云层的混合信息，不易用于反演水云光学厚度。

在散射角为140°附近处，偏振辐射强度随着水云光学厚度的增加而增大，这主要是由于散射角为140°附近处为水云的虹特征，且偏振信息使水云的虹特征更加突出，水云对偏振辐射强度的贡献远大于分子层和气溶胶层的贡献。当水云的光学厚度大于3.5时，偏振辐射强度不能体现出水云光学厚度的变化，这主要是由于偏振信号穿透能力比较弱，主要体现了厚云层的上层信息，并不能体现出整层水云信息。在散射角为140°附近处的偏振信息主要体现了薄云层光学厚度的变化，可以用来进行薄云层光学厚度的反演。

(3) 地表反照率对辐射矢量的影响

地面反射的太阳辐射经过大气散射后可以被卫星传感器探测到。当水云粒子群的有效半径和光学厚度恒定时，辐射矢量可以近似表示为地表反照率的函数，通过模拟计算分析地表反照率对水云卫星探测结果的影响。

程天海等(2009)的研究给出，当水云的光学厚度为 10 时，归一化辐射强度受地表的影响较大，随着地表反照率的增加而增加。且在散射角为 80°到 180°范围内，随着散射角的增加，地表反照率对归一化反照率的影响变大。因此，在利用归一化辐照度反演水云层光学厚度时，需要考虑地表反照率的影响。当水云的光学厚度为 1 时，在散射角为 80°~120°范围内，归一化偏振辐射强度则随地表反照率的增加而增加，这主要是由于此范围内偏振信息包含了分子层、气溶胶层和水云层及地表贡献的混合信息。且随着相对方位角的增加，地表反照率对归一化偏振辐射强度的影响逐渐变小。在散射角为 140°附近时，归一化偏振辐射强度受地表反照率的影响很小，这主要是由于水云的虹现象，传感器接收到的偏振辐照度信息主要表现为水云的虹信息，不随地表反照率的变化而变化，多角度偏振信息主要表现为云层顶部信息，地表反照率的影响可以忽略，这正是利用偏振遥感信息提取水云参数的优势所在。因此可以利用偏振遥感信息反演云顶参数，如云顶压强等。水云的虹方向即散射角为 140°附近处，归一化偏振辐射强度主要体现了水云的偏振信息，为多角度偏振信息探测水云参数的最佳观测角度。

7.2 卷云多角度偏振特性研究

7.2.1 卷云散射特性

大气高层卷云大约覆盖地球表面的 20%(Curran et al., 1981; Hong et al., 2007; Yang et al., 2007)。卷云主要由非球形的冰晶粒子组成，冰晶粒子的形状复杂多样(Francis, 1995; Korolev et al., 2000; Rolland et al., 2000; Masuda et al., 2002; Field and Heymsfield, 2003; Baum et al., 2005a, 2005b)，通常有柱状、空心柱状、板状、过冷水滴、子弹花或聚合物等几种。非球形粒子的散射计算是一个很复杂的问题，经过几十年的研究，目前已有数十种非球形粒子散射特性的计算方法，但每种算法都有其局限性，现在还没有一套统一的理论能够计算各种形状、各种尺度的冰晶粒子的散射特性。近年来发展和改进了很多种研究非球形粒子散射特性的解法，Yang 等(2003)将冰晶粒子描述为过冷水滴，利用改进的几何光学方法计算了过冷水滴的散射特性(Zhang et al., 2004)；C-Labonnote 等(2001)将冰晶粒子描述为非均一六面体粒子，考虑了冰晶粒子内部气溶胶粒子对冰晶散射特性的贡献，将其命名为"Inhomogeneous Hexagonal Monocrystal"(IHM)，并综合利用几何光学理论、Monte Carlo 理论和 Mie 散射理论计算了 IHM 冰晶粒子散射特性(Knap et al., 2005)。

根据实际测量的中纬度卷云中的冰晶粒子的形状和大小，研究两种新的冰晶模型的单次散射特性：IHM 模型和 20 面的过冷水滴。本研究选择入射波长 $\lambda=865$ nm，对应复折射指数 $m=1.3038+i0.2338e^{-6}$。

(1) IHM 模型

IHM 冰晶模型由 C-Labonnote 等(2001)提出，即认为冰晶为六面体，且体内存在气泡或气溶胶粒子。气泡或气溶胶服从标准的 Gamma 分布，其具体形式由有效半径和有效方差确定。利用几何光学(geometrical optics, GO)方法计算光线在六面体内的传播，当光线碰到六面体内的气泡或气溶胶粒子时，利用 Monte Carlo 理论和 Mie 理论计算光线在气泡或气溶胶粒子内的传播。

图 7-1 显示了 IHM 模型的散射矩阵的分布图(F11、F12/F11、F22/F11、F34/F11、F33/F11 和 F44/F11)。模拟条件为：有效半径 $R_v=40$ μm；平均自由程长度 $\langle l\rangle=15$ μm；冰晶粒子内气溶胶谱分布的有效半径 r_{eff} 取 1.5 μm，有效方差 v_{eff} 取 0.05；不同外表比例 $L/2R$，取值为 0.2、2.5、5.0。

(2) 20 面过冷水滴(Droxtals)模型

Yang 等(2003)和 Zhang 等(2004)给出了过冷水滴形状的几何定义，是一个由 20 个面组成的多面体。利用有限时域差分法(finite difference time domain, FDTD)计算了小尺度参数(尺度参数小于 20，尺度参数的定义为 $x=\pi D/\lambda$，其中 D 为粒子的最大尺度，λ 为入射光波长)的过冷水滴的单次散射特性；对中等到大尺度参数，采用组合的方法，即加权平均改进的几何光学法(improved geometric optics method, IGOM)和等效球法的计算。

用有效直径可表示为

$$D_e(L)=\frac{3}{2}\frac{V(L)}{A(L)} \tag{7-2}$$

其中，L 为非球形粒子的最大尺度；A 和 V 分别为粒子的投影面积和体积。

图 7-1 和图 7-2 表明，IHM 冰晶模型的相函数矩阵与 20 面过冷水滴的散射相矩阵差异明显，利用遥感数据定量反演卷云中冰晶粒子物理和光学特性时，需要考虑冰晶粒子的形状信息。

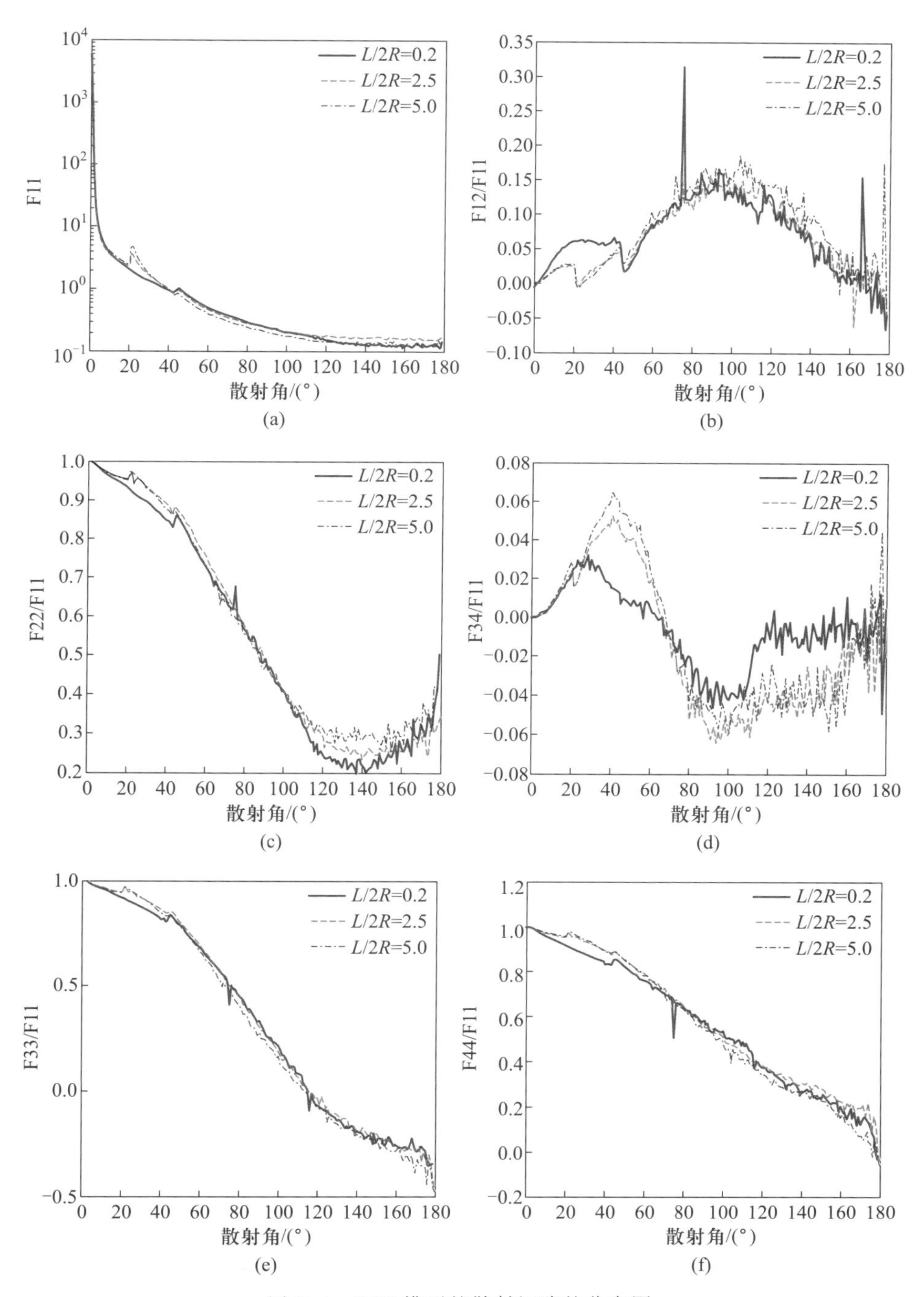

图 7-1 IHM 模型的散射矩阵的分布图

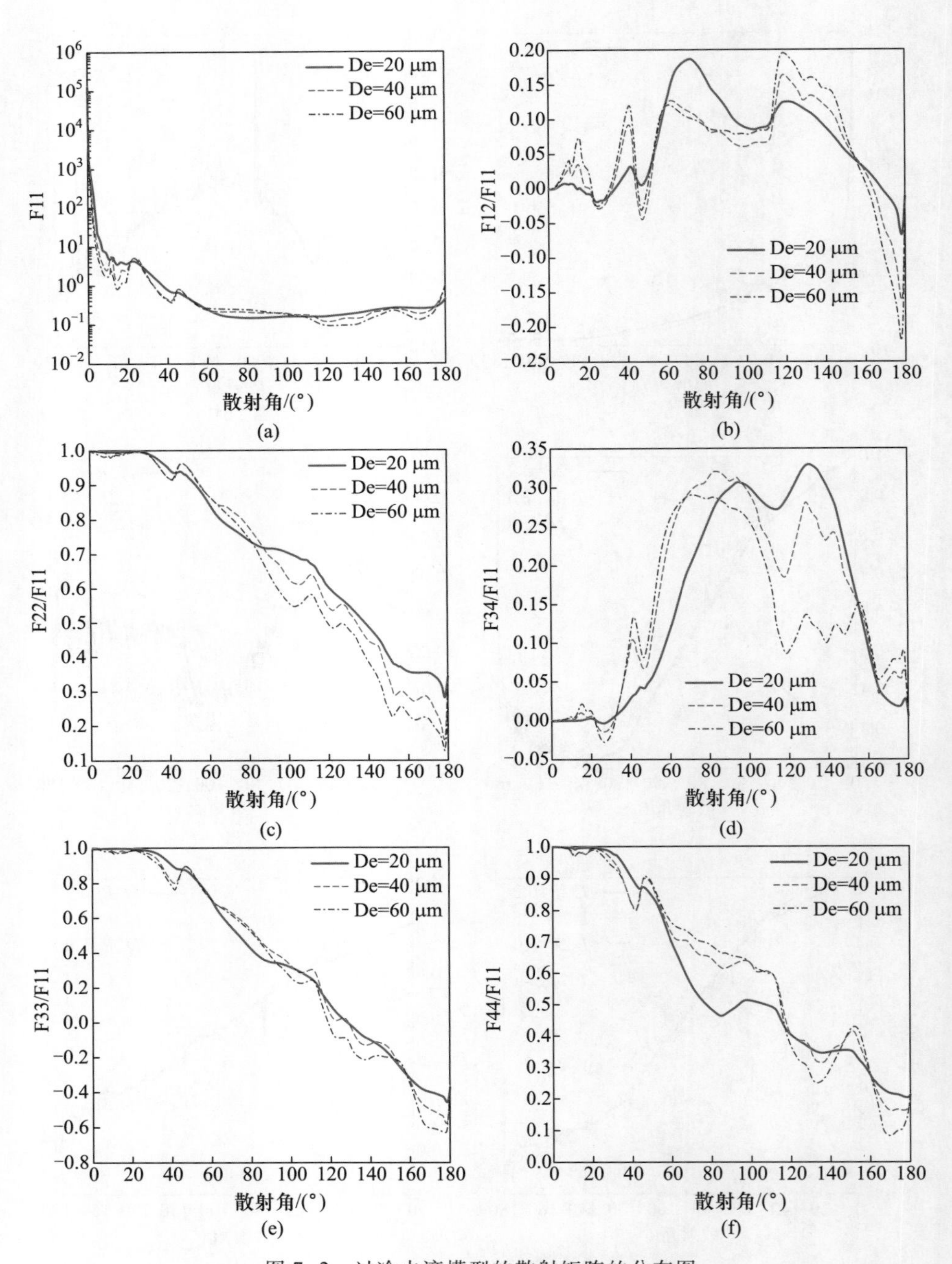

图 7-2 过冷水滴模型的散射矩阵的分布图

7.2.2 卷云多角度偏振特性

（1）非球形卷云多角度偏振特性

由矢量辐射传输模式可知，特定波长的总反射率和偏振反射率是卷云的单次散射特性（单次散射反照率、散射相函数）、卷云光学厚度、地表反照率和成像几何条件的函数。假定卷云中，冰晶由 IHM 模型组成，其有效半径 R_v = 40 μm；平均自由路径长度 $\langle l \rangle$ = 15 μm；（r_{eff}，v_{eff}）=（1.5，0.05）；长宽比 $L/2R$ = 2.5。综合利用几何光学理论、Monte Carlo 理论和 Mie 散射理论计算卷云的散射特性。采用基于倍加累加法的辐射传输模式，耦合卷云的单次散射特性，模拟入射波长 λ = 865 nm，光学厚度为 4 时的总反射率和偏振反射率。模拟条件：观测天顶角 20 个，取值范围为[0°，90°]；相对方位角为 16 个，取值范围为[0°，180°]；太阳入射能量为 986.23 W · m^{-2} · μm^{-1}；太阳天顶角为 43°；半球流数为 20；地表为 Lambert 反射面；地表反射率为 0.0。由于在该模拟条件下，散射角的范围为[47°，180°]，并不覆盖通常观测到的 22°晕和 46°晕的范围。图 7-3 为模拟的卷云的归一化总反射率和归一化偏振反射率，所绘图为极坐标系，极径和极角分别为观测天顶角和相对方位角，颜色表示模拟的归一化总反射率（a）和归一化偏振反射率（b）。

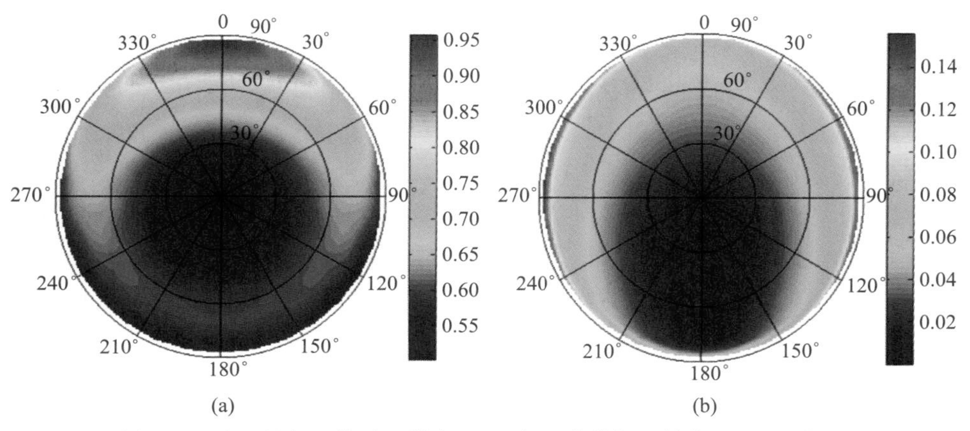

图 7-3 卷云的归一化总反射率（a）和归一化偏振反射率（b）的极化图

为验证矢量辐射传输模式模拟的反射率和偏振反射率的正确性，我们比较分析了模拟值和卫星观测值。所选的卫星数据为星载多角度偏振测量仪器 POLDER 的 865 nm 通道数据。

POLDER 传感器的观测条件如下：太阳天顶角为 43°，观测天顶角的取值范围为[38°，58°]，相对方位角的取值范围为[0°，105°]。由于 POLDER 成像条件的限制，使得模拟的点数大于 POLDER 的观测点数。由图 7-4 可知，在散

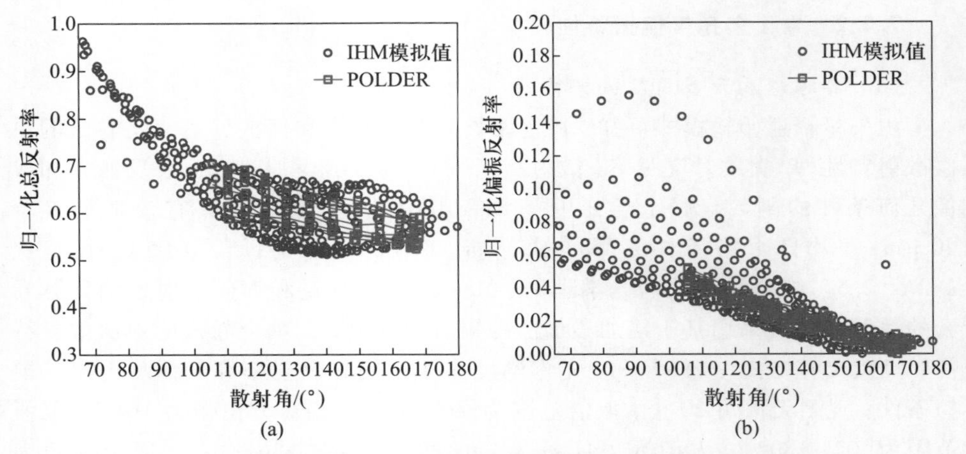

图 7-4 模拟值和 POLDER 观测值随散射角分布图：(a)总反射率；(b)偏振反射率(程天海等，2008b)

射角为 100°~170°范围内，偏振反射率随着散射角的增加而减小。在散射角为 100°~170°范围内，模拟的总反射率和偏振反射率与 POLDER 的观测值有很强的相关性，在一定程度上验证了利用反演卷云情况下总反射率和偏振反射率采用模型的正确性。

(2) 辐射矢量的敏感性研究

本节利用基于倍加累加法的矢量辐射传输方程模拟分析卷云条件下多角度总反射率和多角度偏振反射率对 IHM 冰晶粒子长宽比、卷云光学厚度和地表反照率变化的敏感性。

① 长宽比的变化对偏振特性的影响。根据不同长宽比冰晶粒子的散射特性及其差异，分别计算了每种长宽比冰晶粒子组成的卷云在同样情况下总反射率和偏振反射率。这三种长宽比分别对应板状 IHM 模型($L/2R=0.2$)，短柱状 IHM 模型($L/2R=2.5$)，长柱状 IHM 模型($L/2R=5.0$)。

模拟条件：卷云光学厚度为 5；太阳天顶角 $\theta_s=30°$；观测天顶角为 17 个，取值范围为[0°, 75°]；相对方位角取 0°、90°、180°；其他参数设置同图 7-4。模拟结果如图 7-5 所示，其中(a)为相对方位角=0°，(b)为相对方位角=90°，(c)为相对方位角=180°。

由图 7-5 总反射率多角度分布可知，在散射角为 70°~180°范围内，由板状 IHM 组成卷云的总反射率小于由短柱状 IHM 组成卷云的总反射率，且随着散射角的增大，差值变大；在散射角 70°~120°范围内，总反射率的变化小于 0.01，即总反射率对板状冰晶和短柱状冰晶的差异不敏感。而由短柱状 IHM 组成卷云的总反射率大于由长柱状 IHM 组成卷云的总反射率，当冰晶模型由短柱

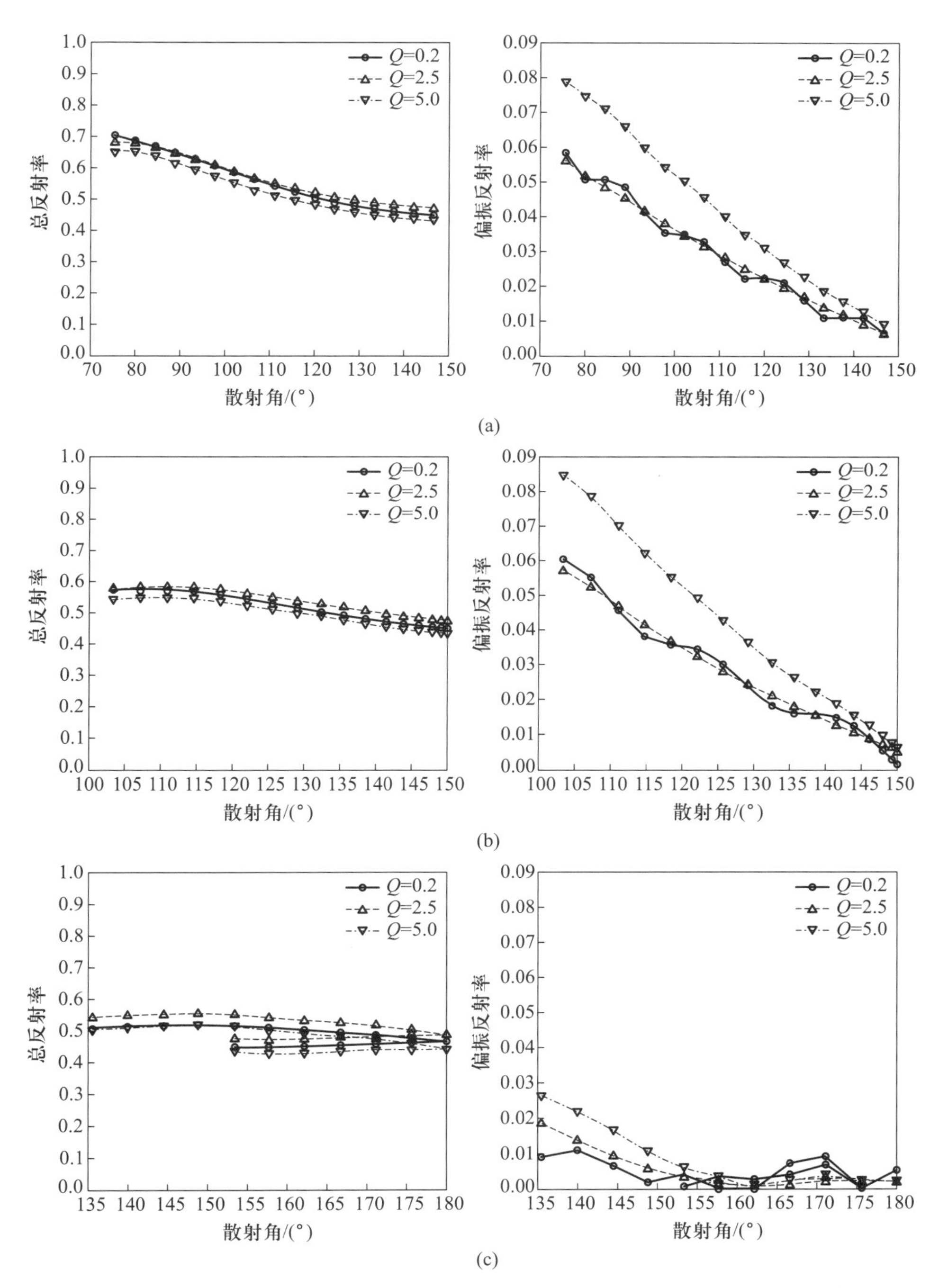

图 7-5 冰晶粒子长宽比变化时不同相对方位角[(a)0°,(b)90°,(c)180°]的总反射率和偏振反射率分布图(程天海等,2008b)

状转变到长柱状时，总反射率的变化大于 0.05，即总反射率信息包含了柱状 IHM 冰晶模型长宽比变化的信息。

根据图 7-5 的偏振反射率的多角度分布可知，由板状 IHM 冰晶模型组成卷云的偏振反射率与由短柱状 IHM 冰晶模型组成卷云的偏振反射率差异很小，可以忽略。由短柱状 IHM 组成卷云的偏振反射率小于由长柱状 IHM 组成卷云的偏振反射率，且随着散射角的增大而减小，偏振反射率的变化超过 0.02。偏振反射率信息包含了柱状 IHM 冰晶模型长宽比变化的信息，对板状 IHM 冰晶模型和柱状 IHM 冰晶模型的差异不敏感。

② 卷云光学厚度的变化对偏振特性的影响。在卷云模型和地表反照率恒定的条件下，考虑卷云光学厚度对辐射的影响。模拟总反射率时，卷云层光学厚度分别取 0、1、5、10、15、20。由于偏振信息主要来自卷云层上部，对厚卷云层光学厚度的变化不敏感，为研究薄卷云光学厚度的变化对偏振反射率的影响，在模拟偏振反射率时，光学厚度分别取 0.0、1.0、2.0、3.0、3.5、4.0、4.5、5.0。冰晶粒子长宽比 $L/2R=2.5$，其他参数设置同图 7-5，模拟结果如图 7-6 所示，其中(a)为相对方位角 = 0°，(b)为相对方位角 = 90°，(c)为相对方位角 = 180°。

由图 7-6 的总反射率的多角度分布可知，散射角为 70°~180°范围内，当卷云的光学厚度从 1 增加到 20 时，总反射率随着光学厚度的增加而增加，增幅超过 0.8，而晴空时总反射率小于 0.1，即总反射率信息对卷云光学厚度的变化敏感，体现了卷云光学厚度的变化信息。增加幅度随着散射角的增加而增大，当散射角为 180°时，增加幅度超过 0.9，更能体现卷云光学厚度的变化。因此，可以利用总反射率信息提取卷云层的光学厚度。

由图 7-6 的偏振反射率的多角度分布可知，偏振反射率随着卷云的光学厚度的增加而增大，当卷云的光学厚度从 1.0 增加到 3.5 时，增幅超过 0.01，偏振反射率体现了薄卷云光学厚度的变化。而当卷云光学厚度从 3.5 增加到 5.0 时，增幅小于 0.001，即偏振反射率对厚卷云光学厚度的变化不敏感。当卷云的光学厚度小于 3.5 时，偏振反射率主要来自分子层、卷云层、气溶胶层和地表贡献，而当卷云的光学厚度增大到一定程度时(3.5 附近)，偏振信息不能穿透卷云层，偏振反射率主要来自卷云层上部和卷云层上方的分子层。

总反射率信息体现了卷云的光学厚度的变化情况，特别在后向散射区域，对卷云光学厚度的变化更敏感。偏振反射率信息体现了薄卷云(光学厚度小于 3.5)光学厚度的变化，而对厚卷云光学厚度的变化不敏感。

③ 地表反照率对辐射矢量的影响。地表反射是构成大气层顶向上辐射的重要因素之一，也是卫星对地观测的主要参量。利用基于倍加累加法矢量辐射传输模式，模拟分析了地表反照率对总反射率和偏振反射率的影响。

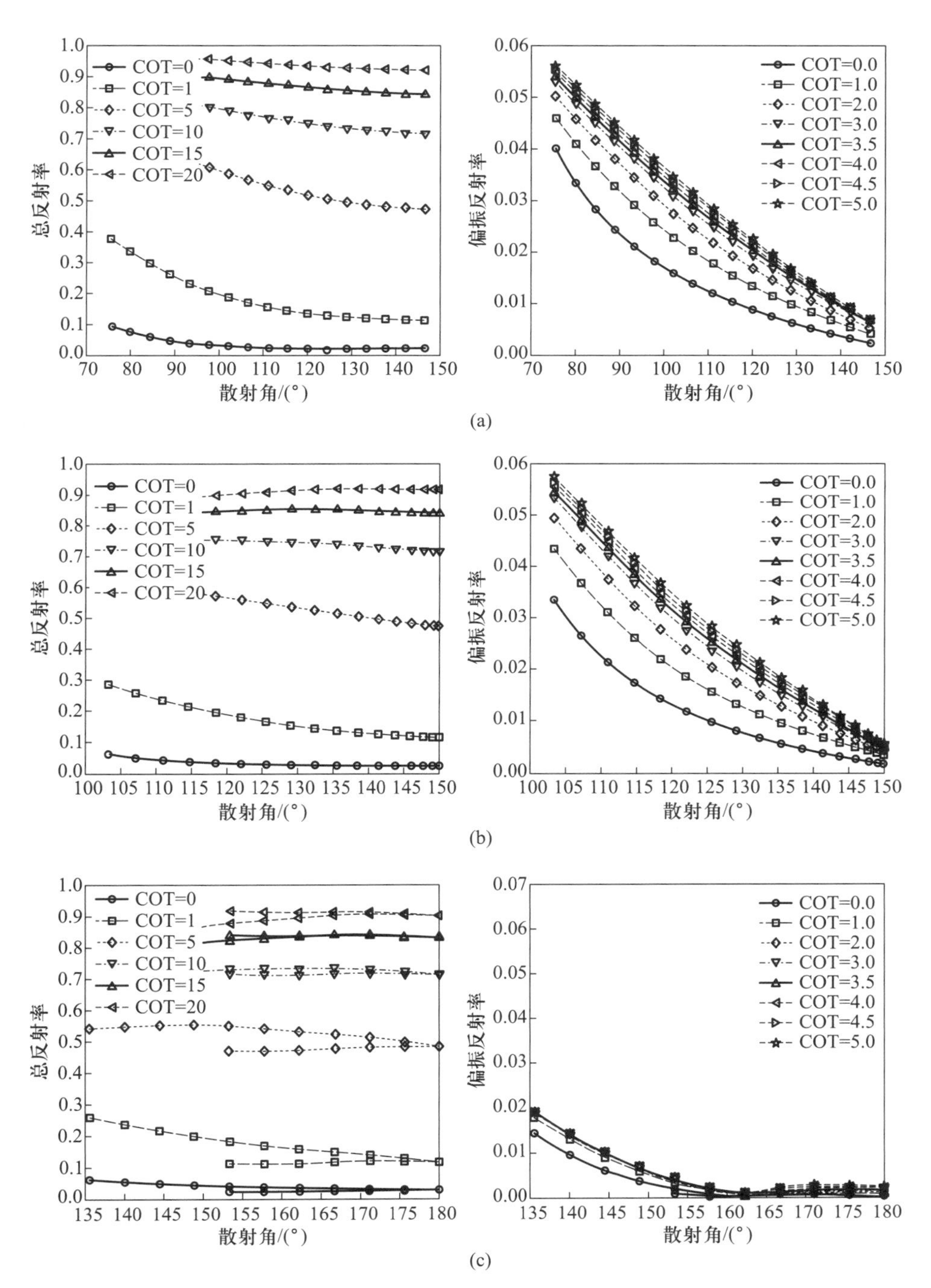

图 7-6 卷云光学厚度变化时不同相对方位角[(a)0°,(b)90°,(c)180°]的总反射率和偏振反射率分布图(程天海等,2008b)

模拟条件为：地面反照率从 0.0 逐渐增加到 0.8，冰晶粒子长宽 $L/2R=2.5$，其他参数设置同图 7-6。模拟结果如图 7-7 所示。

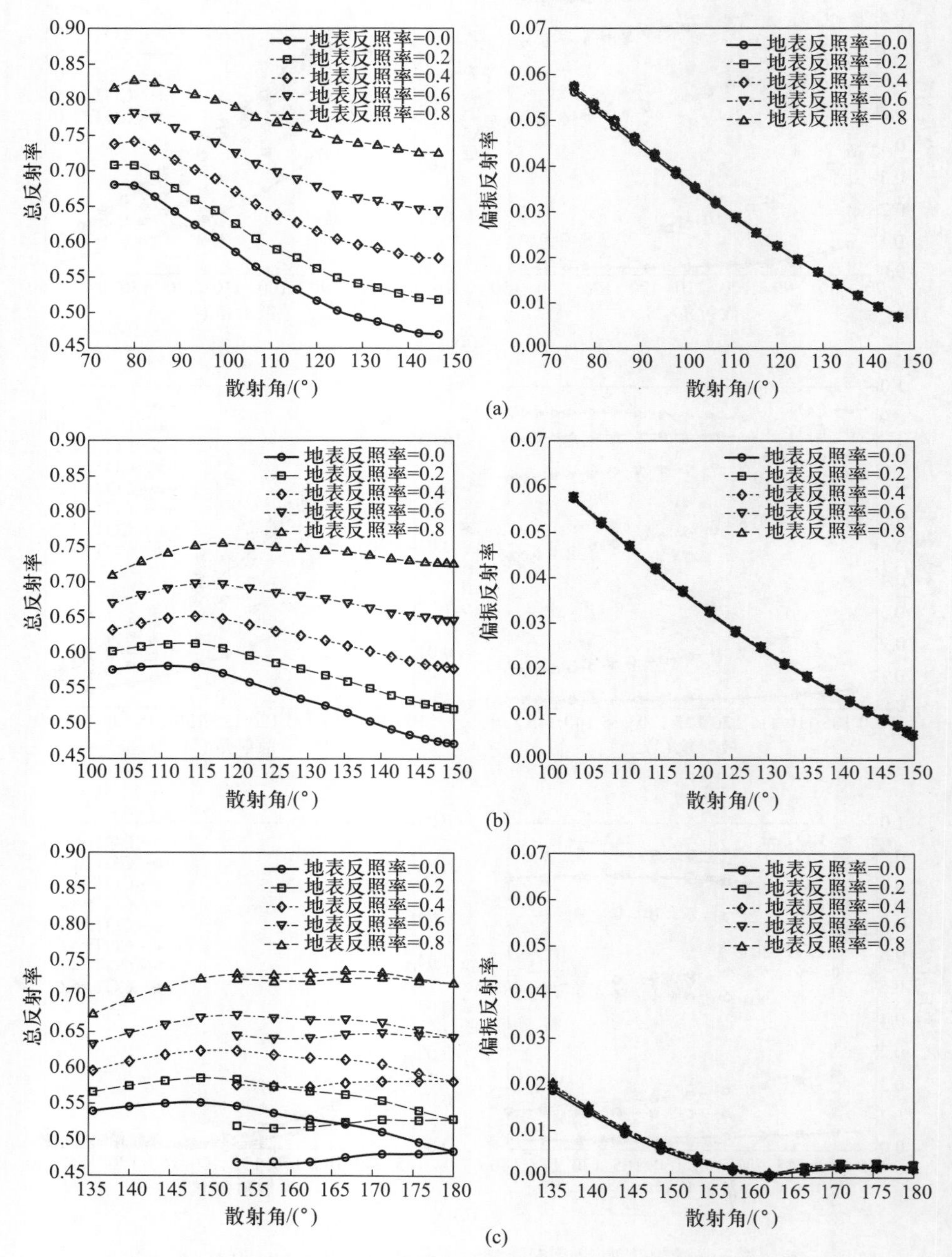

图 7-7 地表反照率变化时不同相对方位角[(a)0°，(b)90°，(c)180°]的总反射率和偏振反射率随散射角的变化(程天海等，2008b)

由图 7-7 的总反射率的多角度分布可知，总反射率受地表影响较大，随着地表反照率的增加而增加。且在散射角为 70°到 180°范围内，随着散射角的增加，地表反照率对归一化反照率的影响变大。当地表反照率从 0.0 逐渐增加到 0.8 时，总反射率的变化超过 0.2，总反射率信息体现了地表的贡献。因此，利用总反射率反演卷云参数时，需要剔出地表的影响。

由图 7-7 的偏振反射率的多角度分布可知，偏振反射率不随地表反照率的变化而变化，即偏振反射率对地表的贡献不敏感。多角度偏振信息主要表现为云层顶部信息，地表反照率的影响可以忽略，这正是利用偏振遥感信息提取卷云参数的优势所在。因此，可以利用偏振遥感信息反演云顶参数，如卷云粒子形状、卷云顶压强等。

7.3 基于偏振遥感探测云参数

7.3.1 概述

本节以非球形大气粒子中的卷云粒子为例，基于上述敏感性分析，提出利用多角度偏振遥感信息同时反演卷云粒子形状和卷云光学厚度的算法。基于法国 POLDER 观测数据（Vermeulen et al., 2000；Baum et al., 2000, 2005a, 2005b），同时反演了卷云的光学厚度和冰晶粒子形状。POLDER 是第一个可以获得多角度偏振光观测的星载对地探测器，有 3 个偏振波段，其中心波长分别为 443 nm、670 nm 和 865 nm。POLDER 卫星观测的多角度偏振遥感数据现在已经可以公开获取。它具有以下几个特点：① 对太阳光谱的可见光及近红外波段进行偏振辐亮度的观测；② 可以实现对同一地面目标进行多角度的观测，单个轨道期间，最多能够在 16 个不同的视角下观测同一目标，可以获得各像元在散射角为 140°左右处的偏振信息。最后将基于多角度偏振遥感数据反演的光学厚度与 MODIS 云光学厚度产品进行了比较。

7.3.2 反演方案

通过利用矢量辐射传输模式模拟卷云各种光学特征（长宽比、光学厚度）和地表反照率对 865 nm 波长处的总反射率和偏振反射率的敏感性，分析可知，在上述模拟条件下，冰晶粒子长宽比的变化对总反射率的影响超过 0.05，卷云光学厚度的变化对总反射率的影响超过 0.8，地表反照率的影响超过 0.2。总反射率信息主要包含了卷云光学厚度信息，可以用来进行卷云光学厚度的反演，但在反演过程中，需要考虑地表信息的影响和冰晶粒子长宽比的影响；冰晶粒子长宽比的变化对偏振反射率的影响超过0.02，厚卷云光学厚度的变化对偏振反射率的影响小于0.001，地表反照率对偏振反射率的影响可以忽略。对于厚卷云来说，偏振反射率信息主要包含了长宽比信息，可以用来进行厚卷云长宽比的反演。

因此，可以综合利用总反射率信息和偏振反射率信息来反演卷云参数，首先利用偏振反射率信息反演厚卷云的长宽比信息，然后用总反射率信息和反演的冰晶粒子的长宽比信息反演卷云的光学厚度信息，反演过程需要考虑地面贡献。为降低板状冰晶粒子和柱状冰晶粒子差异对反演的卷云光学厚度精度的影响，选择最佳观测角度为70°~120°。

7.3.3 基于POLDER观测资料的反演个例

① 利用POLDER资料反演卷云粒子光学厚度和粒子形状流程图如图7-8所示。

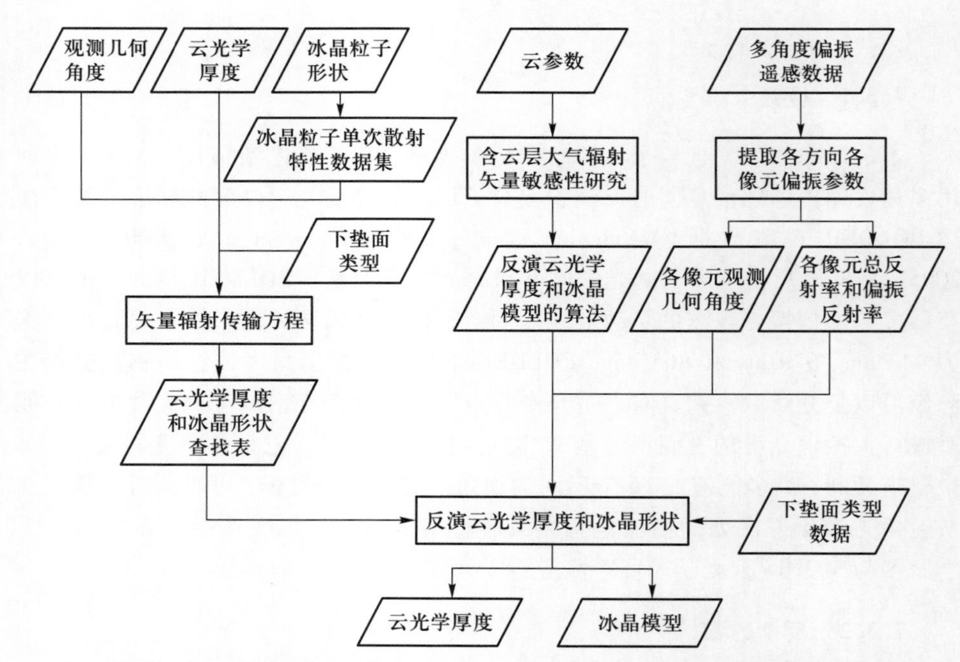

图7-8 基于多角度偏振遥感数据同时反演卷云光学厚度和卷云粒子形状示意图

本研究所选用反演卷云光学厚度的数据为法国POLDER数据，成像时间为2003年4月9日，所选图像区域为27°N~44°N，90°E~118°E。图7-9为所选图像的真彩色图像。

在卷云光学厚度和形状反演的过程中，首先要进行云检测和云热力学相态识别研究。

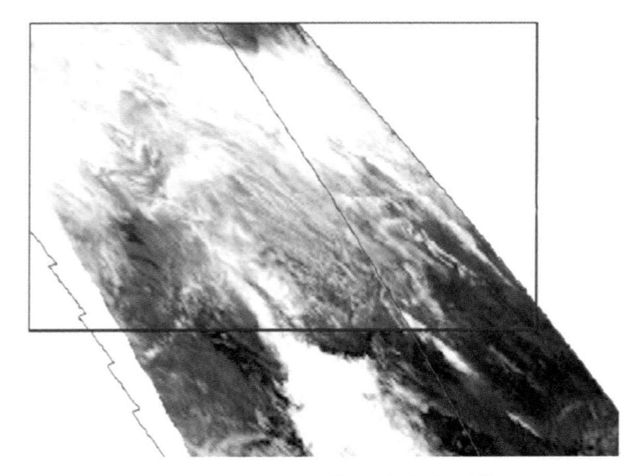

图 7-9 POLDER 图像的真彩色图像

② 云检测。POLDER 的云检测(Bréon and Clozy, 1999)算法基于一系列单个像元检验。第一步是考虑每一个观测方向，利用 4 个检验来识别云，用额外的两个检验来识别无云像元。经过一系列检测后，每一个像元在特定观测方向被标定为无云或有云。第二步是利用多角度和空间信息对未分类的像元进行重新检测。

• 第一个检验："表观压强"阈值检验，主要利用 R_{763}/R_{765} 描述是否有云。利用在氧气波段的大气吸收表示云压强 P_{app}，为 T_{o_2} 和 m(空气质量因子)的多项式函数。卷云的 P_{app} 靠近于 350 hPa，层积云的 P_{app} 接近于 900 hPa。这种方法可检测出厚卷云和中高云。但是对于晴空、较低云、非常薄的卷云和破损云来说，像元仍为未分类。

• 第二个检验：反射率检验(Bréon et al., 1995)。当像元的反射率高于晴空条件时的反射率时，许多白天的云检测算法就可将此像元划为云像元。在海洋上空，除去太阳耀斑，利用其低反射率可以将云和海表面分开，特别是在近红外波段，分子和气溶胶的散射效应对其影响较少。

在实际应用中，对于海面上空，晴空反射率可以通过辐射传输模拟来获得，其中，辐射传输的模拟中利用 Cox 和 Munk(Buriez et al., 1997, 2001; C-Labonnote et al., 2001)的海面反射模型。对于陆地上空，由于在近红外波段植被有很高的反射率，采用 670 nm 的反射率代替 865 nm 的反射率。670 nm 的反射率增加了陆地和云的差异。由于海冰和雪地的反射率高，此检验不能应用到海冰和雪地情况。

在大多数情况下，"表观压强"的检测和反射率的检测可以有效地区分有云和无云像元。但在高反射率区域的薄云和碎云时，上述两种检测方法将无效。因此，需要利用基于偏振信息的云检测算法。与总反射率相比，偏振反射率受多次散射的影响较少，因此，可以认为偏振反射率受地表的影响较少。

• 第三个检验：基于443 nm偏振反射率检验。假设来自地表辐射的偏振可以忽略，443 nm的偏振反射率主要和观测上方的分子光学厚度有关。根据单一散射的估算值，可以估算出分子的光学厚度。卷云的值明显不同于无云情况的像元的值。因此，设置$\tau_{443}^{\text{clear}}-\tau_{443}$的阈值可以区分出卷云像元。

• 第四个检验：基于865 nm的偏振反射率检验。865 nm的偏振信息受分子散射的影响较少。当散射角在135°到150°之间，且观测区域在太阳耀斑之外时，如果865 nm处的偏振反射率足够大，可检验出中低层云。

• 第五个检验：近红外/可见光反射率的比值检验(Cox and Munk，1954a)。在云层上方，R_{670}与R_{865}之间基本相同，且在这两个波段各向异性的影响基本相似，在云上方，R_{865}/R_{670}的值接近于1。相反，海色或陆地植被的存在可引起两者的差异。因此，当两者差异明显时，此像元为无云像元。

• 第六个检验：多方向(Cox and Munk，1954b；Chandrasekhar，1950)和空间检测。在一些情况下，经过不同的阈值法进行检测，在特定的方向上仍然存在未分类的像元。因此，如果在一些方向上为云而其他方向上为未知的，则定义在全部方向上为云。多角度检测明显主要考虑了太阳耀斑的情况，而对碎云和薄的卷云检测帮助较少。

算法流程见图7-10所示。

③ 云热力学相态识别。为了比较水云和冰云偏振辐射强度的角度分布情况，图7-11表示了模拟的归一化偏振辐射强度随散射角的变化情况。为验证矢量辐射传输模式模拟的反射率和偏振反射率的正确性，研究分析了模拟值和卫星观测值。

由图7-11可知，两者存在两大差异：① 水云的偏振辐亮度和卷云的偏振辐亮度的角度分布在散射角为140°时差异最为明显，水云出现了虹特征；② 散射角在60°~140°范围内，水云偏振辐亮度曲线的斜率为正值，而冰云偏振辐射强度的斜率为负值。将水云与冰云偏振辐射强度的这两点差异，总结为如下云相态具体判别准则(表7-1)。

表7-1 云相态识别具体判别准则

		60°~140°范围内斜率		
		负	正	不覆盖
P-Rainbow	否(<Threshold_min)	冰云	冰云或水云	冰云
P-Rainbow	是(>Threshold_max)	水云	水云	水云
P-Rainbow	不覆盖	冰或水	水云	未确定

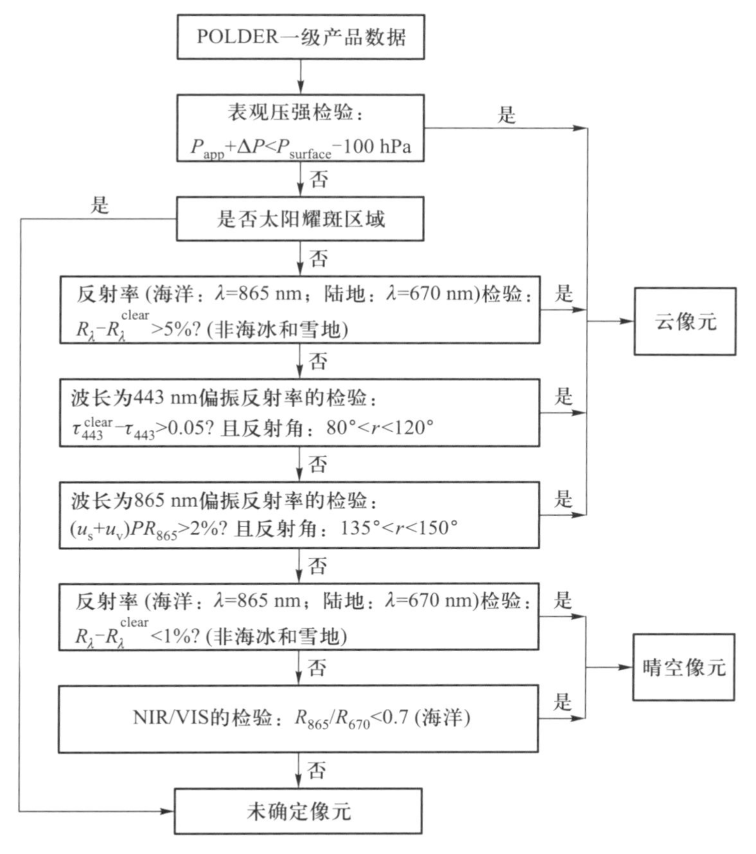

图 7-10 云检测算法流程图

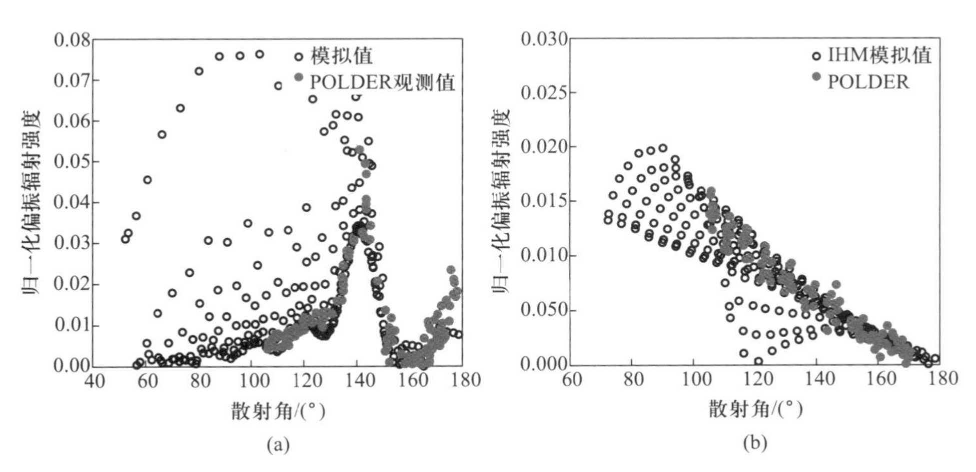

图 7-11 模拟的归一化偏振辐射强度和 POLDER 观测值随散射角的变化：(a)水云；(b)冰云(程天海等，2008a)

表7-1中，P-Rainbow指是否存在主要的虹现象（Chepter et al.，1999）；Threshold_min和Threshold_max分别为判别阈值区域的下限和上限。P-Rainbow现象为水云和冰云的主要差异，如果存在P-Rainbow现象，则为水云，而60°~140°范围内斜率的判别条件为P-Rainbow现象判别条件的有效补充，根据上述原理基于POLDER数据进行云相态识别。

将识别结果与MODIS云相态产品（Gueymand，1995；Collins et al.，1972）和MODIS专门探测卷云的通道（1.38 μm）（Cox and Munk，1985；Coulson et al.，1965；Curran et al.，1981）的探测结果进行了比较。MODIS云相态识别是基于8 μm、11 μm和12 μm三个热红外波段的三光谱法实现的。其基本原理是基于不同相态的云粒子在8~13 μm波谱范围内对相同入射辐射存在较大的吸收差别，即水云在11 μm与12 μm波长处的亮温差比其在8.5 μm与11 μm处亮温差大，相反，冰云在11 μm与12 μm波长处的亮温差比其在8.5 μm与11 μm处亮温差小。识别结果与MODIS云相态产品比较表明，两者具有很好的一致性。但与1.38 μm卷云检测结果的比较表明，基于偏振多角度方法在以下情况下不能进行有效的云相态识别：① 云层为薄卷云，地面贡献较大，探测器探测到的信息不能有效地反映薄卷云的特性；② 云层为混合云层，即水云层上方覆盖一层冰云层，此时探测器探测的信息为水云和冰云的混合信息。

④ 多角度偏振遥感数据反演冰云粒子形状。卷云长宽比的敏感性分析表明，总反射率信息和偏振反射率信息对板状冰晶和柱状冰晶的差异不敏感；总反射率信息和偏振反射率信息在散射角为70°~120°范围内包含了柱状IHM冰晶模型长宽比变化的信息。总反射率受卷云光学厚度和地表反照率变化影响较大，而偏振反射率在光学厚度大于4时，对光学厚度的变化不敏感，且对地表反照率的变化不敏感。通过上述分析，利用多角度偏振反射率反演卷云中冰晶粒子形状（不同柱状IHM冰晶模型），所选用偏振反射率数据为光学厚度大于4，薄卷云像元剔出。图7-12为模拟不同柱状IHM冰晶模型时多角度偏振反射率和POLDER卫星观测偏振反射率随散射角的变化。

为降低板状冰晶粒子和柱状冰晶粒子差异对反演的卷云光学厚度精度的影响，所选择的最佳观测角度为70°到120°。由图7-12可知，在散射角为90°~120°区域内，与长宽比为2.5的冰晶粒子相比，长宽比为5.0的冰晶粒子的模拟多角度偏振反射率更逼近于POLDER卫星的实际观测值，故由图7-12可以推知，所选用的POLDER数据探测的卷云中冰晶粒子的形状为长宽比为5.0的IHM模型。

⑤ 多角度偏振遥感数据反演卷云光学厚度。

• 水云和冰云光学厚度查找表（LUT）的建立。具体建立查找表时，需要设定不同卫星观测几何参数和不同的卷云参数。其中卷云中冰晶粒子的形状选用

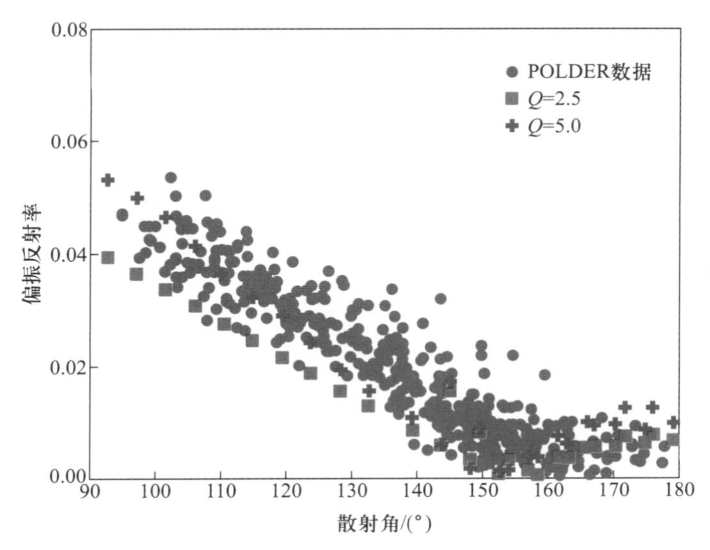

图 7-12 不同长宽比冰晶模型模拟的偏振反射率和 POLDER 观测的偏振反射率随散射角分布

由前一部分确定的长宽比为 5.0 的 IHM 冰晶模型。所选波长为 875 nm。其他参数如下所示：2 类地表类型(陆地和海洋)；2 种云类别(冰云和水云)；33 个太阳天顶角的余旋值($\mu_s=\cos\theta_s=0.2, \cdots, 1.0$，以 0.025 递增)；28 个观测天顶角的余旋值($\mu_v=\cos\theta_v=0.325, \cdots, 1.0$，以 0.025 递增)；37 个相对方位角($\phi=0°, \cdots, 180°$，步长为 5°)；冰云光学厚度(COT=0.0，0.5，1.0，…，30.0，步长为 0.5)；水云光学厚度(COT=0，1，2，…，50，步长为 1)；地表反照率(SA=0.0，0.1，…，0.8，步长为 0.1，包含了地表绝大部分地表反射)；采用矢量辐射传输模式遍历计算上述各条件的反射率，形成查找表。

• 地表反射影响。由于所选用反演卷云光学厚度的数据为法国的 POLDER 数据，POLDER 空间分辨率是 6 km×7 km，很难进行地表反射率的实地测量。在反演卷云光学厚度过程中，为剔除地表反射率的影响，本节采用的方法是选用同一地区相邻日期晴空天气条件下的 POLDER 数据提取地表的反射信息。为提高提取的精度，所选用的晴空天气数据需与卷云天气数据具有相近的太阳天顶角和几何观测条件，以减少地表方向反射的影响。此外还需对晴空天气条件下数据进行大气纠正，去除大气的影响。

• 反演结果。首先，对 POLDER 数据进行预处理，将偏振数据从 Stokes 参量转换为偏振辐亮度。然后，根据逐像元观测几何条件和对应的地表反照率数据对查找表进行插值，得到不同观测方向上的卷云光学厚度。对不同角度的卷云光学厚度进行平均，获得反演的卷云光学厚度。反演结果如图 7-13 所示。

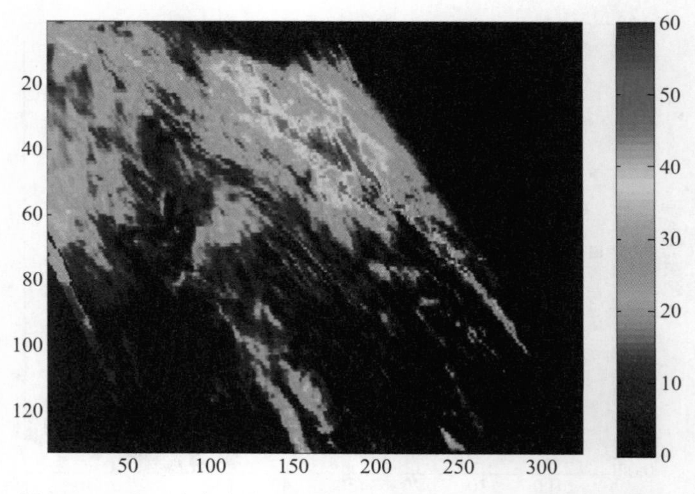

图 7-13 基于多角度偏振遥感数据反演的卷云光学厚度分布图

7.3.4 反演结果精度分析

由于缺乏地面雷达观测数据和航空试验数据，研究选用具有云光学厚度产品的卫星数据 MODIS 数据产品进行精度评价。选择和 POLDER 数据同一天的和同一地区的 MODIS 数据。MODIS 数据的成像时间为 03:10，POLDER 数据的成像时间为 03:07，成像时间非常相近，云光学厚度的变化不会太大，可以定性比较两个产品。

MODIS 反演卷云光学厚度的算法是利用辐射传输模式预先计算卷云在可见光波段和近红外波段卷云光学厚度和反射率的查找表，根据卫星观测到可见光和近红外波段的反射率和观测几何以及地面反射信息，利用预先构建的查找表反演卷云的光学厚度。由于 MODIS 空间分辨率是 1 km，POLDER 空间分辨率是 6 km×7 km，因此一个 POLDER 的像元有 42 个 MODIS 像元。对 MODIS 1 km空间尺度的像元进行加权平均得到一个 POLDER 像元大小的混合像元。在此基础上，比较基于 POLDER 多角度偏振特性的卷云光学厚度反演结果与 MODIS 云光学厚度产品。图 7-14 为基于多角度偏振遥感数据反演卷云光学厚度和 MODIS 云光学厚度产品比较的结果。MODIS 云光学厚度采用冰晶模型（采用的冰晶模型为混合模型，50%的子弹玫瑰型+30%的实心主体+20%的板状冰晶体组成（Diner et al., 2005a)，与本研究所采用的 IHM 冰晶模型不同。且本研究的冰晶模型的有效半径固定，而 MODIS 产品反演中考虑冰晶模型有效半径的变化，采用近红外波段的反射率信息来反演冰晶模型的有效半径。由于对冰晶模型的假设不同，导致了比较结果的点较为离散。

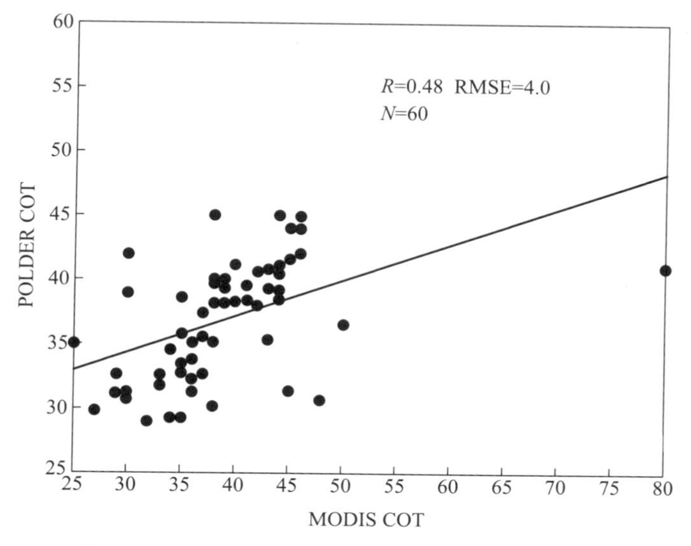

图 7-14 POLDER 卫星数据反演的冰云光学厚度和 MODIS 冰云光学厚度产品的比较

7.3.5 小结

本章通过敏感性分析，得到同时反演卷云光学厚度和冰晶形状的算法，应用到 POLDER 多角度偏振遥感数据中，并以 2003 年 POLDER 的多角度偏振数据为例，同时反演了卷云的光学厚度。

利用 POLDER 云检测业务算法对所选用 POLDER 数据进行了云检测。在云检测基础上，根据光谱的多角度偏振特性体现出的水云粒子和冰云粒子微物理性质的差异(特定方向反射的偏振辐射强度对云相态非常敏感)，进行云相态识别。并比较了识别结果与 MODIS 云相态产品及其 1.38 μm 卷云检测结果。对比分析结果表明，基于多角度偏振特性云相态识别算法可以有效地进行云相态识别。

采用冰云像元的偏振信号与基于不同长宽比冰晶模型模拟的偏振信号进行比较，反演出所选区域卷云的冰晶模型。基于矢量辐射传输模式耦合的冰晶模型，建立查找表，反演了卷云光学厚度。将反演结果与 MODIS 云光学厚度产品进行了比较。由于 MODIS 产品反演过程中，采用的冰晶模型为混合模型，50%的子弹玫瑰型+30%的实心主体+20%的板状冰晶体，与本章所选用的冰晶模型相差较大，从而导致了比较结果的点较为离散。

参 考 文 献

陈洪滨，范学花，韩志刚. 2006. POLDER 多角度、多通道偏振探测器对地遥感观测研究进展. 遥感技术与应用，21(2)：83-92.

陈立刚，洪津，乔延利，等. 2008. 一种高精度偏振遥感探测方式的精度分析. 光谱学与光谱分析，28(10)：2384-2387.

程天海，陈良富，顾行发，等. 2008a. 基于多角度偏振特性的云相态识别及验证. 光学学报，28(10)：1849-1855.

程天海，顾行发，陈良富，等. 2008b. 卷云多角度偏振特性研究. 物理学报，57(8)：5323-5332.

程天海，顾行发，余涛，等. 2009. 水云多角度偏振辐射特性研究. 红外与毫米波学报，28(4)：267-271.

段民征，吕达仁. 2007. 利用多角度 POLDER 偏振资料实现陆地上空大气气溶胶光学厚度和地表反照率的同时反演 Ⅰ.理论与模拟. 大气科学，31(5)：757-765.

付培健，王世红，陈长和. 1998. 探讨气候变化的新热点：大气气溶胶的气候效应. 地球科学进展，13(4)：387-393.

范学花. 2006. PARASOL 卫星偏振信息遥感北京地区气溶胶光学特性的研究. 中国科学院大气物理研究所博士学位论文.

韩志刚. 1999. 草原上空对流层气溶胶特性的卫星偏振遥感——正问题模式系统和反演初步试验. 中国科学院大气物理研究所博士学位论文.

李博，雍世鹏，李忠厚. 1988. 锡林河流域植被及其利用. 草原生态系统研究，3：84-183.

李正强.2004.地面光谱多角度和偏振研究大气气溶胶.中国科学院博士研究生学位论文.

刘书润，刘松龄. 1988. 内蒙古锡林河流域植物区纲要. 草原生态系统研究，3：261.

尹宏. 1993. 大气辐射学基础. 北京：气象出版社.

章澄昌，周文贤. 1995. 大气气溶胶教程. 北京：气象出版社.

张仁华. 1996. 实验遥感模型及地面基础. 北京：科学出版社.

张祖勋，张剑清. 2000. 数字摄影测量. 武汉：武汉大学出版社.

Anandan P. 1989. A computational framework and an algorithm for the measurement of visual motion. *International Journal of Computer Vision*, 2(3): 283-310.

Anderson T L, Charlson R J, Bellouin N, et al. 2005. An "A-Train" strategy for quantifying direct aerosol forcing of climate. *Bulletin of the American Meteorological Society*, 86: 1795-1809.

Anderson T L, Wu Y, Chu D A. 2006. Testing the MODIS satellite retrieval of aerosol fine-mode fraction. *Journal of Geophysical Research*, 110, D18204, doi: 10. 1029/2005JD005978.

Baum B A, Soulen P F, Strabala K I, et al. 2000. Remote sensing of cloud properties using MODIS Airborne Simulator Imagery during SUCCESS. II. Cloud thermodynamic phase. *Journal of Geophysical Research*, 105: 11781-11792.

Baum B A, Heymsfield A J, Yang P, et al. 2005a. Bulk scattering models for the remote sensing of ice clouds. Part 1: Microphysical data and models. *Journal of Applied Meteorology*, 44: 1885-1895.

Baum B A, Yang P, Heymsfield A J, et al. 2005b. Bulk scattering models for the remote sensing of ice clouds. Part 2: Narrowband models. *Journal of Applied Meteorology*, 44: 1896-1911.

Bellman R E, Kalaba R, Wing G M. 1960. Invariant imdedding and mathematical physics. I. Particle processes. *Journal of Mathematical Physics*, 1(4): 280-308.

Bergen J R, Anandan P, Hanna K J, et al. 1992. Hierarchical model-based motion estimation. In Second European Conference on Computer Vision (ECCV'92), Santa Margherita Liguere, Springer-Verlag: Italy, 237-252.

Boesche E, Stammes P. 2006. Effect of aerosol microphysical properties on polarization of skylight: sensitivity study and measurements. *Applied Optics*, 45(34): 8790-8805.

Boucher O, Andeson T L. 1995. GCM assessment of the sensitivity of direct climate forcing by anthropogenic sulfate aerosols to aerosol size and chemistry. *Journal of Geophysical Research*, 100: 26061-26092.

Bouguer P. 1729. Essai d'optique sur la gradation de la lumière. Gauthier-Villars et Cie, Paris (reprinted in 1929 with a Biographic note and a Preface).

Bréon F M. 1993. An analytical model for the cloud free atmosphere/ocean system reflectance. *Remote Sensing of Environment*, 43: 179-192.

Bréon F M, Clozy S. 1999. Cloud detection from the spaceborne POLDER Instrument and validation against surface synoptic observations. *American Meteorological Society*, 777-785.

Bréon F M, Tanré D, Lecomte P, et al. 1995. Polarized reflectance of bare soils and vegetation: measurements and models. *IEEE Transactions on Geoscience and Remote Sensing*, 33(2): 487-499.

Bruegge C J, Conel J E, Green R O, et al. 1992. Water vapor column abundance retrievals during FIFE. *Journal of Geophysical Research*, 97(D17): 18759-18768.

Buriez J C, Doutriaux-Boucher M, Parol F, et al. 2001. Angular variability of the liquid water cloud pptical thickness retrieved from ADEOS-OLDER. *Journal of Atmospheric Sciences*, 58: 3007-3018.

Buriez J C, Vanbauce C, Paral F, et al. 1997. Cloud detection and derivation of cloud properties from POLDER. *International Journal of Remote Sensing*, 18(13): 2785-2813.

Capel D, Zisserman A. 1998. Automated mosaicing with superresolution zoom. *Proceedings of the Interational Conference on Computer Vision and Pattern Recognition*(CVPR98), 885-891.

Chandrasekhar S. 1950. *Radiative Transfer*. Oxford: Oxford Universary Press.

Cheng T, Gu X, Yu T, et al. 2010. The reflection and polarization properties of non-spherical aerosol particles. *Journal of Quantitative Spectroscopy and Radiative Transfer*, 111(6): 895-906.

Cheng T, Gu X, Xie D, et al. 2011. Simultaneous retrieval of aerosol optical properties over the Pearl River Delta, China using multi-angular, multi-spectral, and polarized measurements. *Remote Sensing of Environment*, 115(7): 1643-1652.

Cheng T, Gu X, Xie D, et al. 2012. Aerosol optical depth and fine-mode fraction retrieval over East Asia using multi-angular total and polarized remote sensing. *Atmospheric Measurement Techniques*, 5: 501-516.

Chepter H, Brogniez G, Goloub P, et al. 1999. Observation of horizontally oriented ice crystals in cirrus clouds with POLDER/ADEOS-1. *Journal Quantitative Spectroscopy & Radiative Transfer*, 63: 521-543.

Chowdhary J, Cairns B, Mishchenko M I, et al. 2005. Retrieval of aerosol scattering and absorption properties from photopolarimetric observations over the ocean during the CLAMS experiment. *Journal of Atmospheric Sciences*, 62: 1093-1117.

C-Labonnote L, Brogniez G. Buriez J, et al. 2001. Polarized light scattering by inhomogeneous hexagonal monocrystals: validation with ADEOS-POLDER measurements. *Journal of Geophysical Research*, 106: 12139-12153.

Collins D G, Blattner W G, Wells M B, et al. 1972. Backward Monte-Carlo calculations of polarization characteristics of the radiation emerging from a spherical shell atmosphere. *Applied Optics*, 11: 2684-2705.

Coulson K L, Bouricius G M B, Gray E L. 1964. Effect of surface properties on planet-reflected sunlight. Technical Information Series Report R64SD74, General Electric Co. , Missile and Space Div. , Space Sciences Laboratory.

Coulson K L, Bouricius G M, Gray E L. 1965. Optical reflection properties of natural surfaces. *Journal of Geophysical Research*, 70(18): 4601-4611.

Cox C, Munk W. 1954a. Measurements of theroughness of the sea surface from photographs of the sun's glitter. *Measurement of the Sea Surface*, 11(11): 838-850.

Cox C, Munk W. 1954b. Statistics of the sea surface derived from sun glitter. *Journal of Marine Research*, 13: 198-227.

Cox C, Munk W. 1985. Slopes of the sea surface deduced from photographs of sun glitter. *Bulletin of the American Meteorological Society*, 6: 401-488.

Curran P J. 1978. A photographic method for the recording of polarised visible light for soil surface moisture indications. *Remote Sensing of Environment*, 7: 305-322.

Curran P J. 1981. The relationship between polarized visible-light and vegetation amount. *Remote Sensing of Environment*, 11: 87-92.

Curran P J, Kyle H L, Blaine L R, et al. 1981. Multichannel scanning radiometer for remote sensing cloud physical parameters. *Review of Scientific Instruments*. 52: 1546-1555.

Curran P J. 1982. Polarized visible light as an aid to vegetation classification. *Remote Sensing of Environment*, 12: 491-499.

Deering D W, Eck T. 1987. Atmospheric optical depth effects on anisotropy of plant canopy reflectances. *International Journal of Remote Sensing*, 8: 893-916.

Deschamps P Y, Bréon F M, Leroy M, et al. 1994. The POLDER Mission: Instrument characteristics and scientific objectives. *IEEE Transactions on Geoscience and Remote Sensing*, 2(3): 598-615.

Deuzé J L, Herman M, Santer R. 1989. Fourier series expansion of the radiative transfer equation in the atmosphere-ocean system. *Journal of Quantitative Spectroscopy and Radiative Transfer*, 41: 483-494.

Deuzé J L, Bréon F M, Devaux C. 2001. Remote sensing of aerosols over land surfaces from POLDER-ADEOS 1 polarized measurements. *Journal of Geophysical Research*, 106(D5): 4913-4926, doi: 10. 1029/2000JD900364.

Devaux C, Vermeulen A, Deuzé J L, et al. 1998. Retrieval of aerosol single-scattering albedo from ground-based measurements: application to observational data. *Journal of Geophysical Research*, 103: 8753-8761.

Diner D J, Chipman R A, Beaudry N, et al. 2005a. An integrated multiangle, multispectral, and polarimetric imaging concept for aerosol remote sensing from space. *Proceedings of SPIE*, 5659: 88-96.

Diner D J, Martonchik J, Kahn R A, et al. 2005b. Using angular and spectral shape similarity constraints to improve MISR aerosol and surface retrievals over land. *Remote Sensing of Environment*, 94: 155-171.

Dollfus A. 1961. Polarization studies of the planets. In: Kuiper G P, Middlehurst B M. *Planets and Satellites, The Solar System*. Chicago: University of Chicago Press, 343-399.

Dollfus A, 1979. Optical reflectance polarimetry of Saturn globe and rings. I. Measurements on Bring. *Icarus*, 37: 404-419.

Dollfus A, Coffeen D L. 1970. Polarization of Venus. I. Disk observations. *Astronomy & Astrophysics*, 8: 251-266.

Dubovik O, 2004. Optimization of numerical inversion in photopolarimetric remote sensing. In: Videen G, Yatskiv Y, and Mishchenko M(eds.). *Photopolarimetry in Remote Sensing*. The Netherlands: Kluwer Academic Publishers, Dordrecht, 65-106.

Dubovik O, King M D. 2000. A flexible inversion algorithm for retrieval of aerosol optical properties from sun and sky radiance measurements. *Journal of Geophysical Research*, 105: 20673-20696.

Dubovik O, Herman M, Holdak A, et al. 2011. Statistically optimized inversion algorithm for enhanced retrieval of aerosol properties from spectral multi-angle polarimetric satellite observations. *Atmospheric Measurement Techniques*, 4: 975-1018.

Dubovik O, Holben B N, Eck T F, et al. 2002. Variability of absorption and optical properties of key aerosol types observed in worldwide locations. *Journal of Atmospheric Sciences*, 59: 590-608.

Dubovik O, sinyuk A, Lapyonok T, et al. 2006. Application of spheroid models to account for aerosol particle nonsphericity in remote sensing of desert dust. *Journal of Geophysical Research*, 111, D11208, doi: 10. 1029/2005JD006619.

Egan W G. 1969. Polarimetric and photometric simulation of the Martian surface. *Icarus*, 10: 223-227.

Egan W G. 1970. Optical Stokes parameters for farm crop identification. *Remote Sensing of Environment*, 1: 165-180.

Egan W G, Grusauskas J, Hallock H B. 1968. Optical depolarization properties of surfaces illuminated by coherent light. *Applied Optics*, 7(8): 1529-1534.

Egan W G. 1985. *Photometry and polarization in remote sensing*. New York: Elsevier.

Eiden R. 1971. Determination of the complex index of refraction of spherical aerosol particles. *Applied Optics*, 10: 749-757.

Erickson D J, Oglesby R J, Marshell S. 1995. Climate response to indirect anthropogenic sulfate forcing. *Journal of Geophysical Research*, 100: 2017-2033.

Evans K F, Stephens G L. 1990. Polarized microwave radiative transfer modeling: An application to microwave remote sensing of precipitation. Department of Atmospheric Sciences, Colorado State University.

Evans K F, Stephens G L. 1991. A new polarized atmospheric radiative transfer model. *Journal of Quantitative Spectroscopy & Radiative Transfer*, 46: 413-423.

Field P R, Heymsfield A J. 2003. Aggregation and scaling of ice crystal size distributions. *Journal of Atmospheric Sciences*, 60: 544-560.

Fitch B W, Walraven R L, Bradley D E. 1984. Polarization of light reflected from grain crops during the heading growth stage. *Remote Sensing of Environment*, 15: 263-268.

Francis P N. 1995. Some aircraft observations of the scattering properties of ice crystals. *Journal of Atmospheric sciences*, 52: 1142-1154.

Fu Q, Thorsen T J, Su J. 2009. Test of Mie-based single-scattering properties of non-spherical dust aerosols in radiative flux calculations. *Journal of Quantitative Spectroscopy & Radiative Transfer*, 110: 1640-1653.

Gehrels T, Gradie J C, Howes M L, et al. 1979. Wavelength dependence of the polarization, XXIV. Observation of Venus. *The Astronomical Journal*, 84: 671-682.

Ghosh R, Sridhar V N, Venkatesh H, et al. 1993. Polarization measurements of a wheat canopy. *International Journal of Remote Sensing*, 14: 2501-2508.

Gibbs D P, Betty C, Fung A, et al. 1993. Automated measurement of polarized bidirectional reflectance. *Remote Sensing of Environment*, 43: 97-114.

Goshtasby A. 1988. Registration of images with geometric distortions. *IEEE Transactions on Geoscience and Remote Sensing*, 26: 60-64.

Grant L. 1987. Review article. Diffuse and specular characteristics of leaf reflectance. *Remote Sensing of Environment*, 22: 309-322.

Grant L, Daughtry C S T, Vanderbilt V C. 1987. Variations in the polarized leaf reflectance of Sorghum biolor. *Remote Sensing of Environment*, 21: 333-339.

Gueymand C. 1995. A simple model for the atmospheric radiative transfer of sunshine(SMART32) algorithms and performance assessment. Rep. FSEC-PF-270-295, Florida Solar energy Center,

USA.

Hagolle O, Goloub P, Deschamps P Y, et al. 1999. Results of POLDER in-flight calibration. *IEEE Transactions on Geoscience and Remote Sensing*, 37: 1550-1566.

Hagolle O, Guerry A, Cunin L, et al. 1996. POLDER level 1 processing algorithms. *SPIE Proceedings*, 2758, 308-319.

Hammad A, Chapman S. 1939. The primary and secondary scattering of sun light in a plane-stratified atmosphere of uniform composition. *Philosophical Magazine*, 28: 99-110.

Hansen J E, Hovenier J W. 1974. Interpretation of the polarization of Venus. *Journal of the Atmospheric Sciences*, 31: 1137-1160.

Hansen J E, Travis D L. 1974. Light scattering in planetary atmosphere. *Space Science Reviews*, 16: 527-539.

Harder R L, Desmarais R N. 1972. Interpolation using surface splines. *Journal of Aircraft*, 9: 189-191.

Harris C, Stephens M. 1988. A combined corner and edge detector. *Proceedings of the 4th Alvey Vision Conference*, 147-151.

Hasekamp O P, Landgraf J. 2005. Retrieval of aerosol properties over the ocean from multi-spectral single-viewing-angle measurements of intensity and polarization: retrieval approach, information content, and sensitivity study. *Journal of Geophysical Research*, 110, D20207, doi: 10. 1029/2005JD006212.

Hasekamp O P, Landgraf J. 2007. Retrieval of aerosol properties over land surfaces: capabilities of multiple-viewing-angle intensity and polarization measurements. *Applied Optics*, 46: 3332-3344.

Hasekamp O P, Litvinov P, and Butz. A. 2011. Aerosol properties over the ocean from PARASOL multiangle photopolarimetric measurements. *Journal of Geophysical Research*, 116, D14204, doi: 10. 1029/2010JD015469.

Hauser A, Oesch D, Foppa N, et al. 2005. NOAA AVHRR derived aerosol optical depth over land. *Journal of Geophysical Research-Atmospheres*, 110. D08204, doi: 10. 1029/2004JD005439.

Haywood J M, Francis, P N, Glew, M D, et al. 2001. Optical properties and direct radiative effect of saharan dust: A case study of two saharan dust outbreaks using aircraft data. *Journal of Geophysical Research*, 106(D16): 18417-18430, doi: 10. 1029/2000JD900319.

Herman M, Balois J Y, Gonzales L, et al. 1986. Stratospheric aerosol observations from a ballonbome polarimetric experiment. *Applied Optics*, 25: 3573-3583.

Herman M, Deuzé J L, Devaux C, et al. 1997. Remote sensing of aerosols over land surfaces including polarization measurements and application to POLDER measurements. *Journal of Geophysical Research*, 102: 17039-17049.

Heymann S, Müller K, Smolic A, et al. 2007. SIFT implementation and optimization for general-purpose GPU. In: Proc. 15th International Conference in Central Europe on Computer Graphics, Visualization and Computer Vision(WSCG'07)Plzen, Czech Republic: 317-322.

Holben N, Eck T F, Slutsker I, et al. 1998. AERONET—A federated instrument network and data archive for aerosol characterization. *Remote Sensing of Environment*, 66(1): 1-16.

Hong G, Yang P, Gao B C, et al. 2007. High cloud properties from three years of MODIS Terra and Aqua Collection 004 data over the Tropics. *Journal of Applied Meteorology and Climatology*, 46: 1840-1856.

Irani M, Anandan P. 1999. About direct methods. In: Triggs B, Zisserman A, and Szeliski R (eds.). *Vision Algorithms: Theory and Practice*. Springer-Verlag, Corfu, Greece, 267-277.

Irvine W M. 1975. Multiple scattering in planetary atmospheres. *Icarus*, 25: 175-204.

Karp A H, Greenstadt J J, Filmore A J. 1980. Radiative transfer through an arbitrary thick scattering atmosphere. *Journal of Quantitative Spectroscopy & Radiative Transfer*, 24: 391-406.

Kaufman Y J, Gitelson A, Karnieli A, et al. 1994. Size distributionand scattering phase function of aerosol particles retrievedfrom sky brightness measurements. *Journal of Geophysical Research*, 99: 10341-10356.

Kaufman Y J, Tanré D, Gordon H R, 1997a. Passive remote sensing of tropospheric aerosol and atmospheric correction for the aerosol effect. *Journal of Geophysical Research*, 102 (D14): 16815-16830.

Kaufman Y J, Wald A E, Remer L A, et al. 1997b. The MODIS 2. 1-μm channel—correlation with visible reflectance for use in remote sensing of aerosol. *IEEE Transactions on Geoscience and Remote Sensing*, 35: 1286-1298.

King M D, Byrne D M, Herman B M, et al. 1978. Aerosol size distributions obtained by inversion of spectral optical depth measurements. *Journal of Atmospheric Sciences*, 35: 2153-2167.

King M D, Kaufman Y J, Tanré D, 1999. Remote sensing of tropospheric aerosols from space: past, present, and future. *Bulletin of the American Meteorological Society*, 80(11): 2229-2259.

Knap W H, C-Labonnote L, Brogniez G, et al. 2005. Modeling total and polarized reflectance of ice clouds: evaluation by means of POLDER and ATSR-2 measurements. *Applied Optics*, 44: 4060-4073.

Kocifaj M, Kundracik F, Videen G, 2008. Optical properties of mixed-phase aerosols. *Journal of Quantitative Spectroscopy & Radiative Transfer*, 109: 2108-2123.

Koenderink J. 1984. The structure of images. *Biological Cybernetics*, 50: 363-396.

Kokhanovsky A A, Bréon F-M, Cacciari A, et al. 2007. Aerosol remote sensing over land: A comparison of satellite retrievals using different algorithms and instruments. *Atmospheric Research*, 85: 372-394.

Kokhanovsky A A, Deuzé J L, Diner D J, et al. 2010. The inter-comparison of major satellite aerosol retrieval algorithms using simulated intensity and polarization characteristics of reflected light. *Atmospheric Measurement Techniques*, 3: 909-932.

Korolev A, Isaac G A, Hallett J. 2000. Ice particle habits in stratiform clouds. *Quarterly Journal of the Royal Meteorological Society*, 126: 2873-2902.

Lee K H, Kim Y J. 2010. Satellite remote sensing of Asian aerosols: a case study of clean, polluted, and Asian dust storm days. *Atmospheric Measurement Techniques*, 3: 1771-1784.

Levy R C, Mattoo S, Munchak L A, et al. 2013. The Collection 6 MODIS aerosol products over land and ocean. *Atmospheric measurement techniques*, 6: 2989-3034.

Li Z. 2004. Aerosol polarized phase function and single-scattering albedo retrieved from ground-based measurements. *Atmospheric Research*, 71: 233-241.

Li Z, Goloub P, Devaux C, et al. 2006. Retrieval of aerosol optical and physical properties from ground-based spectral, multi-angular and polarized sun-photometer measurements. *Remote Sensing of Environment*, 101: 519-533.

Li Z, Goloub P. 2007. Dust optical properties retrieved from ground-based polarimetric measurements. *Applied Optics*, 46(9): 1548-1553.

Li Z, Blarel L, Podvin T, Goloub P, Chen, L. 2010. Calibration of the degree of linear polarization measurement of polarized radiometer using solar light. *Applied Optics*, 49: 1249-1256.

Lindeberg T. 1994. Junction detection with automatic selection of detection scales and localization scales. Proc. 1st International Conference on Image Processing, (Austin, Texas), vol I, 924-928.

Liou K N. 2002. An Introduction to Atmospheric Radiation. Academic Press, San Diego, California, USA.

Litvinov P, Hasekamp O, Cairns B, and Mishchenko M. 2010. Reflection models for soil and vegetation surfaces from multiple viewing angle photopolarimetric measurements. *Journal of Quantitative Spectroscopy & Radiative Transfer*, 111, 529-539.

Litvinov P, Hasekamp O, and Cairns B. 2011. Models for surface reflection of radiance and polarized radiance: comparison with airborne multi-angle photopolarimetric measurements and implications for modeling top-of-atmosphere measurements. *Remote Sensing of Environment*, 115, 781-792.

Lowe D G. 2004. Distinctive image features from scale-invariant keypoints. *International Journal of Computer Vision*, 60(2): 91-110.

Lyot B. 1929. Research on the polarization of light from planets and from some terrestrial substances. In Annales de l'Observatoire de paris, Section de Meudon, 8(1)(English Translation: 1964, NASA TTF-187, 144).

Maignan F, Bréon F M, Fédèle E, Marc Bouvier. 2009. Polarized reflectances of natural surfaces: Spaceborne measurements and analytical modeling. *Remote Sensing of Environment*, 113: 2642-2650.

Martonchik J V, Diner D J, Kahn R A, et al. 1998. Techniques for the retrieval of aerosol properties over land and ocean using multiangle imaging. *IEEE Transactions on Geoscience and Remote Sensing*, 36: 1212-1227.

Masuda K, Ishimoto H, Takashima T. 2002. Retrieval of cirrus optical thickness and ice shape information using total and polarized reflectance from satellite measurements. *Journal of Quantitative Spectroscopy & Radiative Transfer*, 75: 39-51.

MinQ, Duan M. 2004. A successive order of scattering model for solving vector radiative transfer in the atmosphere. *Journal of Quantitative Spectroscopy & Radiative Transfer*, 87: 243-259.

Mishchenko M I, Travis L D. 1997. Satellite retrieval of aerosol properties over the ocean using polarization as well as intensity of reflected sunlight. *Journal of Geophysical Research*, 102: 16, 989-17, 013.

Mishchenko M I, Travis L D. 1998. Capabilities and limitations of a current FORTRAN implementation of the T-matrix method for randomly oriented, rotationally symmetric scatterers. *Journal of Quantitative Spectroscopy & Radiative Transfer*, 60: 309-324, doi: 10. 1016/S0022-4073(98)00008-9.

Mishchenko M I, Geogdzhayev I V, Liu L, et al. 2003. Aerosol retrievals from AVHRR radiances: Effects of particle nonsphericity and absorption and an updated long-term global climatology of aerosol properties. *Journal of Quantitative Spectroscopy & Radiative Transfer*, 79-80, 953-972, doi: 10. 1016/S0022-4073(02)00331-X.

Mishchenko M, Geogdzhayev I V. 2007. Satellite remote sensing reveals regional tropospheric aerosol trends. *Optics Express*, 15: 7423-7438.

Mitchell J F B, Johns T J. 1997. On the modification of greenhouse warming by sulphate aerosols. *Journal of Climate*, 10: 245-267.

Nadal F, Bréon F M. 1999. Parameterization of surface polarized reflectance derived from POLDER spaceborne measurements. *IEEE Transactions on Geoscience and Remote Sensing*, 37: 1709-1718.

Nakajima T, Tonna G, Rao R, et al. 1996. Use of sky brightness measurements from ground forremote sensing of particulate dispersion. *Applied Optics*, 35: 2672-2686.

Olmo F J, Quirantes A, Lara V, et al. 2008. Aerosol optical properties assessed by an inversion method using the solar principal plane for non-spherical particles. *Journal of Quantitative Spectroscopy & Radiative Transfer*, 109(8): 1504-1516.

Omar A H, Won J-G, Winker D M, et al. 2005. Development of global aerosol models using cluster analysis of Aerosol Robotic Network (AERONET) measurements. *Journal of Geophysical Research*, 110(D10S14), doi: 10. 1029/2004JD004874.

Phillips D L. 1962. A technique for the numerical solution of certain integral equations of the first kind. *Journal of the Association for Computing Machinery*, 9: 84-97.

Plass G N, Kattawar G W, Catchings F E. 1973. Matrix operator theory of radiative transfer. I: Rayleigh scattering. *Applied Optics*, 12: 314-329.

Pollack J B, Toon O B, Khare B N. 1973. Optical properties of some terrestrial rocks and glasses. *Icarus*, 19: 372-389.

Quam L H. 1984. Hierarchicalwarp stereo. In: Image Understanding Workshop, Science Applications International Corporation, New Orleans, Louisiana.

Rahman H, Verstraete M M, Pinty B. 1993. Coupled Surface-Atmosphere Reflectance(CSAR) Model 1. Model Description and Inversion on Synthetic Data. *Journal of Geophysical Research*, 98(D11): 20779-20789.

Remer L A, Kaufman Y J, Tanre D, et al. 2005. The MODIS aerosol algorithm, products, and validation. *Journal of Atmospheric Sciences*, 62: 947-973.

Rolland P, Liou K N, King M D, et al. 2000. Remote sensing of optical and microphysical properties of cirrus clouds using MODIS channels: Methodology and sensitivity to assumptions. *Journal of Geophysical Research*, 105, 11721-11738.

Rondeaux G, Herman M. 1991. Polarization of light reflected by crop canopies. *Remote Sensing of Environment*, 38: 63-75.

Rondeaux G, Vanderbilt V C. 1993. Specularly modified vegetation indices to estimate photosynthetic activity. *International Journal of Remote Sensing*, 14(9): 1815-1823.

Ross J K. 1981. The radiation regime and architecture of plant stands. Dr. W. Junk Publishers, The Hague.

Santer R, Herman M. 1979. Analysis of some Venus ground-based polarimetric observations Astronomical Journal, 84: 1802-1810.

Santer R, Dollfus A. 1981. Optical reflectance polarimetry of Saturn's globe and rings, IV. Aerosols in the upper atmosphere of Satum. *Icarus*, 48: 496-518.

Sekera Z, 1957. Light scattering in the atmosphere and the polarizationof sky light. *A Journal of the Optics Society of America*, 47: 484-490.

Sokolik I N, Toon O B. 1996. Direct radiative forcing by anthropogenic airborne mineral aerosols. *Nature*, 381: 681-683.

Soufflet V, Tanré D, Royer D A, O'Neill N T. 1997. Remote sensing of aerosols over boreal forest and lake water from AVHRR data. *Remote Sensing of Environment*, 60: 22-34.

Stamnes K, Tsay S C, Wiscombe W, et al. 1988. Numerically stable algorithm for discrete-ordinate-method radiative transfer in multiple scattering and emitting layered media. *Applied Optics*, 27: 2502-2509.

Szeliski R, Kang S. 1995. Direct methods for visual scene reconstruction. *IEEE Workshop on Representations of Visual Scenes.* Cambridge, MA, 26-33.

Talmage D A, Curran P J. 1986. Remote sensing using partially polarized light. *International Journal of Remote Sensing*, 7(1): 47-64.

Tanré D, Bréon F M, Deuzé J L, et al. 2011. Remote sensing of aerosols by using polarized, directional and spectral measurements within the A-Train: the PARASOL mission. *Atmospheric Measurement Techniques*, 4: 1383-1395.

Toon O B, Pollack J B, Khare B N. 1976. The optical constants of several atmospheric aerosol species: Ammonium sulfate, aluminum oxide, and sodium chloride. *Journal of Geophysical Research*, 81: 5733-5748.

Toon O B. 2000. How pollution suppresses rain. *Science*, 287: 1763-1765.

Torr P H S, Zisserman A. 1999. Feature Based Methods for Structure and Motion Estimation. Workshop on Vision Algorithms, 278-294.

Tsang L, Kong J A, Shin R T. 1985. Theory of Microwave Remote Sensing. Wiley Interscience, New York.

Twomey S. 1963. On the numerical solution of Fredholm integral equations of the first kind by the inversion of the linear system produced by quadrature. *Journal of the Association for Computing*

Machinery, 10: 97-101.

Twomey S. 1977. Introduction to the Mathematics of Inversion in Remote Sensing and Indirect Measurements. New York: Elsevier Sci.

Van der Mee C V M, Hovenier J W. 1990. Expansion coefficients in polarized light transfer. *Astronomy & Astrophysics*, 228: 559-568.

Vanderbilt V C. 1987. Source-specular-reflector-sensor solid angles. *Journal of the Optical Society of America A*, 4(7): 1243-1244.

Vanderbilt V C, Grant L. 1985. Plant canopy specular reflectance model. *IEEE Transactions on Geoscience and Remote Sensing*, GE23(5): 722-730.

Vanderbilt V C, Grant L, Biehl L L, Robinson B F. 1985. Specular, diffuse and polarized light scattered by two wheat canopies. *Applied Optics*, 24: 2408-2418.

Vanderbilt V C, Grant L, Ustin S L. 1990. Polarization of light by vegetation. In: Myneni R, and Ross J(eds.). *Photon-vegetation interactions, applications in optical remote sensing and plant ecology*. Springer Verlag.

Vanderbilt V C, Kollenkark J C, Biehl L L, et al. 1981. Diurnal changes in reflectance factor due to sun-row direction interactions. Int. Colloq. on Spectral Signatures of Objects in Remote Sensing. Avignon, France.

Vanderbilt V C, De Venecia K J. 1988. Specular, diffuse and polarized imagery of an oat canopy. *IEEE Transactions on Geoscience and Remote Sensing*, 26: 451-462.

Vermeulen A, Devaux C, Herman M. 2000. Retrieval of the scattering and microphysical properties of aerosols from ground-based optical measurements including polarization. I. Method. *Applied Optics*, 39(33): 6207-6220.

Vermote E F, El Saleous N Z, Justice C O, et al. 1997. Atmospheric correction of visible to middle infrared EOS-MODIS data over land surface, background, operational algorithm and validation. *Journal of Geophysical Research*, 102: 17131-17141.

Volten H, Muñoz O, Rol E, deHaan J F, Vassen W, Hovenier J W, Muinonen K, Nousiainen T. 2001. Scattering matrices of mineral aerosol particles at 441. 6 nm and 632. 8 nm. *Journal of Geophysical Research*, 106(D15): 17375-17401.

Von Hoyningen-Huene W, Freitag M, and Burrows J B. 2003. Retrieval of aerosol optical thickness over land surfaces from top-of-atmosphere radiance. *Journal of Geophysical Research*, 108 (D9): doi: 10. 1029/2001JD002018.

Wang M, Gordon H R. 1993. Retrieval of the columnar aerosolphase function and single scattering albedo from sky radiance over the ocean: simulations. *Applied Optics*, 32: 4598-4609.

Wang M, Gordon H R. 1994. Radiance reflected from the ocean-atmosphere system: Synthesis from individual components of the aerosols size distribution. *Applied Optics*, 33: 7088-7095.

Wang Z, Chen L, Li Q. 2012. Retrieval of aerosol size distribution from multi-angle polarized measurements assisted by intensity measurements over East China. *Remote Sensing of Environment*, 124: 679-688.

Waquet F, Goloub P, Deuzé J-L, et al. 2007. Aerosol retrieval over land using a multiband polarimeter and comparison with path radiance method. *Journal of Geophysical Research*, 112, D11214.

Waquet F, Cairns B, Knobelspiesse K, et al. 2009a. Polarimetric remote sensing of aerosols over land. *Journal of Geophysical Research*, 114, D01206, doi: 10. 1029/2008JD010619.

Waquet F, Léon J-F, Cairns B, et al. 2009b. Analysis of the spectral and angular response of the vegetated surface polarization for the purpose of aerosol remote sensing over land. *Applied Optics*, 48(6): 1228-1236.

Woessner P, Hapke B. 1987. Polarization of light scattered by clover. *Remote Sensing of Environment*, 21: 243-261.

Wolff M. 1975. Polarization of light reflected from rough planetary surface. *Applied Optics*, 14: 1395-1405.

Xie D, Cheng T, Zhang W, et al. 2013. Aerosol type over east Asian retrieval using total and polarized remote Sensing. *Journal of Quantitative Spectroscopy and Radiative Transfer*, 129: 15-30.

Yang P, Baum G A, Heymsfield A J, et al. 2003. single-scattering properties of droxtals. *Journal of Quantitative Spectroscopy & Radiative Transfer*, 79-80, 1159-1180.

Yang P, Zhang L, Hong G, et al. 2007. Differences between Collection 4 and 5 MODIS ice cloud optical/microphysical products and their impact on radiative forcing simulations. *IEEE Transactions on Geoscience and Remote Sensing*, 45: 2886-2899.

Zhang Z, Yang P, George W, et al. 2004. Geometrical-opticals solution to light scattering by droxtal ice crystals. *Applied Optics*, 43: 2490-2499.

Zitová B, Flusser J. 2003. Image registration methods: a survey. *Image and Vision Computing*, 21: 977-1000.

索　引

20 面过冷水滴(Droxtals)模型　150

A

暗电流　127
暗目标法(浓密植被法)　23
AERONET　109, 145
APS(Aerosol Polarimeter Sensor)　18
Ångström 参数　99
Ångström 大气浑浊度系数　80

B

贝塞尔函数　32
倍加累加法　9, 47
边界条件　64
冰晶　150
冰云粒子形状　164
薄板样条　134
不确定度　86
布儒斯特角　56, 65
部分偏振光　56
Beer-Bouguer-Lambert　7
BPDF　68, 69, 72, 107
BPDF 模型　114
BRDF　105

C

采样变换　127, 132
查找表　110, 112, 164
尺度参数　28
磁场强度　33
粗糙度　107
粗粒子模式气溶胶　48
粗粒子气溶胶　46
CE318　79

D

大气成分遥感　83
大气光学厚度　67
大气质量　67
单次散射　70, 92, 106
单次散射反照率　16, 28, 41
单次散射相矩阵　8
单通道算法　22
低频透过率　137
地表的偏振反射模型　106
地表反射边界条件　16
地表反射矩阵　16
地表反射率　113
地表反照率　52, 156
地表类型　106
地表偏振反射率　105
地表偏振模型　53
地基观测　77
地面双向反射特性(bidiretional reflectance distribution function, BRDF)　81
第二类汉克尔函数　32
电场强度　33
电磁波方程　29
独立散射　41
对数正态分布　109

多次散射 91，92
多角度、多通道遥感 23
多角度偏振反射率 70
多角度偏振探测仪（directional polarimetric camera，DPC） 70，125
多通道算法 23
Delaunay 三角剖分算法 135

E
二、三级产品 21

F
反射辐出度 61
反射矩阵 10
反射率 64
反射偏振辐射 68
反射系数 64
方位角 14
仿射变换 133
非朗伯体 17
非球形粒子 42
非球形气溶胶光学厚度 51
非球形气溶胶粒子 46，47
非球形效应 50
菲涅尔反射率 61，65
菲涅尔反射偏振度 65
菲涅尔公式 83
菲涅尔偏振反射率 65，66
菲涅耳公式 55
辐亮度 59
辐射定标 136
辐射通量 58
复折射指数 28，43，62，80，83，146
傅里叶变换 15
傅里叶级数 14
FMF 110，117，124
Fredholm 积分方程 96

G
共线方程 142
冠层镜面反射率 60
冠层总反射率 60
光学粗糙度 66
国际地圈－生物圈计划（International Geo-sphere-Biosphere Programme 106
GPU 129

H
韩志刚模型 66
虹 164
后向散射 50，54
Hansen_Γ 分布 146
Hansen_Γ 谱 43
Harris 角点探测法 128
Harris 算子 129
Homography 矩阵 134

I
IGBP 108
IHM 模型 150

J
积累模态 108
极坐标系 147
几何光学理论 150
金字塔影像 135
镜面反射 16，54，60，68
镜面反射矩阵 61
卷云光学厚度 156
绝对辐射定标 137
均匀分布 63，66
Junge 谱 98

K
快变函数 96，98

扩展边界条件方法(extended boundary condition method, EBCM) 45

L

朗伯体 17
朗伯体反射 58
立体角 58
连带勒让德多项式 27, 31, 39, 44
LAI 66
Log-normal 谱 93

M

麦克斯韦电磁理论 54
麦克斯韦方程 45
麦克斯韦方程组 29, 55
慢变函数 96
漫反射 16
漫反射矩阵 17
Mie 理论 27, 97, 106, 150
MODIS 112
Monte Carlo 理论 150
Mueller 矩阵 8, 63

N

诺依曼函数 32
Nadal BPDF 145
NDVI 68, 105, 107

P

偏振 56
偏振定标 83
偏振反射率 49, 54, 60, 64, 67, 68, 105, 109
偏振反射系数 64
偏振辐亮度 106
偏振观测 83
偏振光 2
偏振片 125
偏振散射相函数 28
偏振通道 85
偏振系数 60
偏振相函数 24, 95, 106
偏振遥感 2
平滑矩阵 98
平纬圈扫描(almucantar, ALM) 81
谱分布 43
谱分布函数 28
谱类型 80
PARASOL(Polarization and Anisotropy of Reflectances for Atmospheric Sciences Coupled with Observations from a LiDAR) 19, 113
Plessey 角点检测法 129
POLDER (Polarization and Directionality of Earth's Reflectance) 18, 107
POLDER 一级产品 21

Q

奇异点 32
气溶胶 1, 68, 105
气溶胶光学厚度 67, 80
气溶胶类型 24
气溶胶粒子谱分布 24, 80
气溶胶模式 69, 106, 107, 111, 145
气溶胶模型 43
气溶胶形状效应 49
气溶胶性质 24
起偏角 56
起偏器 85
前向散射 46, 147
球面边界条件 35
球面波 37
球面调和函数方程 31
球形分布 60
球形气溶胶粒子 47

R

热力学绝对温度 84
任意偏振光 4

容格(Junge)分布　80
入射辐亮度　59
瑞利光学厚度 τ_r　80
瑞利散射光学厚度　90
Rondeaux 和 Herman 模型　58
RSP(Research Scanning Polarimeter)仪器　18
RT3　145，147

S
散射反射　60
散射角　50
散射截面　28，39
散射矩阵　27
散射率　39
散射系数　28，41，46
散射相函数　24，28，46
散射相矩阵　14，16，40，41
散射效率　39
沙尘粒子　43
矢量辐射传输方程　7，15，63，146
矢量辐射传输模式　9，47，48
矢量球谐函数　45
双峰对数正态谱　93
双峰正态谱　108
水汽透过率　80
水汽总量　80
水云　147
水云粒子谱分布　146
斯涅耳定律　83
SIFT(scale invariant feature transform)　128
SIFT 算子　132
Stokes 向量　2，39，62，64
Stoke 参数　82

T
太阳主平面　77
太阳主平面扫描(solar principle plan，SPP)　81
投影模型　133
透射矩阵　10
图像配准　127
土壤偏振模型　67
退偏效应　107
退偏作用　49，52
椭球体　43
椭圆偏振光　2
T-Matrix 理论　42

W
完全偏振光　84
物质方程组　55

X
吸收截面　39
吸收率　39
吸收效率　39
细粒子模式气溶胶　48
细粒子气溶胶　46
线偏振度　83，86，88
相对透过率　137
相函数　27
相似变换　133
消光截面　28，38
消光系数　28，41，46
旋转椭球体模型　47

Y
叶面积密度　58
叶面积指数　66
叶面元　61
叶倾角　66
叶倾角分布函数　58
有效半径　146
有效方差　146
有效直径　150
预处理　127
源函数　7，14
源矢量　10

远场解 36
云检测 161
云掩膜 109

Z

折射定律 57
折射率 58
折射系数 61
振幅反射率 56，57
振幅透射率 56
直线偏振光 56，57
植物冠层 58
逐次散射近似法(SOS) 13，15，16
主平面 67
自然光 5，84
总反射率 51，52，109
阻截系数 59
最小二乘拟合方法 110